全国水利水电高职教研会
中国高职教研会水利行业协作委员会　规划推荐教材

高职高专土建类专业系列教材

建筑工程清单计价

主　编　吴韵侠
副主编　赵富田
主　审　王付全

中国水利水电出版社
www.waterpub.com.cn

内 容 提 要

本书为全国水利水电类高职高专统编教材,主要适用于建筑工程造价、建筑工程管理专业教学。全书内容共分六章,包括绪论、工程量清单和招标投标、建筑工程清单项目分项工程量计算、工程量清单的编制、工程量清单报价的编制、工程量清单的费用构成与综合单价等。

本书结合教学、相应的资格认证考试和实际工程造价编制编写而成。因此,本书除作为造价专业及其他相近专业教材以外,还可作为相应的资格认证考试和实际工程造价编制人员的参考用书。

图书在版编目(CIP)数据

建筑工程清单计价/吴韵侠主编. —北京:中国水利水电出版社,2008(2019.2重印)
(高职高专土建类专业系列教材)
全国水利水电高职教研会、中国高职教研会水利行业协作委员会规划推荐教材
ISBN 978-7-5084-5275-3

Ⅰ.建… Ⅱ.吴… Ⅲ.建筑工程—工程造价—高等学校:技术学校—教材 Ⅳ.TU723.3

中国版本图书馆CIP数据核字(2008)第010891号

书　　名	高 职 高 专 土 建 类 专 业 系 列 教 材 全 国 水 利 水 电 高 职 教 研 会 中国高职教研会水利行业协作委员会　规划推荐教材 **建筑工程清单计价**
作　　者	主编 吴韵侠　副主编 赵富田　主审 王付全
出版发行	中国水利水电出版社 (北京市海淀区玉渊潭南路1号D座　100038) 网址:www.waterpub.com.cn E-mail:sales@waterpub.com.cn 电话:(010)68367658(营销中心)
经　　售	北京科水图书销售中心(零售) 电话:(010)88383994、63202643、68545874 全国各地新华书店和相关出版物销售网点
排　　版	中国水利水电出版社微机排版中心
印　　刷	北京印匠彩色印刷有限公司
规　　格	184mm×260mm　16开本　15.75印张　373千字
版　　次	2008年2月第1版　2019年2月第2次印刷
印　　数	4001—5000册
定　　价	**45.00元**

前言

本书是根据全国水利水电高职教研会（中国高职教研会水利行业协作委员会）建筑工程类专业教材编写会议精神及教研会拟定的教材编写规划进行组织编写的高职高专工程造价专业的规划教材。

2003 年 7 月 1 日开始执行 GB50500—2003《工程量清单计价规范》国家标准，标志着我国的工程造价管理要与国际惯例接轨，我国建筑工程计价模式发生了质的变化。为了适应工程造价、工程管理专业教学的需要组织编写了本书。

建筑工程清单计价是工程造价专业中一门理论与实践紧密结合的必修专业课程，通过对本课程基础知识、基本技能的学习可提高学生编制建筑工程清单和清单报价的能力，为今后从事本专业的技术工作打下坚实的基础。针对全国高职高专教育的特点，结合教学改革的实践经验，本书在编写过程中，按照突出实用性，突出理论知识的应用和有利于实践能力培养的原则，按照新规范、新标准、新技术要求，对课程内容进行了统筹安排。

本书全部采用新规范、新标准。编写时力求做到：基本概念准确；设计方法步骤清楚；各部分内容紧扣培养目标，相互协调，减少重复；文字简练，通俗易懂，不强调理论的系统性，努力避免贪多求全和高度浓缩的现象，以利于读者学习、实践和解决工程问题。本书所附的例题均来自于工程实践，对学习和掌握编制工程量清单和报价具有很好的指导意义。

本书由黄河水利职业技术学院吴韵侠任主编，山西电力职业技术学院赵富田任副主编，黄河水利职业技术学院王付全主审。本书的第 1 章、第 2 章、第 6 章由吴韵侠编写；第 3 章由赵富田和杨炯编写；第 4 章由沈阳农业大学高职学院王雪编写；第 5 章由开封市建筑设计院全瑛编写；工程量清单及报价编制实例由王雪、全瑛编写。

本书在编写过程中，引用了大量的规范、专业文献和资料，未在书中一一注明出处，在此对有关作者表示感谢。并对所有热情支持和帮助本书编写工作的人员，表示感谢。

对书中存在的缺点和疏漏，恳请广大读者批评指正。

编　者

2007 年 12 月

第1章 绪 论

建设工程造价，是指与工程产品有关的各类消耗的总和及建筑产品的造价，即一个工程建设项目自开始直至竣工而形成固定资产的全部费用。而平时所说的工程造价有两方面的含义，一个是工程投资费用：业主为建造一项工程所需的固定资产投资、无形资产投资；另一方面是指工程建造的价格：建筑企业为建造一项工程形成的工程建设总价或建筑安装总价。

建筑工程计价是整个建设工程程序中非常重要的一环，计价方式的科学正确与否，从小处讲，关乎到一个企业的兴衰，从大处讲，则关系到整个建筑工程行业的发展。我国传统的计价模式采用的是定额管理计价方式。随着我国加入 WTO，工程计价模式也要逐步与国际惯例接轨，建筑工程的市场化、国际化，使得工程量清单计价法势在必行。

1.1 推行工程量清单计价的背景

1.1.1 我国工程造价管理经历的几个历史阶段

我国的工程造价制度，根据我国的建设和经济发展需要，在学习前苏联经验的基础上，建立在以政府定价为主导的计划经济管理基础上并逐步发展起来的。从 1949 年至今半个世纪以来，我国的工程建设造价工作历经了六个不同时期。

1. 国民经济恢复时期（1949～1952）

这一时期是我国国民经济的恢复时期，大规模的经济建设还没有开始，工程建设的造价体系需逐步建立和形成。这一时期是劳动定额工作的初创阶段，我国建立了相应的定额管理机构，除了培训劳动工资和定额管理人员，并开始了工作试点，改革旧的工资制度，实行计件工资制，规定了工资发放标准和计件单价。

1952 年我国组建了自己的土木工程院校，毕业了一大批从事土木工程设计、施工专业的技术人才，对国民经济的恢复和建设，及建设工程概预算制度的建立和发展起到了积极的推进作用。

2. 第一个五年计划时期（1953～1957）

第一个五年计划时期我国进入了大规模经济建设的高潮时期，在这一时期逐步建立了具有我国经济特色的工程概预算制度，并逐步形成了基本建设的程序制度与管理办法，保障了建设资金的管理与控制。

在总结国民经济恢复时期的经验和学习前苏联经验基础上，逐步形成了各项制度与办法，并编制了一系列的法定文件。1954 年国家计委编制了《1954 年建筑工程设计预算定额》；1955 年国家建设委员会编制了《民用建筑设计和预算编制暂行办法》，并颁发了《工业与民用建筑预算暂行细则》；由劳动部和建筑工程部联合颁发了《全国统一劳动定额》。

1956年成立了国家建筑工程管理局，对1955年制定的造价管理办法和定额又进行了修订，并颁发了一系列的预算定额及造价审批办法和管理细则。在这一时期基本形成了我国自己的以概预算定额为基础的工程造价管理模式，其中基本建设程序制度被延续至今。

"一五"时期是我国在计划经济体制下，基本建设程序和工程造价管理制度健康发展的黄金时代，积累了许多对我国建设和发展有益的宝贵经验，有的至今仍值得学习和借鉴。

3. 从1958年到"文化大革命"开始时期（1958～1966）

1958年国家将基本建设预算编制办法、建筑安装预算定额、建筑安装间接费定额的制定权下放给省、自治区、直辖市人民委员会，放权本身不是坏事，但由于极左思潮的影响和破坏，地方主义、本位主义蔓延，建设费用无尺度地增长，工程质量迅速下降，工期延长。到20世纪60年代"文化大革命"之初我国的建设工程概预算定额被废止，撤销了定额和预算机构，工程建设与管理处于极度混乱之中，变成了无定额的实报实销制度。反科学建设成风，给国家资源带来极大损失和浪费。工程建设产品取消利润，成为不完全价格，建筑企业创造的价值得不到社会的承认，甚至将建筑企业创造的价值转移到其他部门。这一时期大搞平均主义，大刮共产风，否定社会主义建设时期有商品生产，否定按劳分配原则，否定预算和定额的作用。

直到1959年才开始恢复定额与预算制度，1961年由于贯彻了"八字"方针，即"调整、巩固、充实、提高"的方针，整顿定额工作，加强定额管理，使全国建筑安装企业的各项经济指标达到新中国成立以来的较好水平。

这一时期我国建筑工程概预算定额与预算工作是从放权到收权，从混乱到恢复、健全的时期。

4. "文化大革命"时期（1966～1976）

这是又一次极左思潮的严重干扰和破坏时期，是我国建立预算制度以来破坏最为严重的时期，在"文化大革命"十年中我国建筑工程概预算定额与预算工作被贴上"封、资、修"标签，相应的管理制度被说成"管、卡、压"的工具，被取消或被批判。

这一时期"设计无概算，施工无预算，竣工无决算"，工程建设处于极端无政府状态。

5. 党的十一届三中全会以后（1978～1991）

十年动乱结束，百废待兴。工程造价制度开始建立，并进入恢复、整顿、发展阶段。

党的十一届三中全会做出把全党工作重点转移到经济建设上来的战略决策。这一时期我国恢复和制定了一系列工程概预算制度，修订了一系列的工程预算定额和费用定额。如1979年颁布了《建筑安装工程统一劳动定额》，对调动广大工人的积极性，提高劳动生产率起到了明显的作用。1986年颁布了《全国统一安装工程定额》，解决了当时出现的工期"马拉松"、投资"无底洞"、质量"豆腐渣"等严重问题。

这一时期，我国还颁布了大量的工程造价管理文件和工程造价管理办法，大力编制和推行工程造价管理及预算的系列软件，这一时期我国工程造价管理的理论和实践获得了较快的发展。

经过正反两方面的经验和教训证明，加强定额和预算的管理，对企业的生产和分配，改善经营管理，提高经济效益有重要意义。

1.1.2 建设工程造价全面改革的质变阶段

1. 工程造价改革的起步

1991 年前我国工程造价管理体制受 20 世纪 50 年代工程造价传统意识与体制的束缚，与世界发达国家相比还存在着较大的差异。在相当长的一段时期，工程预算定额在我国都是建设工程承发包计价、定价的法定依据，在当时，全国各省、自治区、直辖市都有自己独立施行的工程概预算定额，以作为编制施工图设计预算、编制建设工程招标标底、投标报价以及签订工程承包合同等的依据，任何单位、个人在使用中必须严格执行，不能违背定额所规定的原则。应当说，定额是计划经济时代的产物，这种量价合一、工程造价静态管理的模式，特定的历史条件下起到了确定和衡量建筑安装造价标准的作用，规范了建筑市场，使专业人士有所依据、有所凭借，其历史功绩是不可磨灭的。

到 20 世纪 90 年代初，随着计划经济体制的打破，我国在工程施工发包与承包中开始初步实行招投标制度，但无论是业主编制标底，还是施工企业投标报价，在计价的规则上也都没有超出定额规定的范畴。招投标制度本来引入的是竞争机制，可是因为定额的限制，所以也谈不上竞争，而且当时人们的思想也习惯于四平八稳，按定额计价的方式，并没有什么竞争意识。

近年来发达国家和地区很少按统一定额管理工程造价，而我国经济市场化已经基本形成，建设工程投资多元化的趋势已经出现。在经济成分中不仅仅包含了国有经济、集体经济，私有经济、三资经济、股份经济等也纷纷把资金投入建筑市场，应根据工程特性、市场行情、施工技术水平、劳动效率来控制造价。

我国也应逐步形成以企业定额报价为主体的市场竞争定价机制。

20 世纪 80 年代初到 1992 年是我国工程造价改革的起步阶段，提出了"全过程"、"全方位"的工程造价控制和动态管理的基本思路。即合理确定，有效控制。

企业作为市场的主体，必须是价格决策的主体，并应根据其自身的生产经营状况和市场供求关系决定其产品价格。这就要求企业必须具有充分的定价自主权，再用过去那种单一的、僵化的、一成不变的定额计价方式显然已经不适应市场化经济发展的需要了。

1992～1997 年是我国工程造价改革的深化阶段。使建筑产品在"计量定价"方面按照价值原则与规律，把宏观调控与市场调节相结合，提出"量价分离"的改革方针。即"控制量、指导价、竞争费"的改革办法。

2. 建设工程造价全面改革质的飞跃

国家明文规定根据业主意愿可以采用工程量清单计价方式招标，为深化工程造价改革提出了新的思路和途径。

我国工程造价管理已进入全面深化改革阶段，初步建立了适应我国社会主义市场经济体制，与国际市场接轨，形成了"在国家宏观控制下，以市场形成工程造价为主的价格机制"，形成了"宏观调控、市场竞争、合同定价、依法结算"的市场环境和氛围。

1.1.3 建设工程造价全面改革的质变

工程造价改革是一项复杂而艰巨的系统工程，真正落实工程量清单计价方式还需要一个磨合过程。2003 年 7 月起实施《工程量清单计价规范》是我国加入 WTO 与国际接轨的必然要求。2004 年 10 月对国有资产项目开始强制执行工程量清单计价方式。

市场化、国际化，使工程量清单计价法势在必行。工程量清单计价法有两股最强的催生力量，即市场化和国际化。在国内，建筑工程的计价过去是政出多门。各省、自治区、直辖市都有自己的定额管理部门，都有自己独立施行的预算定额。各省、自治区、直辖市定额在工程项目划分、工程量计算规则、工程量计算单位上都有很大差别。甚至在同一省内，不同地区都有不同的执行标准。这样在各省、自治区、直辖市之间，定额根本无法通用，也很难进行交流。可是现在的市场经济，又打破了地区和行业的界限，在工程施工招投标过程中，按规定不允许搞地区及行业的垄断，不允许排斥潜在投标人。国内经济的发展，也促进了建筑行业跨省、自治区、直辖市的互相交流、互相渗透和互相竞争，在工程计价方式上也亟须要有一个全国通用和便于操作的标准，这就是工程量清单计价法。

1.1.4 我国造价管理体制改革的最终目的

随着工程造价管理体制改革的不断深入，今后一个阶段我国造价管理体制将发生根本性的改变。

1. 实现量价分离

量价合一的定额计价已不适应建设行业的市场化发展，我国的建设工程概、预算定额制度产生于20世纪50年代，当时是学习前苏联的先进经验，定额的主要形式是仿苏定额，在相当长的一段时期，工程预算定额都是我国建设工程承发包计价、定价的法定依据。全国各省、自治区、直辖市都有自己独立施行的工程概、预算定额，以作为编制施工图设计预算、编制建设工程招标标底、投标报价以及签订工程承包合同等的依据，任何单位、个人在使用中必须严格执行，不能违背定额所规定的原则。应当说，定额是计划经济时代的产物，这种量价合一、工程造价静态管理的模式，在特定的历史条件下起到了确定和衡量建筑造价标准的作用，规范了建筑市场，使专业人士有所依据、有所凭借，其历史功绩是不可磨灭的。

随着计划经济体制的打破，我国市场化经济已经基本形成，建设工程投资多元化的趋势已经出现，企业作为市场的主体，必须是价格决策的主体，并应根据其自身的生产经营状况和市场供求关系决定其产品价格。这就要求企业必须具有充分的定价自主权，再用过去那种单一的、僵化的、一成不变的定额计价方式显然已经不适应市场化经济发展的需要了。

建设部于1995年颁布了《全国统一建筑工程基础定额》和《全国统一建筑工程预算工程量计算规则》，统一了定额项目的划分，促进了计价基础的统一。在此基础上，变指导价为市场价，变指令性的取费标准为指导性取费，再通过市场竞争予以定价。投标单位可以结合本身的特点，充分考虑自身的优势，考虑可竞争的现场费用、技术措施费用及所承担的风险，最终确定综合单价和总价进行投标，真正体现企业自主报价，体现我国工程造价管理改革的目标，即"控制量，指导价，竞争费"，实现通过市场机制决定工程造价。

2. 建立完善的工程造价信息系统

工程造价信息系统（CCMIS，Construction Cost Management Information System）是管理信息系统在工程造价管理方面的具体应用。它是对工程造价管理的有关信息进行较全面的收集、传输、加工、维护和使用的系统，能充分积累和分析工程造价管理资料，并能有效利用过去的数据来预测未来造价变化和发展的趋势，以期达到对工程造价实现合理确定与有效控制的目的。目前，我国各级工程造价管理机构收集、整理和发布的各类工程造价信息，仍然滞后于国际市场，其手段和管理方法不适应 WTO 要求，必须加快建立信息网，充分利用现代通信、计算机、网络等科技手段，研究开发工程造价管理信息系统。组织工程造价管理部门、咨询单位、建材及设备生产厂家建立完善、快捷的工程造价信息系统，实现信息共享，通过网络系统发布国内外有关信息，为政府投资（包括外资）或参与建设项目各方（包括外商）提供信息服务，及时为造价信息用户提供材料、设备、人工价格信息及造价指数。同时也为我国建设工程逐步实现"工程量清单招投标，由企业自主报价，由市场形成价格"创造条件。

3. 确立咨询业公正、负责的社会地位

工程造价咨询行业是为经济建设和工程项目的决策与实施提供全过程咨询服务的中介机构。工程造价咨询面向社会接受委托，承担建设项目的可行性研究、投资估算、项目经济评价、工程概算、预算、工程决算、工程招标标底、工程投标报价的编制和审核，对工程造价进行监控。随着市场经济的发展，工程造价咨询行业显得越来越重要，从事这一行业的咨询单位也得到很大的发展。在当前市场经济条件下，工程造价咨询单位如何适应经济发展规律，如何充分发挥工程造价咨询单位的咨询、顾问作用并逐步代替政府行使造价管理的职能，确立咨询业公正、负责的社会地位，使其健康、快速地发展，同时杜绝违法乱纪、不正当竞争等不良情况，是工程咨询单位和管理部门必须认真解决的课题。

1.2 工程量清单计价办法的目的和意义

1.2.1 工程量清单计价概述

为加快我国建筑工程计价模式与国际工程计价模式接轨的步伐，提高工程造价管理水平，我国《建筑事业"十五"计划纲要》中提出了要在工程建设领域"推行工程量清单报价方式，建立工程造价市场和形成有效监督管理机制"。

工程量清单计价采用的是综合单价，是一种全新的报价方式，工程量清单计价明确地、真实地反映了工程的实物消耗和包括人工、材料、机械、管理费和利润等有关费用。在招投标过程中，招标方按照《建设工程工程量清单计价规范》编制工程量清单；投标方按照招标文件和施工图纸，以人工、材料和机械的市场价格为计价依据，以企业自身的管理和技术水平确定管理费、利润和措施项目费，真正做到了企业自主报价。

1.2.2 工程量清单计价的目的

1. 深化工程造价管理改革、推进建设市场市场化的重要途径

长期以来我国承发包计价、定价的主要依据就是工程预算定额，定额中规定的各种消耗量和各项费用均是按社会平均水平编制的，在此基础上形成的工程造价属于社会平均价格。这种价格可作为市场竞争的参考价格，但不能真实地反映参与竞争企业的实际消耗和技术管理水平，在一定程度上制约了企业的公平竞争。20 世纪 90 年代我国提出了"控制量、指导价、竞争费"的改革措施，将定额中的人工、材料、机械消耗量和相应的量价分离，国家控制量以保证工程质量，价格走向市场化，这一措施迈出了工程造价管理向传统

定额预算法改革的第一步。但是无法彻底改变定额中国家指令内容多的状况，不能满足招标投标的市场竞争定价及合理低价中标的要求。因为国家或地方定额是社会平均消耗水平，不能真实地反映企业的实际消耗量，不能体现企业的技术装备、管理水平和劳动生产率，不能体现公平竞争的原则，社会平均水平不能代表社会先进水平，改变以往的定额计价模式，推行清单计价办法，以适应招投标的需要是十分必要的。工程量清单计价的思路是"统一计算规则，有效控制算量，彻底放开价格，正确引导企业自主报价、市场有序竞争形成价格"。跳出传统的定额计价模式，建立一种全新的计价模式，依靠市场和企业的实力通过竞争形成价格，使业主通过企业报价可直观地了解项目造价。

2. 规范建筑市场秩序的治本措施之一，也是社会主义市场经济的需要

工程造价是工程建设的核心内容，也是建设市场运行的核心内容，建设市场上存在的许多不规范行为大多与工程造价有直接关系。建筑产品虽然也是商品，但它与一般的工业产品价格构成是不完全相同的。建筑产品的价格具有某些特殊性。

(1) 建筑产品的单件性。建筑产品的个体差别性决定每项工程都必须单独计算造价。

(2) 计价的多次性。建设工程周期长、规模大、造价高、按建设程序要分阶段进行，在各阶段要多次计价，并逐步深化、细化，逐步接近实际造价。

(3) 造价的组合性。工程造价的计算是分部组合而成的。

(4) 计价方法的多样性。工程造价多次性计价各有不同的计价依据，对造价的精确度要求也不相同，不同的方法利弊不同，适应条件也不同。所以建筑产品的价格既有它的同一性，又有它的特殊性。

为推动社会主义市场经济的发展，国家颁布了相应的有关法律和法规，为建筑产品市场形成价格奠定了基础。过去的工程预算定额在工程承包和发包的计价中调节双方利益，反映市场价格等方面显得滞后，特别是在公开、公平、公正竞争方面，缺乏合理完善的机制，甚至出现了一些漏洞。实现建设市场的良性发展除了法律法规和行政监管外，发挥市场规律中"竞争"和"价格"的作用是治本之策。工程量清单计价是市场形成工程造价的主要形式，工程量清单计价有利于发挥企业自主报价的能力，实现政府定价到市场定价的转变；有利于规范业主在招标中的行为，有效改变招标单位在招标中盲目压价的行为，从而真正体现公开、公平、公正的原则，反映市场经济规律。

3. 促进建设市场有序竞争和企业健康发展的需要

采用工程量清单计价模式招标投标，有利于提高招标单位的管理水平。对于招标单位来说，由于工程量清单是招标文件的组成部分，招标单位必须编制出准确、详尽、完整的工程量清单，并承担相应的风险，促进了招标单位管理水平的提高。由于工程量清单是公开的，避免了工程招标中的弄虚作假、暗箱操作等不规范行为。对投标企业，采用工程量清单报价，有利于提高企业的劳动生产率，促进企业技术进步，节约投资。因为采用工程量清单报价，必须对单位工程成本、利润进行分析，统筹考虑，精心选择施工方案，并根据企业的定额合理确定人工、材料、施工机械等要素的投入与配置，优化组合，合理控制现场费用和施工技术措施费用，确定投标价。改变过去过分依赖国家发布定额的状况，企业应根据自身的条件编制出自己的企业定额。

工程量清单计价的实行，有利于规范建设市场计价行为，规范建设市场秩序，促进建

设市场有序竞争；有利于控制建设项目投资，合理利用资源；有利于促进技术进步，提高劳动生产率；有利于提高造价工程师的素质，使其成为懂技术、懂经济、懂管理的全面发展的复合型人才。

4. 有利于我国工程造价管理政府职能的转变

实行工程量清单计价，将会有利于我国工程造价管理政府职能的转变，政府部门真正履行起"经济调节、市场监管、社会管理和公共服务"职能的要求，政府对工程造价管理的模式要相应改变为政府宏观调控、企业自主报价、市场竞争形成价格、社会全面监督的工程造价管理方式。由过去政府控制的指令性定额转变为制定适应市场经济规律需要的工程量清单计价方式，由过去行政直接干预转变为对工程造价依法监管，有效地强化政府对工程造价的宏观调控。

5. 是融入世界大市场与国际接轨的需要

随着我国加入世界贸易组织，中国经济逐渐融入全球市场，我国的建筑市场也将进一步对外开放。国外企业以及投资的项目越来越多地进入国内市场，我国企业走出国门在海外投资和经营的项目也在增加，目前国际上通行的做法是工程量清单计价，为适应国际建设市场的需求，我国的工程造价管理模式就必须与国际通行的计价方法相适应，在我国实行工程量清单计价有利于提高国内建设各方主体参与国际化竞争的能力，有利于提高工程建设的管理水平。

1.2.3 工程量清单计价的意义

1. 有利于工程招标投标工作的顺利开展

工程量清单计价模式下的招标投标是由发包方提供工程量清单，承包人逐项填报综合单价提出报价。面对相同的工程量，由承包企业根据自己的技术和管理实力来填不同的单价，最终定价权交给了企业。这样做，工程量是公开的，避免了由于不同承包方的造价人员对设计内容、定额理解不同，计算出不同的工程量，报价相差甚远，从而产生纠纷的现象。增加了招标投标的透明度，发包方的标底仅作为市场参考价，淡化了标底的作用，避免了"暗箱操作"，真正体现了《招标投标法》中公开、公平和诚实信用的原则，促使招标投标工作的健康发展。

2. 推动了工程造价管理工作的根本转变

首先，工程造价管理部门由发布指令性的建筑工程费率标准，转为根据工程投标报价资料等市场信息，测算、公布指导性的工程造价指数以及各单项子目的参考指标；其次，工程造价管理部门由过去制定、解释、强制执行各类法令性文件、定额，对工程造价实施直接管理和控制，转变为制定适应市场需求的工程量清单计量规则和计价办法，对工程造价进行宏观调控；最后，由定期发布材料价格及调整系数，转为收集、汇总各类材料的市场价格等资料，测算、公布招投标市场材料参考价、建筑工程市场参考价。推广工程量清单计价，促使造价管理部门发生一系列的职能转变。只有这样，才能真正实现政府职能由行政管理变为依法监督和服务。

3. 促进施工企业加强管理，提高市场竞争实力

工程量清单计价模式下的招投标采用的是合理低价中标。工程量清单报价是各投标企业根据相同的工程量和相同的计算规则，由各企业结合自身的实际情况报出综合单价，价格的高低完全由企业自己确定，充分体现了企业的实力。施工企业要想在竞争中取胜，就要具备先进设备、先进技术和先进的管理水平，使企业在投标中处于优势地位。

4. 有助于业主对投资控制

采用工程量清单报价方式，由于价费合一，综合单价和措施项目费等不变，因此计算简便，结果一目了然。当要进行设计变更时，业主马上就能知道它对造价的影响，并可以根据投资的情况决定是否变更。另外，业主可根据施工企业完成的工程量，很容易地确定进度款的拨付额。工程竣工后，业主也很容易确定工程的最终造价，顺利地进行工程结算，从而可真正做到项目的全阶段投资控制。

1.3 清单计价与定额计价的区别

1.3.1 我国建筑工程计价模式

建筑安装工程价格又称"工程造价"，在我国一般认为工程造价有两种含义：

(1) 从业主的角度来定义，工程造价是指建设一项工程所需的全部固定资产投资费用。投资者投资一个项目，需要一系列的设计、招标、施工、竣工验收等建设工作，需要作出投资决策，对项目进行全面的研究和评估，在这个过程中所花费的一切开支费用，形成了项目的总投资或总价格，实质上工程造价是指建设项目的全部建设成本。

(2) 工程造价是业主投资当中以工程价款形式支付给施工企业的全部生产费用，是工程的价格。

我国目前的工程价格大都是在承发包的基础上形成的，工程的内涵是广泛的，可以是一个建设项目、一个或几个单项工程、一个或几个单位工程，也可以是一个工程的全过程或其中的一个或几个阶段。所以，工程承发包价格是工程价格或工程造价的最典型代表。大部分工程造价的概念指的是第二种。

建筑工程计价的方法很多，造价计算也各不相同。估算指标法、概算定额法一般只适用于建设前期投资估算和初步设计概算的编制与审核等方面，由于所依据的工程技术与经济资料比较欠缺，所估算的建筑工程价格的误差较大。

在编制工程标底和投标报价时，一般使用施工图预算编制的方法，即预算定额法、工程量清单计价法等方法。定额计价模式是我国长期以来一直沿用的模式，工程量清单计价模式是国际上比较通行的计价模式，随着我国加入 WTO，工程价格计价模式也要逐步与国际惯例接轨，但由于工程价格计价模式需要比较完善的企业定额体系、社会配套体系和较高的市场化环境，短期内还难以全面铺开。所以目前这两种计价模式在我国都有使用，但量价合一的定额计价已逐渐不适应建设行业的市场化发展，市场化、国际化，使工程量清单计价法势在必行。

1.3.2 定额计价的原理

建筑工程定额计价是按照各地建设主管部门颁布的预算定额或综合定额中规定的工程量计算规则、定额单价和取费标准等，按照计量、套价、取费的方式进行计价。定额计价的原理是将施工图设计的内容划分为计算造价的基本单位，即按照定额子目的划分原则，进行项目的划分，计算确定每个项目的工程量，然后套用相应项目的定额基价，再计取工程的各项费用，最后汇总得到整个工程的预算造价。

建筑工程定额计价模式在我国应用有较长的历史，由于各地建设主管部门颁布的预算定额既包含了完成一定单位的工程建设产品所消耗的各种资源的量，同时还加入了各种资源的价格因素，使用起来比较方便，也适应了我国企业定额不健全的实际情况，按这种计价模式计算出的工程造价反映了一定地区和一定时期建设工程的社会平均价值，可以作为考核固定资产建造成本、控制投资的直接依据。一定时期内对于规范建筑市场，减少建筑市场各参与主体尤其是承发包之间的经济纷争起到了不可磨灭的作用。

1. 预算单价法

用预算单价法编制预算就是按照各地区单位估价表中各分项工程的预算单价，乘以相应的各分项工程的工程量，相加得到单位工程的定额直接费，再以其为基础计算其他直接费、现场经费、间接费、利润和税金，四项费用相加即可得到单位工程预算价格。

预算单价法编制建筑工程施工图预算的计算程序如图1.1所示。

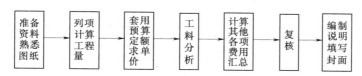

图 1.1 建筑工程施工图预算的计算程序

2. 实物单价法

实物单价法编制预算就是先用计算出的各分项工程的实物工程量分别套用预算定额的人、机、材消耗量，相加汇总得出单位工程所需的各种人工、机械、材料的消耗量，然后分别乘以当地此时的人、机、材的实际单价，求得人工费、机械费和材料费，再汇总求和并以其为基础计算其他直接费、现场经费、间接费、利润和税金，这四项费用相加即可得到单位工程预算价格。

实物单价法预算的编制步骤可按图1.2所示进行。

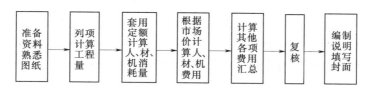

图 1.2 实物单价法的预算编制

3. 综合单价法（部分费用单价法）

综合单价法综合了建筑工程预算费用中的一部分费用，如河南省综合定额中的综合基价综合了直接费和管理费。

这种方法在目前被我国大部分地区采用。其基本内容可参见表1.1。

4. 全费用单价法

应该说，全费用单价也是综合单价的一种，包含了建筑工程造价中的全部费用，它是国际上比较常用的一种清单报价的编制方法。在编制时应当按照工程所在地和企业的具体情况，详细计算整个工程中每一项可能发生的费用，然后进行单价分析。这一单价不仅包含分项工程的直接费，还应包含各项摊销费用，其中存在一定的分摊技巧，必须在投标策略的指导下进行。清单报价的具体做法是本书后面要讲解的重点内容。

表 1.1　　　　　　　　　　　综 合 单 价 法

序　号	项　目	计 算 方 法
1	综合基价合计	Σ工程量×综合基价
2	施工措施费	
2.1	施工技术措施费	按计价办法计算
2.2	施工组织措施费	按计价办法计算
3	差价	按计价办法计算
4	专项费用	按计价办法计算
5	工程成本	1＋2＋3＋4
6	利润	（5－3）×利润率
7	税金	（5＋6）×税率
8	工程造价	5＋6＋7

1.3.3　工程量清单计价原理

工程量清单计价的原理是在建设工程招投标中，招标人按照国家统一的计算规则（计价规范）提供工程数量，即工程量清单，由投标人依据工程量清单，自主报价，并经评审，低价中标的工程造价的计价方法。

（1）由于工程量清单计价采用综合单价，包括完成规定计量单位项目所需的人工费、材料费、机械使用费、管理费和利润，明细地反映了工程的实物消耗和有关费用，因此，这种计价模式与建设工程的具体情况易于结合，变现行以预算定额为基础的静态计价模式为将各种因素考虑在单价内的动态计价模式。

（2）采用工程量清单报价有利于实现风险的合理分担，明确承发包双方的责任。

（3）由于采用工程量清单报价模式，发包人不需要编制标底，所以，工程量清单报价有利于消除编制标底给招标活动带来的负面影响，促使投标企业把主要精力放在加强企业内部管理和对市场各种因素的分析及建立企业内部价格体系中去。

1.3.4　清单计价与定额计价的区别

（1）定额计价是使用了几十年的一种计价模式，其基本特征就是价格＝定额＋费用＋文件规定，并作为法定性的依据强制执行，不论是工程招标编制标底还是投标报价，均以此为唯一的依据，承发包双方共用一本定额和费用标准确定标底价和投标报价，一旦定额价与市场价脱节就影响计价的准确性。定额计价是建立在以政府定价为主导的计划经济管理基础上的价格管理模式，它所体现的是政府对工程价格的直接管理和调控。随着市场经济的发展，曾提出过"控制量，指导价，竞争费"、"量价分离"、"以市场竞争形成价格"等多种改革方案。但由于没有对定额管理方式及计价模式进行根本的改变，以至于未能真正体现量价分离，以市场竞争形成价格。也曾提出过推行工程量清单报价，但实际上由于目前还未形成成熟的市场环境，一步实现完全开放的市场还有困难，有时明显的是以量补价、量价扭曲，所以仍然是以定额计价的形式出现，摆脱不了定额计价模式，不能真正体现企业根据市场行情和自身条件自主报价。

（2）工程量清单计价是属于全面成本管理的范畴，其思路是"统一计算规则，有效控制算量，彻底放开价格，正确引导企业自主报价、市场有序竞争形成价格"。跳出传统的定额计价模式，建立一种全新的计价模式，依靠市场和企业的实力通过竞争形成价格，使业主通过企业报价可直观地了解项目造价。

（3）工程量清单计价与定额计价不仅仅是在表现形式、计价方法上发生了变化，而是从定额管理方式和计价模式上发生了变化。首先，从思想观念上对定额管理工作有了新的认识和定位。多年来我们力图通过对定额的强制贯彻执行来达到对工程造价的合理确定和有效控制，这种做法在计划经济时期和市场经济初期，的确是有效的管理手段。但随着经济体制改革的深入和市场机制的不断完善，这种以政府行政行为作为对工程造价的刚性管理手段所暴露出的弊端越来越突出。要寻求一种有效的管理办法和管理手段，从定额管理转变到为建设领域各方面提供计价依据指导和服务。其次，工程量清单计价实现了定额管理方面的转变。工程量清单计价模式采用的是综合单价形式，并由企业自行编制。

由于工程量清单计价提供的是计价规则、计价办法以及定额消耗量，摆脱了定额标准价格的概念，真正实现了量价分离、企业自主报价、市场有序竞争形成价格。工程量清单报价按相同的工程量和统一的计量规则，由企业根据自身情况报出综合单价，价格高低完全由企业自己确定，充分体现了企业的实力，同时也真正体现出公开、公平、公正。

采用行业统一定额计价，投标企业没有定价的发言权，只能被动接受。而工程量清单投标报价，可以充分发挥企业的能动性，企业利用自身的特点，使企业在投标中处于优势的位置。同时工程量清单报价体现了企业技术管理水平等综合实力，也促进企业在施工中加强管理、鼓励创新、从技术中要效率、从管理中要利润，在激烈的市场竞争中不断发展和壮大。企业的经营管理水平高，可以降低管理费；机械设备齐全的企业，可减少报价中的机械租赁费用；对未来要素价格发展趋势预测准确，就可以减少承包风险，增强竞争力。其结果促进了优质企业做大、做强，使无资金、无技术、无管理的小企业、包工头退出市场，实现了优胜劣汰，从而形成管理规范、竞争有序的建设市场秩序。

1.4 清单计价的内容、作用、特点

清单计价的主要内容包括三方面。

1.4.1 《建设工程工程量清单计价规范》

《建设工程工程量清单计价规范》包括正文和附录两大部分，两者具有同等效力。

1. 正文

包括总则、术语、工程量清单编制、工程量清单计价、工程量清单及计价格式的内容。

分别就"计价规范"的适用范围，遵循的原则、编制工程量清单应遵循的原则、工程量清单计价活动的规划、工程量清单及计价格式作了明确规定。

2. 附录

附录 A，建筑工程工程量清单项目及计算规则。

附录 B，装饰装修工程工程量清单项目及计算规则。

附录 C，安装工程工程量清单项目及计算规则。

附录 D，市政工程工程量清单项目及计算规则。

附录 E，园林绿化工程工程量清单项目及计算规则。

附录中包括项目编码、项目名称、计量单位、工程量计算规则。

作为四个统一的内容，要求招标人在编制工程量清单时必须执行。

正文和附录具有同等的效应和法律性。

1.4.2 工程量清单的编制方法

工程量清单是由招标人或委托咨询部门计算出的，拟建工程分部分项工程项目、措施项目、其他项目名称和相应数量的明细清单及其汇总表。

工程量清单是招标文件的组成部分。

工程量清单体现了招标人要求投标人完成的工程项目及相应工程数量，全面反映了投标报价要求，是投标人进行报价的依据。

1.4.3 工程量清单报价的编制

招标投标实行工程量清单计价，是指招标人公开提供工程量清单，投标人自主报价或招标人编制标底及双方签订合同价款，工程竣工结算等活动。

投标报价要完成以下表格的填制工作。

封面、投标总价、工程项目总价表、单项工程费汇总表、单位工程费汇总表、分部分项工程量清单计价表、措施项目清单计价表、其他项目清单计价表、零星工作项目计价表、分部分项工程量清单综合单价分析表、措施项目费分析表、主要材料价格表等。

为简化计价程序，实现与国际接轨，工程量清单计价采用了综合单价计价。

工程造价应在政府宏观调控下，由市场竞争形成，在这一原则指导下，投标人的报价应在满足招标文件需求的前提下进行人工、材料、机械消耗量的确定，价格费用自选，全面竞争，自主报价。

第 2 章 工程量清单和招标投标

1. 知识点和教学要求

(1) 掌握工程招标投标的程序和方式。

(2) 理解工程量清单招标特点和清单下投标报价的计价特点。

(3) 了解清单合同的特点与优越性。

2. 能力培养要求

培养学生理解工程量清单与建筑工程招投标的关系。通过本章教学，使学生明确学习这门课的重要性，了解工程招标投标的基本过程、方式，建立工程量清单模式下的招投标概念，熟悉工程量清单招标特点、工程量清单下投标报价的计价特点，掌握合理最低评标价的方法。

2.1 工程招标投标

实行建设项目的招标投标是我国建筑市场趋向规范化、完善化的重要举措，对于择优选择承包单位，全面降低工程造价，进而使工程造价得到合理有效的控制，具有十分重要的意义。

2.1.1 工程招标投标概念

建设工程招标是指招标单位一般是建设单位（或业主）就拟建的建设项目发布通告，公开招标或邀请投标单位，用法定方式吸引建设项目的承包单位参加竞争，根据招标文件的意图和要求提出报价，择日当场开标，通过法定程序从中选择条件优越者来完成工程建设任务的法律行为。

建设工程投标是工程招标的对称概念，指经过招标单位特定审查有合法投标资格和能力的投标单位按照招标文件的要求，结合自身条件，经过科学分析和初步研究及估算，在规定时间内向招标单位填报投标书，提出报价，并等候开标，争取中标的经济活动。

2.1.2 招标投标的意义

1. 形成了由市场定价的价格机制

实行建设项目的招标投标形成了由市场定价的价格机制，由于若干投标人之间出现激烈竞争，通过竞争确定出工程价格。这种市场竞争，使工程价格更加趋于合理或下降，这将有利于节约投资，提高投资效益。

2. 不断降低社会平均劳动消耗水平

在建筑市场中，不同投标者的个别劳动消耗水平是有差异的。面对激烈竞争的压力，为了自身的生存与发展，每个投标者都必须切实在降低自己个别劳动消耗水平上下工夫，通过实行招标投标活动，对不同投标者实行优胜劣汰，最终是劳动消耗水平最低或接近最低的投标者获胜，推动了生产力资源较优配置。实行建设项目的招标投标能够不断降低社会平均劳动消耗水平，使工程价格得到有效控制。

3. 工程价格更加符合价值基础

实行建设项目的招标投标便于甲乙双方更好地相互选择。由于甲乙双方各自出发点不同，存在利益矛盾，采用招投标方式为建设单位（业主）与施工企业（承包单位）在最佳点上结合提供了可能，为甲乙双方在较大范围内进行相互选择创造了条件，使工程价格更加符合价值基础，进而可以更好地控制工程造价。建设单位对施工单位的选择，基本出发点是"择优选择"，即选择那些报价较低、工期较短、具有良好业绩和管理水平的供给者，这样即为合理控制工程造价奠定了基础。

4. 公开、公平、公正的原则得以贯彻

实行建设项目的招投标有利于规范价格行为，使公开、公平、公正的原则得以贯彻。我国招投标活动有严格的管理机构，有必须遵守的程序，有高素质的工程技术人员组成的专家支持系统的评估与决策，能够避免过度的竞争和营私舞弊现象的发生，对建筑领域中的腐败等一些不正常现象有强有力的遏制作用，使价格形成过程变得透明而较为规范。

5. 减少交易费用，节省人力、物力、财力

实行建设工程招投标能够有效减少不必要的交易费用，使工程造价有所降低。我国目前的招投标已进入制度化操作，从招标、投标、开标、评标直至定标，已有较完善的一些法律、法规规定，并在统一的建筑市场中进行。招投标中，所有的投标人在同时间、同地点报价，在评标专家支持系统的评估下，以群体决策方式确定中标者，减少了交易过程的费用，对工程造价必然产生积极的影响。

2.1.3　建设工程招标投标程序

建设工程招标投标程序是指建设工程活动按照一定的时间、空间运作的顺序、步骤和方式。始于发布招标邀请书，终于发出中标通知书，其间大致经历了招标、投标、开标、评标、定标几个主要阶段。建设工程招标投标工作流程见图 2.1。

2.1.3.1　建设工程招标的一般程序

从招标人的角度看，建设工程招标的一般程序主要经历以下几个环节：

1. 设立招标组织或者委托招标代理人

招标单位必须具有组织招标的资质。招标人未取得招标组织资质证书的，必须委托具备相应资质的招标代理组织代为办理招标事宜。

2. 办理招标备案手续，申报招标的有关文件

招标人应当向有关行政监督部门备案。要向招标投标管理机构申报招标申请书和编制招标文件、评标定标办法及标底等，并将这些文件报招标投标管理

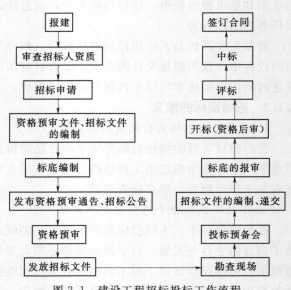

图 2.1　建设工程招标投标工作流程

机构批准。经招标投标管理机构进行审查认定后，就可发布招标公告或发出投标邀请书。

3．发布招标公告或者发出投标邀请书

（1）公开招标。招标人在大众传媒或工程交易中心公告栏上发布招标公告，招请愿意参加工程投标的承包商申请投标资格审查或申请投标。

（2）邀请招标。招标人向3个以上具备招标能力、资信良好的承包商发出投标邀请书，邀请他们参加投标。

（3）议标。以议标文件或拟议的合同草案为基础，直接通过谈判方式，分别与若干家承包商进行协商，选择自己满意的一家，签订承包合同。

4．对投标资格进行审查

审查投标人的下列情况：

（1）投标人组织与机构，资质等级证书，独立签订合同的权利。

（2）近3年来的工程情况。

（3）目前正在履行合同情况。

（4）履行合同的能力。

（5）受奖、罚的情况和其他有关资料。

投标人应向招标人提交能证明上述条件的法定证明文件和相关资料。

经资格审查合格后，由招标人或招标代理人通知合格者，领取招标文件，参加投标。

5．分发招标文件和有关资料

招标人向审查合格的投标人分发招标文件及有关资料，并向投标人收取投标保证金。

投标保证金是为防止投标人不审慎考虑就进行投标活动而设定的一种担保形式，是投标人向招标人缴纳的一定数额的金钱。投标保证金的直接目的虽是保证投标人对投标活动负责，但其一旦缴纳和接受，对双方都有约束力。

6．投标人踏勘现场，对招标文件进行答疑

招标文件分发后，招标人要在招标文件规定的时间内，组织投标人进行现场踏勘，其目的是让投标人了解工程现场和周围环境情况，获取必要的信息。

投标人对招标文件或者在现场踏勘中如果有疑问或不清楚的问题，可以而且应当用书面的形式要求招标人予以解答。招标人收到投标人提出的疑问或不清楚的问题后，应当给予解释和答复。

7．召开开标会议

投标预备会结束后，招标人就要为接受投标文件、开标做准备。接受投标工作结束，招标人要按招标文件的规定准时开标、评标。

2.1.3.2　建设工程投标的一般程序

投标工作由投标单位的投标报价工作机构来完成，其工作内容主要包括收集招标信息、办理资格审查、报名投标、领取招标文件、调查招标内容、研究招标策略、编制投标书、参加开标会并报价等。

1．设置投标机构

施工企业的投标工作机构应为集智力、知识、经营、智慧为一体的工作机构，能够使企业在激烈的市场竞争中不断获胜。

2. 研究招标文件

投标工作首先要对招标文件进行深入透彻的研究，以便在做投标文件时心中有数，编写到位。招标文件的研究重点包括：工程的发包范围及工程概况；施工图纸及有关的技术资料；相应的合同条款；工程投标开标等的具体安排时间。

3. 做好调研工作

为做好标书的编制工作，需在标书编制前对项目所处的内外部环境进行深入的调查。调查的重点包括：工程所在地的地理、天文环境，水、电、路及施工场地的具体情况。

4. 确定投标策略

投标单位对投标管理的主要内容就是投标策略，在确定投标策略时要根据工程项目和市场供求情况综合考虑。在确定投标策略时主要考虑以下几方面：

（1）从招标项目的可行性与可能性、项目的可靠性、项目的承包条件等方面，确定是否参加投标的决策。

（2）一旦决定参加投标就要确定投标策略，对招标单位提出的工程建设项目的技术、质量、工期要求和优惠条件进行细致的分析，找出重点，经过宏观审核，确定相应报价策略，如不平衡报价法、多方案报价法、增加建议方案法、突然降价法、先亏后盈法、合理低报价法等，提高中标的几率。

5. 编制投标文件

根据招标文件的各项要求，投标单位经过研究审核，确定相应的施工组织设计，并提出建设工程的报价，在编制的投标文件中还要确定建设工程的质量等级和施工工期。

6. 递送投标文件

递送投标文件，也称递标，是指投标人在招标文件要求提交投标文件的截止时间前，将所有准备好的投标文件密封送达投标地点。

7. 出席开标会议

投标人在编制、递交了投标文件后，要积极准备出席开标会议。要注意其投标文件是否被正确启封、宣读，对于被错误地认定为无效的投标文件或唱标出现的错误，应当场提出异议。有关澄清的要求和答复，最后均应以书面形式进行。

8. 接受中标通知书，签订合同

投标人被确定为中标人后，应接受招标人发出的中标通知书。中标人收到中标通知书后，应在规定的时间和地点与招标人根据《合同法》等有关规定，依据招标文件、投标文件的要求和中标的条件签订合同。

2.1.4 工程招标投标文件

2.1.4.1 工程招标文件

1. 招标文件的编制

建设工程招标文件由招标单位发布。在我国《招标投标法》中规定，招标文件包括招标项目的技术要求，对投标人资格审查的标准、投标报价要求和评标标准等要求和条件，以及拟签合同的主要条款。它是投标单位编制投标文件的依据，也是招标单位与将来中标单位签订工程承包合同的基础，招标文件中提出的各项要求，对整个招标工作乃至承发包双方都具有约束作用。

招标文件包含下列内容：

（1）投标须知，包括工程概况，招标范围，资格审查条件，工程资金来源或者落实情况（包括银行出具的资金证明），标段划分，工期要求，质量标准，现场踏勘和答疑安排，投标文件编制，提交、修改、撤回的要求，投标报价要求，投标有效期，开标的时间和地点，评标的方法和标准等。

（2）招标工程的技术要求和设计文件。

（3）采用工程量清单招标的，应当提供工程量清单。

（4）投标函的格式及附录。

（5）拟签订合同的主要条款。

（6）要求投标人提交的其他材料。

2. 招标文件的发售与修改

（1）招标文件应发售给通过资格预审、获得投标资格的投标人。投标人收到招标文件后，应认真核对，核对无误后应以书面形式予以确认。

（2）招标文件的修改。招标人对已发出的招标文件要进行必要的澄清或者修改的，应当在招标文件要求提交投标文件截止时间至少 15 日前，以书面形式通知所有招标文件收受人。该澄清或者修改的内容为招标文件的组成部分。

3. 招标标底的编制

标底是招标人编制的完成招标项目所需的全部费用，根据国家规定的计价依据与办法计算出来的工程造价，该造价是招标人对拟建工程的期望价格。标底由成本、利润、税金等组成，不能超过已批准的总概算及投资包干限额。

标底价格是确定工程合同价款的参考依据，是衡量投标人投标报价是否合理的依据。

标底价格的编制，在计算时要求科学合理、计算准确，根据各地市场价格信息，参考各地政府管理部门编制的工程造价计价办法和计价依据进行编制。

标底文件的主要内容有：

（1）标底的综合编制说明。

（2）标底价格计算书、报价书及审定书。

（3）主要人工、材料、机械设备用量表。

（4）标底附件：各种材料及设备的价格，工程现场有关资料，施工措施等。

（5）标底价格编制的各种表格。

2.1.4.2 工程投标价格的编制方法

中华人民共和国建设部第 107 号令《建筑工程施工发包与承包计价管理办法》第五条中规定，招标标底由成本、利润和税金构成，可采用定额计价法和工程量清单计价法编制。

1. 以定额计价法编制标底

建筑工程定额计价是指采用预算定额或综合基价中的定额单价进行工程计价的模式。定额计价法是我国长期以来一直沿用的模式。

（1）定额计价的原理。按照定额子目的划分原则，将施工图设计的内容划分为计算造价的基本单位，即进行项目的划分，计算确定每个项目的工程量，然后选套相应项目的定额，再计取工程的各项费用，最后汇总得到整个工程的预算造价。

建筑工程定额计价模式在我国应用有较长的历史，按这种计价模式计算出的工程造价反映了一定地区和一定时期建设工程的社会平均价值。

由于预算定额既包含了完成一定单位的工程建设产品所消耗的各种资源的量，同时还加入了各种资源的价格因素，使用起来比较方便，适应了我国企业定额不健全的实际情况，一定时期内对于规范建筑市场，减少建筑市场各参与主体尤其是承发包之间的经济纷争起到了不可磨灭的作用。

建设工程按照组成内容可以划分为单项工程、单位工程、分部工程和分项工程。建筑产品价格的计算是分部组合而成的。

（2）定额计价方法。定额计价方法编制标底可以采用：预算单价法、实物单价法、综合单价法等。

预算单价法编制预算就是按照各地区单位估价表中各分项工程的预算单价，乘以相应的各分项工程的工程量，相加得到单位工程的定额直接费，再以其为基础计算其他直接费、现场经费、间接费、利润和税金，四项费用相加即可得到单位工程预算价格。

预算单价法编制建筑工程施工图预算的计算程序见图 2.2。

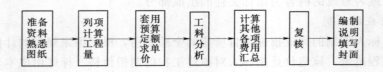

图 2.2　预算单价法编制建筑工程施工图预算的计算程序

因为各地区预算定额和地方政策有所不同，所以各地区工程取费的具体程序和方法也不相同，具体计算时应按照当地的建筑工程取费程序表执行。

实物单价法编制预算就是先用计算出的各分项工程的实物工程量分别套用预算定额的人、机、材消耗量，相加汇总得出单位工程所需的各种人工、机械、材料的消耗量，然后分别乘以当地此时的人、机、材的实际单价，求得人工费、机械费和材料费，再汇总求和并以其为基础计算其他直接费、现场经费、间接费、利润和税金，这四项费用相加即可得到单位工程预算价格。预算实物法的标底编制步骤可按图 2.3 所示进行。

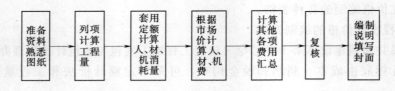

图 2.3　预算实物法编制标底的步骤

综合单价法（部分费用单价法）综合了建筑工程预算费用中的一部分费用，如河南省综合定额中的综合基价综合了直接费和管理费。

这种方法在目前被我国大部分地区采用。以河南省综合基价定额计价为例，其基本内容可参见表 2.1。

表 2.1 综 合 单 价 法

序 号	项 目	计 算 方 法
1	综合基价合计	∑工程量×综合基价
2	施工措施费	
2.1	施工技术措施费	按计价办法计算
2.2	施工组织措施费	按计价办法计算
3	差价	按计价办法计算
4	专项费用	按计价办法计算
5	工程成本	1+2+3+4
6	利润	（5－3）×利润率
7	税金	（5+6）×税率
8	工程造价	5+6+7

2. 以清单计价法编制标底

清单计价法编制标底是国际上比较常用的一种报价编制方法。工程量清单计价采用的是综合单价，是一种全新的报价方式，工程量清单计价明确真实地反映了工程的实物消耗和包括人工、材料、机械、管理费和利润等有关费用。

在招投标过程中，招标方按照 GB50500—2003《建设工程工程量清单计价规范》编制工程量清单，投标方按照招标文件和施工图纸，以人工、材料和机械的市场价格为计价依据，以企业自身的管理和技术水平确定管理费、利润和措施项目费，真正做到了企业自主报价。这一单价不仅包含分项工程的直接费，还应包含各项摊销费用，应当按照工程所在地和企业的具体情况，详细计算整个工程中每一项可能发生的费用，然后进行单价分析（或单价分解），其中存在一定的分摊技巧，还必须在投标策略的指导下进行。

这种计价方式与定额计价方式的显著区别在于：价格中的间接费、利润等以综合管理费的形式分摊到各项工程单价中，从而组成了各项工程综合单价，见图 2.4。

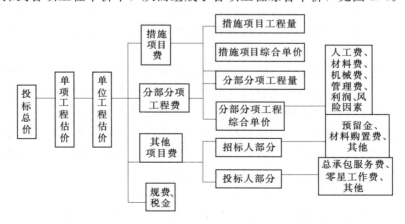

图 2.4 工程量清单计价模式下的投标价格构成

2.1.5　工程的开标、评标与定标

工程的开标、评标与定标是投标委员会在投标截止后，按审定的评标办法进行评标，择优选取中标单位并与其签订合同的全过程。

1. 工程开标

工程开标指投标方按招标文件规定的时间、地点，向各投标方和有关的被邀请参加开标会的人员宣读投标书，公布标底的工作过程。

开标的主要工作程序如下：

(1) 会议主持人宣读到会单位和人员名单。

(2) 宣读开标会议工作人员名单。

(3) 介绍招标工程概况和该工程的招标工作情况。

(4) 公布评标办法。

(5) 当众检验投标单位证件及投标文件，并启封有效投标文件。

(6) 当众宣布各投标单位的报价及主要材料用量。

(7) 启封、公布审定的标底，计算随机标底。

(8) 各投标单位向评标委员会介绍施工组织设计及近三年来的业绩。

(9) 投标单位解答评标委员会的置疑。

(10) 招标单位向评标委员会介绍对投标单位的考察情况。

(11) 整理记录，主持人、记录人、监标人。

(12) 开标会结束，进入评标。

2. 工程评标办法

评标委员会成员应选择思想素质好、公正无私、专业技术过硬且熟悉招标业务知识和本工程情况的招标单位代表和评标专家，评标委员会成员要求 5 人以上组成，其中评标专家人数不少于 2/3，评标委员会负责人由招标单位评委选出。

评标办法在开标前确定，由评标委员会确定的评标办法应符合《建设工程施工招标评标定标办法》的规定。

评标内容包括施工企业的信誉及实力，施工组织设计方案，工期和质量的保证措施，工程的“三材”用量等。评标时以上内容分别按单项评分，各单项分数可根据工程实际情况适当取定。

(1) 施工企业的信誉及实力。施工企业的信誉及实力指的是企业资质等级、荣誉，投标单位最近 3 年所承建工程的一次验收合格率，优良工程率，合同履约率，奖罚情况，建设单位反应，现场管理，文明施工等情况。该项评分占总分 10% 左右。

(2) 施工组织设计方案。标书中提出的施工组织设计应综合考虑施工工艺是否先进合理，施工方法是否可靠、内容是否齐全，施工组织设计是否精心周密，施工方案是否切实可行，施工措施是否有力可行等，该项评分占总分 15%～20%。

(3) 工程“三材”用量。指投标书中钢材、木材、水泥的用量，单项记分时，一般规定在标底数量一定范围内，接近标底得分高，反之减分，该项评分占总分 5%～10%。

(4) 投标报价合理。投标报价应在标底的有效范围之内，一般工程须在标底价±7%

以内，超出者为废标。在有效范围内投标报价得分的计算方法为：报价合理，接近或低于标底的得分高；反之减分。该项评分占总分30％～40％。

投标单位的得分总数为各单项分加权后得分之和。

3. 工程评标、定标

工程评标、定标指的是在开标后，根据评标办法对有效标书的各项内容经过综合评定，择优选定中标单位的多目标决策过程。

评标、定标应遵循的基本原则为：公平竞争、科学合理、方案可行、工期适当、价格合理等。

（1）评标。经过评标委员会确定了评标办法后，分别对有效标书的投标报价、施工组织设计方案、"三材"用量、施工企业信誉等进行综合评议，并将结果记入开标记录，在评标的过程中要注意维护评标的公正性、独立性和严肃性。

评标可采用综合评议法和定量评分法，分别评出各单项的优劣，最后排出名次，并将结果填入《建筑工程施工评标定标表》。

（2）定标。是指评标委员会经过综合评议，择优选定中标单位的过程。评标委员会在定标出现分歧时，应充分协商，协商不成时由招标办公室裁定。若定标结果违反国家有关规定时，招标办公室有权否决。

定标后，招标单位负责填写《建筑工程施工评标定标表》，由评委签字后连同评标、定标报告报招标办核定，在定标后3日内向中标单位发出《建设工程施工中标通知书》。

同时，招标单位和中标单位分别向招标办交纳招投标管理费。招标单位向未中标单位退还投标保证金和投标文件，未中标单位向招标单位退回招标文件和全部图纸资料。

中标单位取得中标通知书后，按规定的日期、地点，由法定代表人或授权代表与建设单位代表签订施工合同。

【例2.1】 有一大型工程，技术难度较高，对施工单位的施工经验及施工设备的要求亦较高，对工期要求紧迫，业主根据对有关单位的考察邀请了3家国有一级施工企业参加投标，并预先与3家施工单位和咨询单位共同研究确定了施工方案。业主要求投标单位将技术标和商务标分别装订报送，经招标领导小组研究确定的评标规定如下：

（1）技术标共30分。其中施工方案10分（因已确定施工方案，各投标单位均取得10分）；施工总工期10分，满足业主总工期要求（36个月）者得4分，每提前一个月加1分，不满足业主总工期要求者不得分；工程质量10分，自报工程质量合格者得4分，自报工程质量优良者可得6分（若实际工程质量未达到优良，将扣罚合同价的2％），近3年内获得鲁班工程奖每项加2分，获省优秀工程奖每项加1分。

（2）商务标共70分。报价不超过标底（35500万元）的±5％者为有效标，超过者为废标。标价为标底的98％者得满分，在此基础上，报价每下降1％，扣1分，每上升1％，扣2分（计分按"四舍五入"取整数）。

各投标单位有关情况见表2.2。

要求按综合评标得分最高者中标的原则确定中标单位。

表 2.2　　　　　　　　　各投标单位情况一览表

投标单位	报价（万元）	总工期（月）	自报工程质量	鲁班工程奖	省优秀工程奖
A	35624	33	优良	1	1
B	34364	31	优良	0	2
C	33867	32	合格	0	1

【解】　（1）首先计算各投标单位的技术标得分，见表 2.3。

表 2.3　　　　　　　　　各投标单位技术标得分

投标单位	施工方案	总　工　期	工程质量	合计
A	10	4＋（36－33）×1＝7	6＋2＋1＝9	26
B	10	4＋（36－31）×1＝9	6＋1×2＝8	27
C	10	4＋（36－32）×1＝8	4＋1＝5	23

（2）计算各单位的商务标得分，见表 2.4。

表 2.4　　　　　　　　　各投标单位商务标得分

投标单位	报价（万元）	报价与标底比例	扣　　分	得分
A	35624	35624/35500＝100.4％	（100.4－98）×2≈5	70－5＝65
B	34364	34364/35500＝96.8％	（98－96.8）×1≈1	70－1＝69
C	33867	33867/35500＝95.4％	（98－95.4）×1≈3	70－3＝67

（3）计算各投标单位的综合得分，见表 2.5。

表 2.5　　　　　　　　　各投标单位综合得分

投标单位	技术标得分	商务标得分	综合得分
A	26	65	91
B	27	69	96
C	23	67	90

因为 B 公司综合得分最高，故应选择 B 公司为中标单位。

2.2　工程量清单与建筑工程招投标

2.2.1　工程量清单招标

1. 工程量清单招标特点

长期以来，我国工程造价管理一直是将重点放在工程项目的竣工结算阶段，造价管理的主要任务是在工程项目实施完毕后根据工程图纸、工程实施中的变更情况、施工组织设计、政府造价管理部门颁布的工程造价计算方法确定竣工项目的总造价。但是随着《招标投标法》于 2000 年 1 月 1 日实施，确立了招投标制度在我国建筑市场中的主导地位，竞争已成为市场形成工程造价的主要形式，尤其是国有资金占主体的建设工程，为提高投资效益，保证国有资金的有效使用，必须实行招标。在招投标工作中推行工程量清单计价，既是目前规范建设市场秩序的治本措施之一，也是我国招投标制度与国际接轨的需要。于 2003 年 7 月 1 日实施的《建筑工程工程量清单计价规范》（以下简称《计价规范》）中强调：全部使用国有资金投资或国有资金投资为主的大中型建设工程应执行本规范，在招标中采用工程量清单计价。

按照《计价规范》，工程量清单是指"拟建工程的分部分项工程项目、措施项目、其他项目名称和相应数量的明细清单"。采用工程量清单计价，可以将各种经济、技术、质量、进度等因素充分考虑到单价的确定上，并以"活价格"的形式出现，因而可以做到科学、准确地反映实际情况，有利于通过公平竞争形成工程造价。同时，工程量清单计价从技术上便于规范招投标过程中有关各方的计价行为，避免"暗箱操作"，增加透明度。

工程量清单招标为投标单位提供了公平竞争的基础。由于工程量清单作为招标文件组成部分，由招标人负责统一提供，有效地保证了投标单位竞争基础的一致性，减少了投标单位编制投标文件时出现的偶然性技术误差而导致投标失败的可能，充分体现招投标公平竞争的原则，由于工程量清单的统一提供，简化了投标报价的计算过程，节省了时间，减少了不必要的重复劳动。采用工程量清单招标也有利于"质"与"量"的结合，体现企业的自主性。质量、工期、造价之间存在着必然的联系，投标企业报价时必须综合考虑招标文件规定完成工程量清单所需的全部费用，除考虑工程本身的实际情况，企业还要将进度、质量、工艺及管理技术等方案落实到清单项目报价中，在竞争中真正体现企业的综合实力。工程量清单计价还有利于风险的合理分担。建筑工程的不确定和变更因素较多，工程建设的风险较大，采用工程量清单计价模式后，投标单位只对自己所报的成本、单价等负责，而对工程量的变更或计算错误等不负责任，由这部分引起的风险由业主承担，这种格局符合风险合理分担与责权利关系对等的原则。而且采用工程量清单招标，淡化了标底的作用，有利于标底的管理和控制。在传统的招标投标方法中，标底一直是一个关键的因素，标底的正确与否、保密程度如何一直是被关注的焦点，而工程量清单作为招标文件的一部分，是公开的。同时，标底的作用也在招标中淡化，只起到一定的控制或最高限价（拦标）作用，对评定标的影响越来越小，从根本上消除了标底泄漏带来的负面影响。利用工程量清单招标更有利于企业精心控制成本，促进企业建立自己的定额库。中标后，中标企业可以根据中标价以及投标文件中的承诺，通过对单位工程成本、利润进行分析，统筹考虑，精心选择施工方案，建立和完善企业定额库，在施工过程中不断调整、完善、优化组合，合理控制现场经费和施工技术措施费，对企业自身的发展起到很大的推动作用。在传统的招投标方式中"低价中标、高价索赔"的现象不断发生，设计变更、现场签证、技术措施费及价格是索赔的主要内容，工程量清单招标有利于控制索赔，这是由于单项工程的综合单价不因施工数量变化、施工难度增加及取费变化而调整，大大减少了施工单位不合理索赔的可能。

2. 工程量清单招标的工作程序

采用工程量清单招标，是指由招标单位提供统一的招标文件（包含工程量清单），投标单位以招标文件中的有关要求和工程量清单、施工现场实际情况及拟定的施工组织设计，按企业定额或参照建设行政主管部门颁发的现行定额，以及造价管理机构发布的市场价格信息进行投标报价，招标单位择优选择中标人的过程。

工程量清单招标的程序有以下几个环节：

（1）招标准备阶段，招标人委托有资质的工程造价咨询机构编制招标文件，包括工程量清单。

（2）工程量清单编制完成后，作为招标文件的一部分，发给各投标单位，投标单位接到招标文件后，根据工程量清单考虑各种因素进行工程报价，如果发现工程量清单中的工程量与有关图纸差异较大，可要求招标单位予以澄清，但投标单位不得擅自变动工程量。

（3）投标报价完成后，投标单位在约定的时间内提交投标文件。

（4）评标委员会根据招标文件确定的评标标准和方法进行评标定标。由于采用了工程量清单计价方法，所有投标单位都站在同一起跑线上，因而竞争更为合理。

2.2.2　工程量清单下的投标报价

1. 工程量清单下投标报价的计价特点

（1）由于工程量清单报价这种计价模式易于结合建设工程的具体情况，变现行以预算定额为基础的静态计价模式为将各种因素考虑在单价内的动态计价模式，明细地反映了工程的实物消耗和有关费用。

（2）采用工程量清单报价明确了承发包双方的责任，有利于实现风险的合理分担。

（3）采用工程量清单报价模式，有利于消除编制标底给招标活动带来的负面影响，发包人不需要编制标底，促使投标企业把主要精力放在加强企业内部管理和对市场各种因素的分析及建立企业内部价格体系中去。

工程量清单报价在我国运用的规章、政策依据主要是：1998 年 8 月建设部在《关于进一步加强招标投标管理的规定》中指出"在具备条件的城市和项目上，可以按照建设行政主管部门发布的统一工程量计算规则和工程项目划分规定，进行工程量清单招标、合理低价中标等试点，实现在国家宏观调控下由市场确定工程价格"；2001 年 6 月 1 日建设部颁布的《房屋建筑和市政基础设施工程施工招标投标管理办法》第十八条规定"采用工程量清单招标的应当提供工程量清单"；2001 年 11 月 5 日建设部颁布的《建设工程施工发包与承包计价管理办法》第八条规定"招标投标工程可以采用工程量清单编制招标标底和投标报价"，"工程量清单应当依据招标文件、施工设计图纸、施工现场条件和国家制定的统一工程量计算规则、分部分项工程项目划分、计量单位等进行编制"。

2. 工程量清单下的投标报价方法及注意事项

工程量清单计价包括了按招标文件规定完成的工程量清单所需的全部费用，包括分部分项工程量清单费、措施清单项目费、其他清单费和规费、税金。由于《计价规范》在工程造价的计价程序、项目划分和具体的计量规则上与传统的定额计价方式有较大的区别，对于计价人员来说，应及时转变观念，适应新的投标报价方法。

（1）在编制工程量清单报价时，要认真理解《计价规范》的各项规定，明确清单项目所含的工作内容和要求、各项费用的组成等，认真仔细地研究清单项目的描述，真正把企业管理的优势、技术优势、资源优势落实到清单项目报价中。

（2）要提高企业自主报价能力，应逐步建立企业内部定额。企业定额是供本企业内部使用的人工、材料和机械台班的消耗标准，其综合了企业的管理水平和施工技术。通过本企业定额，施工单位可以准确计算出完成各项目所需消耗的成本与工期，从而做到心中有数，避免盲目报价导致亏损现象的发生。

（3）在投标报价书中，投标企业没有填写单价与合价的项目将不予支付，因此，投标企业应注意填写每一单项的单价与合价，报价时争取做到不漏项、不缺项。

（4）根据各种影响因素和工程中的具体情况及时调整报价，灵活应用投标报价技巧。

3. 工程量清单计价步骤

（1）熟悉工程量清单。甲方提供的工程量清单是计算工程造价的重要依据，计价时对于清单项目的详细描述要全面了解，做到在计价时依据工作内容不漏项，不重复计算。

（2）研究招标文件。招标文件的各项条款、要求、合同条件，是工程计价的重要依据。在招标文件中对有关承发包工程范围、期限、内容、材料、设备、采购等有具体规定，在计价时应按规定进行，以保证计价的有效性。因此，投标单位拿到招标文件后，根据文件要求，对照图纸，对工程量清单进行复核。

（3）熟悉施工图纸。施工图纸是准确计算工程造价的主要依据，造价编制人员应全面准确地阅读图纸。

（4）熟悉工程量计算规则。清单计价规范的工程量计算规则与各地区工程定额的计算规则是不相同的，有着原则上的区别，《计价规范》的计算规则是以实体安装就位的净尺寸计算，而定额的工程量计算是在净值的基础上加上施工操作规定的损耗量，而损耗量随施工方法、措施的不同而变化。因此，清单项目工程量计算应严格执行《计价规范》规定的计算规则，不能同工程定额的计算规则相混淆。

（5）了解施工组织设计。施工组织设计或施工方案是施工单位技术部门针对具体工程编制的施工作业具体措施性文件，在工程计价过程中直接影响到施工措施费的取定，所以，对这一部分内容在计价过程中应引起注意。

（6）熟悉加工订货的有关信息。造价人员要明确建设施工单位双方在加工方面的分工。对需要进行委托加工订货的设备、材料、零件等，提出委托加工计划，并落实加工单位和加工价格。

（7）明确主材和设备的来源情况。施工图中主材和设备的型号、规格、质量、材质、品牌等对工程计价影响很大。因此，主材和设备的范围及有关内容需要招标人予以说明，必要时注明产地和厂家。

（8）计算综合单价。综合单价是报价和调价的主要依据，因此，造价人员应将工程量清单主体项目及其组合的辅助项目汇总，填入分部分项工程综合单价计算表，采用企业定额及材料价格表分析项目综合基价，计算出管理费和税金，汇总成为清单项目费合计。

4. 工程量清单计价程序

工程量清单计价程序见表 2.6。

2.2.3 合理最低评标价法

推行工程量清单招标后，需要对评标标准和评标方法进行相应的改革和完善，需要制定更多的适应不同要求的、法律法规允许的评标办法，供招标人灵活选择，以满足不同类型、不同性质和不同特点的工程招标需要。

表 2.6　　　　　　　　　　　　　　工程量清单计价程序表

序　号	名　　称	计　算　方　法
1	分部分项工程费	Σ（清单工程量×综合单价）
2	措施项目费	按规定计算
3	其他项目费	按招标文件规定计取
4	规费	按规定计算
5	不含税工程造价	1+2+3+4
6	税金	按税务部门规定计算
7	含税工程造价	5+6

国家发展和改革委员会等七部委新颁发的《评标委员会和评标办法暂行规定》在关于低于成本价的认定标准、中标人的确定条件以及评标委员会的具体操作等方面做出了比较具体的规定，为各地区制定新的评标办法提供了依据。目前，有些地区在实行工程量清单计价后，针对新的竞争环境和不同的需求，制定了"合理最低评标价法"、"定量综合评议法"、"平均报价评标法"、"两阶段低价评标法"等多种评定标试行办法，招标人可根据工程具体情况选择一种或几种。而"合理最低评标价法"具有较强的选择优势。

1. 合理最低评标价法的含义

（1）能够满足招标文件的实质性要求，这也是投标中标的前提条件。

（2）评标定标的核心是经过评审的投标价格为最低。

（3）目前有不少世界组织和国家采用合理最低评标价法，如世界银行采购指南、亚洲开发银行贷款采购准则，以及英国、意大利、韩国的有关法律规定，招标方应选定"评标价最低"人中标。当然，投标价格应当处于不低于自身成本的合理范围之内，这是为了制止不正当的竞争垄断和倾销的国际通行做法。

评标价最低人的投标不一定是投标报价最低的投标。投标价除了考虑投标价格因素外，还综合考虑质量、工期、施工组织设计、企业信誉、业绩等因素，并将这些因素尽可能加以量化折算为一定的货币额，通过加权计算得到。

可以认为"合理最低评标价法"是体现与国际惯例接轨的重要方面。

2. 如何做到合理低价中标

合理低价中标法，是根据最低价格选择中标人，是在保证质量、工期的前提下，以最合理低价中标。"合理低价"是指投标人报价不能低于自身的个别成本。对于投标人就要做到如何报价最低，利润相对最高，不注意这一点，有可能会造成中标工程越多亏损越多的现象。

（1）研究合同条款。合同的条款是招标文件的重要组成部分。履约价格的体现方式和结算依据主要是依靠合同，甲乙双方的最终法律制约作用就在合同上。因此，投标人要对合同特别重视，要对合同的条款进行仔细的分析。

（2）研究工程量清单。工程量清单是招标文件的重要组成部分，是招标人提供的投标人用以报价的工程量，也是最终结算及支付的依据。所以必须对工程量清单中的工程量在施工过程及最终结算时是否会变更等情况进行分析，并分析工程量清单包括的具体内容。只有这样，投标人才能准确把握每一项清单内容范围，并做出正确的报价。否则，由于分析不到位，造成报价不全，导致损失将是无法弥补的。

（3）准备投标资料及确定投标策略。投标报价之前必须准备与报价有关的所有资料，如招标文件；设计文件；施工规范；有关的法律、法规；企业定额；价格信息；投标对手的情况及对手常用的投标策略；拟建工程所在地的地质资料及周围的环境情况等，这些资料质量高低直接影响到投标报价成败。

投标人要在投标时显示出核心竞争力就必须有一定的策略，有不同于别的竞争对手的优势，应从以下几方面考虑：

（1）掌握全面的设计文件。投标人对施工图纸结合工程实际进行分析，了解清单项目在施工过程中发生变化的可能性，对于有可能增加工程量的报价要偏高，有可能降低工程量的报价要偏低，不变的造价要适中，这样可获得最大利润而降低风险。

（2）实地勘查施工现场。对现场周围的环境和可用资料进行了解和勘查，从而了解工程施工和竣工，及修补缺陷所需的工作和材料的范围，确定进入现场的手段。

（3）调查拟建工程的环境。工程所在地环境主要包括政治形式、经济形式、法律法规、风俗习惯、自然条件、生产和生活条件等。这些对工程日后的顺利开展和进行起着很重要的影响作用。

（4）调查招标人和竞争对手。招标人的资金来源是否可靠，避免承担过大的风险；项目开工手续是否齐全，提防有些发包人以招标为名，让投标人免费为其估价；是否有明显的授标倾向，招标只是迫于政府的压力而采取的形式。

对于竞争对手的调查应着重以下几个方面：了解有几个竞争对手，具有威胁的有哪几家，分析其以往工程投标方法及投标策略，开标会上提出的问题，做到知己知彼，制定切实可行的投标策略，提高中标的可能性。

2.2.4 清单合同的特点与优越性

我国现在推行的建设工程施工合同是 1999 年 12 月建设部和工商行政管理局联合印发的《示范文本》（GF1999—0201）。施工合同示范文本的推行依据《中华人民共和国合同法》第十二条第二款"当事人可以参考各类合同的示范文本订立合同"的规定。

1. 工程量清单与施工合同主要条款的关系

工程量清单与施工合同关系密切，示范文本内有很多条款是涉及工程量清单的。

（1）工程量清单是合同文件的主要组成部分。施工合同不仅仅指发包人和承包人签订的协议书，它还应包括与建设项目施工有关的资料和施工过程中的补充、变更文件。《建设工程工程量清单计价规范》颁布实施后，工程造价采用工程量清单计价模式的，其施工合同也即通常所说的"工程量清单合同"或"单价合同"。

《示范文本》第二条第一款规定：合同文件应能相互解释，互为说明。除专用条款另有约定外，组成本合同的文件及优先解释顺序如下：

1）本合同协议书。

2）中标通知书。

3）投标书及其附件。

　　4）本合同专用条款。

　　5）本合同通用条款。

　　6）标准、规范及有关的技术文件。

　　7）图纸。

　　8）工程量清单。

　　9）工程报价单或预算书。

　　对于招标工程而言，工程量清单是合同的组成部分。非招标的建设项目，其计价活动也必须遵守《建设工程工程量清单计价规范》，作为工程造价的计算方式和施工履行的标准之一，其合同内容也必须涵盖工程量清单。因此，无论招标抑或非招标的建设工程，工程量清单都是施工合同的组成部分。

　　（2）工程量清单是计算合同价款和确认工程量的依据。工程量清单中所载工程量是计算投标价格、合同价款的基础，承发包双方必须依据工程量清单所约定的规则，最终计量和确认工程量。

　　（3）工程量清单是计算工程变更价款和追加合同价款的依据。工程施工过程中，因设计变更或追加工程影响工程造价时，合同双方应依据工程量清单和合同其他约定调整合同价格。

　　一般按以下原则进行：①清单或合同中已有适用于变更工程的价格，按已有价格变更合同价款；②清单或合同中只有类似于变更工程的价格，可以参照类似价格变更合同价款；③清单或合同中没有适用或类似于变更工程的价格，由承包人提出适当的变更价格，经工程师确认后执行。

　　（4）工程量清单是支付工程进度款和竣工结算的计算基础。工程施工过程中，发包人应按照合同约定和施工进度支付工程款，依据已完项目工程量和相应单价计算工程进度款。工程竣工验收通过，承发包人应按照合同约定办理竣工结算，依据工程量清单约定的计算规则、竣工图纸对实际工程进行计量，调整工程量清单中的工程量，并依此计算工程结算价款。

　　（5）工程量清单是索赔的依据之一。在合同履行过程中，对于并非自己的过错，而是应由对方承担责任的情况造成的实际损失，合同一方可向对方提出经济补偿和（或）工期顺延的要求，即"索赔"。《示范文本》第三十六条对索赔的程序、要求做出了规定。当一方向另一方提出索赔要求时，要有正当索赔理由，且有索赔事件发生时的有效证据，工程量清单作为合同文件的组成部分也是理由和证据。当承包人按照设计图纸和技术规范进行施工，其工作内容是工程量清单所不包含的，则承包人可以向发包人提出索赔；当承包人履行不符合清单要求时，发包人可以向承包人提出反索赔要求。

　　2. 清单合同的特点和优越性

　　建设工程采用工程量清单的方式进行计价最早诞生在英国，并逐步在英殖民国家使用。经过数百年实践检验与发展，目前已经成为世界上普遍采用的计价方式，世行和亚行贷款项目也都推荐或要求采用工程量清单的形式进行计价。工程量清单计价之所以有如此生命力，主要依赖于清单合同的自身特点和优越性。

（1）单价具有综合性和固定性。工程量清单报价均采用综合单价形式，综合单价中包含了清单项目所需的材料、人工、施工机械、管理费、利润以及风险因素，具有一定的综合性。与以往定额计价相比，清单合同的单价简单明了，能够直观反映各清单项目所需的消耗和资源。另一方面，工程量清单报价一经合同确认，竣工结算不能改变，单价具有固定性。在这方面，国家施工合同示范文本和国际 FIDIC 土木工程施工合同示范文本对增加工程做出了同样的约定。综合单价因工程变更需要调整时，可按《建设工程清单计价规范》第 4.0.9、4.0.10 款的规定执行，在签订合同时应予以说明。

（2）便于施工合同价的计算。施工过程中，发包人代表或工程师可依据承包人提交的经核实的进度报表，拨付工程进度款；依据合同中的单价，以及依据或参考合同中已有的单价或总价，有利于工程变更价的确定和费用索赔的处理。工程结算时，承包人可依据竣工图纸、设计变更和工程签证等资料计算实际完成的工程量，对与原清单不符的部分提出调整，并最终依据实际完成工程量确定工程造价。

（3）清单合同更加适合招标投标。清单报价能够真实地反映造价，在清单招标投标中，投标单位可根据自身的设备情况、技术水平、管理水平，对不同项目进行价格计算，充分反映投标人的实力水平和价格水平。而且由招标人统一提供工程量清单，不仅增大了招标投标市场的透明度，杜绝了腐败的源头，而且为投标企业提供了一个公平合理的基础和环境，真正体现了建设工程交易市场的公开、公平和公正。

招标文件是招标投标的核心，而工程量清单是招标文件的关键。准确、全面和规范的工程量清单有利于体现业主的意愿，有利于工程施工的顺利进行，有利于工程质量的监督和工程造价的控制；反之，将会给日后的施工管理和造价控制带来麻烦，造成纠纷，引起不必要的索赔，甚至导致与招标目的背道而驰的结果。对于投标人来说，不准确的工程量将会给投标人带来决策上的错误。因此，投标时施工单位应依据设计图纸和现场情况对工程量进行复核。

清单合同可以激活建筑市场竞争，促进建筑业的发展。传统的计价模式计算很大程度上束缚了投标单位根据实力投标竞争的自由。《建设工程工程量清单计价规范》颁布实施后，采用工程量清单计价模式，由施工企业依据单位实力自主报价，并通过市场竞争调整和形成价格。作为施工单位要在激烈的竞争中取胜，必须具备先进的设备、技术和管理方法，这就要求施工单位在施工中要加强管理、鼓励创新，从技术中要效率，从管理中要利润，在激烈的竞争中不断发展、不断壮大，促使建筑业的发展。

3. 确保清单计价的顺利实施和健康发展

工程造价制度的改革是一项极其复杂的工作，牵涉的方面很多。《建设工程工程量清单计价规范》颁布实施后，政府要为工程量清单计价创造良好的社会、经济环境，工程造价管理部门要转变观念、与时俱进，出台相应的配套措施，确保清单计价的顺利实施和健康发展。

（1）建立合同风险管理制度。风险管理就是人们对潜在的损失进行辨识、评估、预防和控制的过程。

（2）尽快建立起比较完善的工程价格信息系统，包括综合项目和独立项目及相应的综合单价的基价数据。因为工程造价最终要做到市场形成价格，承包人、业主、造价管理部门均要熟悉市场行情。价格信息系统利用现代化的传媒手段，通过网络、新闻媒体等方式让社会有关各方面都能及时了解工程建设领域内的最新价格信息。

（3）完善工程量清单计价的操作。为了使工程量清单计价办法在规范的基础上有序运作，不但要有可操作的工程量清单计价办法，还要辅以完善的实施操作程序。必须设计研制出界面直观、操作快捷、功能齐全的高水平工程量清单计价系统软件，解决编制工程量清单、标底和投标报价中的繁杂运算程序，为推行工程量清单计价扫清障碍，满足参与招标、投标活动各方面的需求。

（4）造价管理部门应由"行政管理"走向"依法监督"。由发布指令性的工程费率标准改为发布指导性的工程造价指数及参考指标；将定期发布材料价格及调整系数改为工程市场参考价、生产商价格信息、投标工程材料报价等。新形势下，工程造价管理部门要加强基础工作，全面、及时收集整理工程造价管理资料，整理后发布相关的政策、宏观指标、指数，服务社会，引导市场，促使建筑市场形成有序的竞争环境。

（5）提高造价执业队伍的水平，规范执业行为。清单计价对工程造价专业队伍特别是执业人员的个人素质提出了更高要求。要顺利实施工程量清单计价，当务之急就是必须加大管理力度，促进工程造价专业队伍的健康发展。

2.3 工程价款结算

2.3.1 工程变更价款的计算方法

工程变更包括设计变更、施工进度计划变更、施工条件变更及原招标文件和工程量清单中未包括的"新增工程"。按照《建设工程施工合同文本》的规定，工程变更包括：

（1）更改工程有关部分的标高、基线、位置、尺寸。

（2）增减合同中约定的工程量。

（3）改变有关工程的施工时间和顺序。

（4）其他有关工程变更需要的附加工作。

当工程变更发生时，工程师应及时处理并确认变更的合理性，工程师签发的工程变更指令是确认工程变更，据以进行工程变更、工程价款和进度计划调整的依据，工程变更必须按照规定的程序进行。

工程变更价款的确定应在双方协商的时间内，由承包商提出变更价格，报工程师批准后方可调整合同价或顺延工期。对承包商提出的变更价款，应按有关规定进行处理：

承包人在工程变更确定后 14 天内，提出变更价款的报告，经工程师确认后调整合同价款。

合同中已有适用于变更工程的价格，按合同已有的价格计算变更合同价款。

合同中只有类似于变更工程的价格，可以参照类似价格变更合同价款。

合同中没有适用于或类似于变更工程的价格，由承包人提出适当的变更价格。

2.3.2 工程索赔价款的计算方法

索赔是指在合同履行过程中，对于并非自己的过错，而应当由对方承担责任的情况造成的实际损失，向对方提出经济补偿和时间补偿的要求。工程索赔是双向的，包括施工索赔和业主索赔两个方面，一般习惯上将承包商向业主的施工索赔简称为"索赔"，将业主向承包商的索赔称为"反索赔"。

寻找和发现索赔机会是索赔的第一步。索赔机会常常表现为具体的干扰事件。干扰事件是索赔处理的对象，事态调查、索赔理由分析、影响分析、索赔值计算等都针对具体的干扰事件。任何索赔事件的成立，其前提条件是必须具有正当的索赔理由。要有理有据，事实清楚，依据完善。工程索赔必须以合同为依据，注意在实际工程中收集和积累与索赔有关的资料，从而做到处理索赔时以事实和数据为依据。

索赔事件发生后，如何正确计算索赔给承包商造成的损失，直接牵涉到承包商的利益，熟练掌握索赔的计算方法是很重要的。

1. 索赔费用项目

（1）人工费。完成合同之外的额外工作所花费的人工费用，由于非承包商责任的人工降效所增加的人工费用，超过法定工作时间的加班费用，法定的人工费增长以及非承包商责任造成的工程延误导致的人工窝工费等。

（2）材料费。由于客观原因材料价格大幅度上涨；由于索赔事项材料实际用量超过计划用量而增加的材料费；由于非承包商原因致使材料运杂费、采购与储存费用的上涨；由于非承包商责任工程延误导致的材料价格上涨等。

（3）施工机械使用费。由于完成额外工作增加的机械使用费；非承包商责任致使功效降低而增加的机械使用费；由于业主或监理工程师原因造成的机械停工的窝工费。

（4）分包费用。指的是分包商的索赔款项，应如数计入总承包商的索赔总额以内。

（5）工地管理费。指承包商完成额外工程、索赔事件工作以及工期延长期间的工地管理费。

（6）总部管理费。指工期延误所增加的管理费，包括企业总部管理人员的工资等各项费用。

（7）利息。业主拖期支付的工程进度款或索赔款的利息。

（8）利润。对于不同原因引起的索赔，利润索赔的成功率是不同的，一般引起工程量增加的索赔，是可以索赔利润的，而工期延误索赔，一般工程师或业主很难同意此种索赔加入利润。

2. 索赔费用计算方法

（1）总费用法和修正总费用法。总费用法又称总成本法，就是计算出该项工程的总费用，再从这个已实际开支的总费用中减去投标报价时的成本费用，即为要求补偿的索赔费用额。

【例 2.2】 某工程原合同报价如下：

工程成本（直接费＋工地管理费）： 4000000 元

总部管理费（工程成本×10%）： 400000 元

利润（工程成本＋总部管理费）×7%： 308000 元

合同价： 4708000 元

在工程实施过程中，由于非承包商原因造成工地实际成本增加至 4200000 元，用总费用法计算索赔值如下：

工程成本增加量（4200000－4000000）：	200000 元
总部管理费增加量（工程成本增加量×10%）：	20000 元
利润（工程成本增加量＋总部管理费增加量）×7%：	15400 元
利息（按实际时间和利率计算）：	4000 元
索赔值：	239400 元

（2）分项法。分项法是按每个（或每类）干扰事件以及这件事所影响的各个费用项目分别计算索赔值的方法。这种方法比总费用法复杂，处理起来比较困难，但它更能反映实际情况，比较合理、科学，人们在逻辑上容易接受。分项法计算索赔值通常分三步：

1）分析每个干扰事件所影响的费用项目。这些费用项目通常与合同报价中的费用项目一致。

2）确定各费用项目索赔值的计算基础和计算方法，计算每个费用项目受干扰事件影响后的实际成本或费用值，并与合同中的费用值对比，即可得到该项费用的索赔值。

3）将各费用项目的计算值列表汇总，得到总费用索赔值。

用分项法计算关键是不能漏项。

【例 2.3】 某建设工程系外资贷款项目，业主与承包商按 FIDIC《土木工程施工合同条件》签订了施工合同。施工合同规定钢材、木材、水泥由业主供货到现场仓库，其他材料由承包商自行采购。

当工程施工至第五层框架柱钢筋绑扎时，因业主提供的钢筋未到，使该项作业从 10 月 3 日到 10 月 16 日停工（该项作业的总时差为零）。

10 月 7 日到 10 月 9 日因停电、停水使第三层的砌砖停工（该项作业的总时差为 4 天）。

10 月 14 日到 10 月 17 日因砂浆搅拌机发生故障使第一层抹灰延迟开工（该项作业的总时差为 4 天）。

为此，承包商于 10 月 28 日向工程师提交了一份索赔意向书，并于 10 月 29 日送交了一份工期、费用索赔计算书和索赔依据的详细材料。

其计算书如下：

1. 工期索赔

（1）框架柱绑扎钢筋：10 月 3 日到 10 月 16 日停工，计 14 天。

（2）砌砖：10 月 7 日到 10 月 9 日停工，计 3 天。

（3）抹灰：10 月 14 日到 10 月 17 日停工，计 4 天。

总计请求展延工期 21 天。

2. 费用索赔

（1）窝工机械设备费。其中：

一台塔吊：14×234＝3276 元

一台搅拌机：14×55＝770 元

一台砂浆搅拌机：7×24＝168 元

小计：4214 元

（2）窝工人工费。其中：

支模：$25 \times 20.15 \times 14 = 7052.5$ 元

砌砖：$30 \times 20.15 \times 3 = 1813.5$ 元

抹灰：$35 \times 20.15 \times 4 = 2821$ 元

小计：11687 元

（3）保函费延期补偿：$(1500 \times 10\% \times 6\%) \div 365 \times 21 = 0.517$ 万元 $= 5170$ 元。

（4）管理费增加：$(4214 + 11687 + 5170) \times 5\% = 1194.6$ 元。

（5）利润损失：$(4214 + 11687 + 5170 + 1194.6) \times 15\% = 3339.84$ 元。

经济索赔合计：$4214 + 11687 + 5170 + 1194.6 + 3339.84 = 25605.44$ 元。

问题1：承包商提出的工期索赔是否正确？应予批准的工期索赔为多少天？

问题2：假定经双方协商一致，窝工机械设备索赔按台班单价的65%计；考虑对窝工人工应合理安排工人从事其他作业后的降效损失，窝工人工费索赔按每工日10元计；保函费计算方式合理；管理费、利润损失不予补偿。试确定经济索赔额。

【解】

1. 工期索赔审定

承包商提出的工期索赔不正确。

（1）框架柱绑扎钢筋停工14天，应予工期补偿。这是由于业主原因造成的，且该项作业位于关键线路上。

（2）砌砖停工，不予工期补偿。因为该项停工虽属于业主原因造成的，但该项作业不位于关键线路上，且未超过工作总时差。

（3）抹灰停工，不予工期补偿。因为该项停工属于承包商自身原因造成的。

同意工期补偿为：$14 + 0 + 0 = 14$ 天。

2. 经济索赔审定

（1）窝工机械费。其中：

塔吊1台：$14 \times 234 \times 65\% = 2129.4$ 元

（按惯例闲置机械只应计取折旧费）

搅拌机1台：$14 \times 55 \times 65\% = 500.5$ 元

（按惯例闲置机械只应计取折旧费）

砂浆搅拌机1台：$3 \times 24 \times 65\% = 46.8$ 元

（因停电闲置可按折旧计取）

因故障砂浆搅拌机停机4天应由承包商自行负责损失，故不给予补偿。

小计：$2129.4 + 500.5 + 46.8 = 2676.7$ 元

（2）窝工人工费。其中：

绑扎钢筋窝工：$30 \times 10 \times 14 = 4200$ 元

（业主原因造成，只考虑降效费用）

砌砖窝工：$30 \times 10 \times 3 = 900$ 元

抹灰窝工：不予补偿，因系承包商责任。

小计：$4200 + 900 = 5100$ 元

（3）保函费补偿：$(1500 \times 10\% \times 6\%) / 365 \times 14 = 0.3452$ 万元 $= 3452$ 元

（4）管理费增加，一般不予补偿。

（5）利润补偿：通常因暂时停工不予补偿利润损失。

经济补偿合计为：2676.7＋5100＋3452＝11228.7元。

2.3.3 工程价款结算

工程价款结算是指承包商在施工过程中，依据完成的工程量，按照合同规定的程序向发包商（业主）收取工程价款的一项经济活动。

1. 工程价款的主要结算方式

（1）按月结算。即实行旬末或月中，由承包商提出已完成工程月报及其工程款结算单，一并送交业主，办理已完工程款结算。有预支、月终结算、竣工后清算的办法。

（2）分段结算。当年开工跨年度竣工的工程，可按工程施工形象进度将工程划分为几个阶段，工程按进度计划规定的段落完成后进行结算，是一种不定期的结算方式。具体实施时：根据建筑工程的特性，将在建的建筑物划分为几个施工阶段。然后测算出每个施工阶段的造价，并按一定比例作为每次预支金额。承包商据此填写"工程价款预支账单"送交工程师（业主），签证同意后办理预支拨款，段落竣工后结算。也有按段落分次预支、竣工后一次结算的方式。

（3）竣工后一次结算。建设项目或单项工程建设期在一年以内，或承包合同价值在100万元以下的，可以实行工程款按月预支，竣工后一次结算。

2. 预付工程备料款

根据工程承包合同规定，由业主在开工前拨付给承包商一定限额的预付工程备料款，用于主要材料和构配件等的储备。

（1）预付备料款的额度。

$$预付备料款＝（年度施工产值×主要材料所占比重/年度法定施工天数）$$
$$×材料储备周期（天）$$

建筑工程预付备料款一般不超过当年建筑工程量的30%，在实际工作中，应由合同双方根据具体情况协商确定。

（2）预付备料款的扣回。预付备料款必须在完工前从工程进度款的支付中分次扣回。从未施工工程尚需的主要材料构件的价值相当于备料款数额时起扣，从每次结算工程价款中按材料比重扣抵工程价款，竣工前全部扣清。备料款起扣点可按下式计算：

$$T＝P－M/N$$

式中　T——起扣点，即预付备料款开始扣回时的累计完成工作量余额；

M——预付备料款的限额；

N——主要材料所占比重；

P——承包工程价款总额。

一般情况下，工程进度达到65%时，开始抵扣预付备料款。

3. 工程进度款支付

工程进度款支付由施工企业在月中向业主提交预支工程款账单，月终提出工程款结算账单和已完工程月报表，经过工程师确认和业主批准后，收取当月的工程价款，见图2.5。

（1）工程计量。工程进度款支付一般应按照实际完成的工程数量进行计算，工程量计量是中间结算的重要基础工作。一般需对合同文件中规定的项目、工程变更项目和工程索赔项目，按照技术规范中的"计量支付"条款、施工图纸和质量合格证书等进行计量。

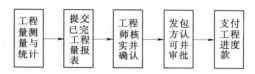

图 2.5　工程进度款结算程序

（2）工程进度款支付。由施工企业向业主提交工程款结算账单和已完工程月报表，经过工程师确认和业主批准后，收取当月的工程价款。

（3）工程保修金预留。按照有关的规定，工程进度款支付过程中必须预留质量保修费用，一般为合同总价的 3%～5%。

（4）工程价款的动态结算。目前我国常用的动态结算方法有按工程造价指数调整法、按实际价格结算法、按调价文件结算法和调值公式法等形式。根据国际惯例，一般采用的是调值公式法。

【例 2.4】　某建设工程项目，其建筑工程承包合同价为 800 万元。合同规定，预付备料款额度为 18%，竣工结算时应留 5% 尾款作保证金。该工程主要材料及结构构件金额占工程价款的 60%，各月完成工作量见表 2.7。求该工程的预付备料款和起扣点；按月结算该工程进度款；该工程结算总造价及 6 月应付款为多少？

表 2.7　　　　　　　　　　　各 月 完 成 工 作 量

月　　份	2	3	4	5	6	合同价调整金额（万元）
完成工作金额（万元）	100	150	200	200	150	50

【解】　（1）预付备料款为

$$800 \times 18\% = 144 \text{ 万元}$$

起扣点为

$$T = P - M/N = 800 - 144/60\% = 560 \text{ 万元}$$

（2）各月工程款。其中：

2 月份：工程款为 100 万元。

3 月份：工程款为 150 万元，累计完成 250 万元。

4 月份：工程款为 200 万元，累计完成 450 万元。

5 月份：工程款为 200 万元。

因为 200＋450＝650 万元＞560 万元，且 650－560＝90 万元，所以应从 5 月的 90 万元工程款中扣除预付备料款。

因此，5 月应结算工程款为（200－90）＋90×（1－60%）＝146 万元，故 5 月累计完成 596 万元。

6 月：

$$工程款 = 当月已完成工程量 \times （1 - 主材所占比重）$$
$$= 150 \times （1 - 60\%） = 60 \text{ 万元}$$

（3）工程结算总造价。

竣工结算总造价＝预付款＋按月结算工程款累计＋合同调整增加额

＝144＋656＋50＝850 万元

6 月应付尾款＝竣工结算总造价－（1～5 月已支付工程款累计金额）

－保留金－预付款

＝850－596－850×5％－144＝67.5 万元

思 考 题

1．为什么在《计价规范》中强调全部使用国有资产为主的大中型建设工程应执行工程量清单计价？

2．在建设工程招标中采用工程量清单计价的优点是什么？

3．工程量清单招标的工作程序有几个环节？

4．工程量清单投标报价的工作程序有几个？

5．工程量清单投标报价的编制的原则和方法是什么？

6．如何理解"合理最低评标价法"评标定标？

7．进行工程价款结算有什么作用？

8．简述工程索赔价款的计算方法。

9．工程价款的主要结算方式有哪些？

第3章 建筑工程清单项目
分项工程量计算

1. 知识点和教学要求

(1) 掌握工程量清单各项目工程量的计算规则及计算公式。

(2) 理解项目特征、项目编码、计量单位的确定。

(3) 了解工程量的概念及计算要求。

2. 能力培养要求

培养学生掌握利用清单工程量计算规则计算各项目工程量的能力。

3.1 概　　述

3.1.1　工程量的概念

1. 工程量的意义

工程量是指以物理计量单位或自然计量单位所表示的建筑工程各个分部分项工程或结构构件的实物数量。物理计量单位是指以度量表示的长度、面积、体积和重量等计量单位；自然计量单位指建筑成品表现在自然状态下的简单点数所表示的个、条、樘、块等计量单位。

工程量是确定建筑安装工程费用，编制施工规划，安排工程施工进度，编制材料供应计划，进行工程统计和经济核算的重要依据。

2. 工程量计算的依据

(1) 施工图纸及设计说明、相关图集、设计变更、图纸答疑、会审记录等。

(2) 工程施工合同、招标文件的商务条款。

(3) 工程量计算规则。工程量清单计价规范中详细规定了各分部分项工程的工程量计算规则，分部分项工程工程量的计算应严格按照这一规定进行。除另有说明外，清单项目工程量的计量按设计图示以工程实体的净值考虑。

3. 工程量计算规则

工程量计算规则，是确定建筑产品分部分项工程数量的基本规则，是实施工程量清单计价提供工程量数据的最基础的资料之一，不同的计算规则，会有不同的分部分项工程量。

统一工程量计算规则的目的有三个。一是避免同一分部分项工程因计算规则不同而出现不同的工程量；二是通过工程量计算规则的统一，达到分部分项工程项目划分和分部分项工程所包括的工作内容的统一；三是使工程量清单中的"工程量"调整为统一的计算口径。统一工程量计算规则，有效控制消耗量，为真正实现量价分离、企业自主报价、市场有序竞争形成价格，及为建设全国统一的建筑市场提供了依据。

3.1.2　工程量计算的一般方法

3.1.2.1　工程量计算顺序

为了避免漏算或重算，提高计算的准确程度，工程量的计算应按照一定的顺序进行。具体的计算顺序应根据具体工程和个人的习惯来确定。一般有以下几种顺序。

1. 单位工程计算顺序

单位工程计算顺序一般按计价规范清单列项顺序计算。即按照计价规范上的分章或分部分项工程顺序来计算工程量。

2. 单个分部分项工程计算顺序

（1）按照顺时针方向计算法。即先从平面图的左上角开始，自左至右，然后再由上而下，最后转回到左上角为止。这样按顺时针方向转圈依次进行计算。例如计算外墙、地面、天棚等分部分项工程，都可以按照此顺序进行计算。

（2）按"先横后竖、先上后下、先左后右"计算法。即在平面图上从左上角开始，按"先横后竖、先上后下、先左后右"的顺序计算工程量。例如房屋的条形基础上方、砖石基础、砖墙砌筑、门窗过梁、墙面抹灰等分部分项工程，均可按这种顺序计算工程量。

（3）按图纸分项编号顺序计算法。即按照图纸上所注结构构件、配件的编号顺序进行计算。例如计算混凝土构件、门窗、屋架等分部分项工程，均可以按照此顺序计算。

按一定顺序计算工程量的目的是防止漏项少算或重复多算的现象发生，只要能实现这一目的，采用哪种顺序计算都可以。

3.1.2.2　工程量计算的注意事项

（1）严格按照规范规定的工程量计算规则计算工程量。

（2）注意按一定顺序计算。

（3）工程量计量单位必须与清单计价规范中规定的计量单位相一致。

（4）计算口径要一致。根据施工图列出的工程量清单项目的口径（明确清单项目的工程内容与计算范围）必须与清单计价规范中相应清单项目的口径相一致。所以计算工程量除必须熟悉施工图纸外，还必须熟悉每个清单项目所包括的工程内容和范围。

（5）力求分层分段计算。要结合施工图纸尽量做到结构按楼层，内装修按楼层分房间，外装修按施工层分立面计算，或按施工方案的要求分段计算，或按使用的材料不同分别进行计算。这样，在计算工程量时既可避免漏项，又可为安排施工进度和编制资源计划提供数据。

（6）加强自我检查复核。

3.2　土 (石) 方工程

3.2.1　工程量计算规则

1. 土方工程

土方工程的工程量清单项目设置及工程量计算规则，应按表 3.1 的规定执行。

2. 石方工程

石方工程的工程量清单项目设置及工程量计算规则，应按表 3.2 的规定执行。

表 3.1 土方工程（编码：010101）

项目编码	项目名称	项目特征	计量单位	工程量计算规则	工程内容
010101001	平整场地	1. 土壤类别； 2. 弃土运距； 3. 取土运距	m²	按设计图示尺寸以建筑物首层建筑面积计算	1. 土方挖填； 2. 场地找平； 3. 运输
010101002	挖土方	1. 土壤类别； 2. 挖土平均厚度； 3. 弃土运距	m³	按设计图示尺寸以体积计算	1. 排地表水； 2. 土方开挖； 3. 挡土板支拆； 4. 截桩头； 5. 基底钎探； 6. 运输
010101003	挖基础土方	1. 土壤类别； 2. 基础类型； 3. 垫层底宽、底面积； 4. 挖土深度； 5. 弃土运距		按设计图示尺寸以基础垫层底面积乘以挖土深度计算	
010101004	冻土开挖	1. 冻土厚度； 2. 弃土运距		按设计图示尺寸开挖面积乘以厚度以体积计算	1. 打眼、装药、爆破； 2. 开挖； 3. 清理； 4. 运输
010101005	挖淤泥、流砂	1. 挖掘深度； 2. 弃淤泥、流砂距离		按设计图示位置、界限以体积计算	1. 挖淤泥、流砂； 2. 弃淤泥、流砂
010101006	管沟土方	1. 土壤类别； 2. 管外径； 3. 挖沟平均深度； 4. 弃土石运距； 5. 回填要求	m	按设计图示以管道中心线长度计算	1. 排地表水； 2. 土方开挖； 3. 挡土板支拆； 4. 运输； 5. 回填

表 3.2 石方工程（编码：010102）

项目编码	项目名称	项目特征	计量单位	工程量计算规则	工程内容
010102001	预裂爆破	1. 岩石类别； 2. 单孔深度； 3. 单孔装药量； 4. 炸药品种、规格； 5. 雷管品种、规格	m	按设计图示以钻孔总长度计算	1. 打眼、装药、放炮； 2. 处理渗水、积水； 3. 安全防护、警卫
010102002	石方开挖	1. 岩石类别； 2. 开凿深度； 3. 弃渣运距； 4. 光面爆破要求； 5. 基底摊座要求； 6. 爆破石块直径要求	m³	按设计图示尺寸以体积计算	1. 打眼、装药、放炮； 2. 处理渗水、积水； 3. 解小； 4. 岩石开凿； 5. 摊座； 6. 清理； 7. 运输； 8. 安全防护、警卫

项目编码	项目名称	项目特征	计量单位	工程量计算规则	工程内容
010102003	管沟石方	1. 土壤类别； 2. 基础类型； 3. 垫层底宽、底面积； 4. 挖土深度； 5. 弃土运距	m	按设计图示以管道中心线长度计算	1. 石方开凿、爆破； 2. 处理渗水、积水； 3. 解小； 4. 摊座； 5. 清理、运输、回填； 6. 安全防护、警卫

3. 土石方回填工程

土石方回填工程的工程量清单项目设置及工程量计算，应按表 3.3 的规定执行。

表 3.3　　　　　　　　　　　　**土石方回填（编码：010103）**

项目编码	项目名称	项目特征	计量单位	工程量计算规则	工程内容
010103001	土（石）方回填	1. 土质要求； 2. 密实度要求； 3. 粒径要求； 4. 夯填（碾压）； 5. 松填； 6. 运输距离	m³	按设计图示尺寸以体积计算 注：1. 场地回填：回填面积乘以平均回填厚度； 2. 室内回填：主墙间净面积乘以回填厚度； 3. 基础回填：挖方体积减去设计室外地坪以下埋设的基础体积（包括基础垫层及其他构筑物）	1. 挖土方； 2. 装卸、运输； 3. 回填； 4. 分层碾压、夯实

4. 其他

其他相关问题应按下列规定处理。

（1）土壤及岩石的分类应按表 3.4 确定。

（2）土石方体积应按挖掘前的天然密实体积计算。如需按天然密实体积折算时，应按表 3.5 的系数计算。

（3）挖土方平均厚度应按自然地面测量标高至设计地坪标高间的平均厚度确定。基础土方、石方开挖深度应按基础垫层底标高至交付施工场地标高确定，无交付施工场地标高时，应按自然地面标高确定。

（4）建筑物场地厚度在 ±30cm 以内的挖、填、运、找平，应按表 3.1 中"平整场地"项目编码列项。±30cm 以外的竖向布置挖土或山坡切土，应按"挖土方"项目编码列项。

（5）挖基础土方包括带形基础、独立基础、满堂基础（包括地下室基础）及设备基础、人工挖孔桩等的挖方。带形基础应按不同底宽和深度，独立基础和满堂基础应按不同底面积和深度分别编码列项。

（6）管沟土（石）方工程量应按设计图示尺寸以长度计算。有管沟设计时，平均深度以沟垫层底表面标高至交付施工场地标高计算；无管沟设计时，直埋管深度应按管底外表面标高至交付施工场地标高的平均高度计算。

表 3.4　　　　　　　　　　　　　　　土壤及岩石（普氏）分类表

土石分类	普氏分类	土壤及岩石名称	天然湿度下平均容量（kg/cm²）	极限压碎强度（kg/cm²）	用轻钻孔机钻进 1m 耗时（min）	开挖方法及工具	紧固系数 F
一、二类土壤	I	砂； 砂壤土； 腐殖土； 泥炭	1500 1600 1200 600			用尖锹开挖	0.5～0.6
	II	轻壤和黄土类土； 潮湿而松散的黄土，软的盐渍土和碱土； 平均 15mm 以内的松散而软的砾石； 含有草根的密实腐殖土； 含有直径在 30mm 以内根类的泥炭和腐殖土； 掺有卵石、碎石和石屑的砂和腐殖土； 含有卵石或碎石杂质的胶结成块的填土； 含有卵石、碎石和建筑料杂质的砂壤土	1600 1600 1700 1400 1100 1650 1750 1900			用锹开挖并少数用镐开挖	0.6～0.8
三类土壤	III	肥黏土，其中包括石炭纪、侏罗纪的黏土和冰黏土； 重壤土、粗砾石、粒径为 15～40mm 的碎石和卵石； 干黄石和掺有碎石或卵石的自然含水量黄土； 含有直径大于 30mm 根类的腐殖土或泥炭； 掺有碎石或卵石和建筑碎料的土壤	1800 1750 1790 1400 1900			用尖锹并同时用镐开挖（30%）	0.8～1.0
四类土壤	IV	土含碎石重黏土，其中包括侏罗纪和石炭纪的硬黏土； 含有碎石、卵石、建筑碎料和重达 25kg 的顽石（总体积 10% 以内）等杂质的肥黏土和重壤土； 冰渍黏土，含有重量在 50kg 以内的巨砾，其含量为总体积 10% 以内； 泥板岩； 不含或含有重量达 10kg 的顽石	1950 1950 2000 2000 1950			用尖锹并同时用镐和撬棍开挖(30%)	1.0～1.5
松石	V	含有重量在 50kg 以内的巨砾（占体积 10% 以上）的冰渍石； 砂藻石和软白垩岩； 胶结力弱的砾岩； 各种不坚实的片岩； 石膏	2100 1800 1900 2600 2200	＜200	＜3.5	部分用手凿工具，部分用爆破来开挖	1.5～2.0

土石分类	普氏分类	土壤及岩石名称	天然湿度下平均容量（kg/cm²）	极限压碎强度（kg/cm²）	用轻钻孔机钻进1m耗时（min）	开挖方法及工具	紧固系数 F
次坚石	VI	凝灰岩和浮石； 松软多孔和裂隙严重的石灰岩和介质石灰岩； 中等硬变的片岩； 中等硬变的泥灰岩	1100 1200 2700 2300	200～400	3.5	用风镐和爆破法来开挖	2～4
	VII	石灰石胶结的带有卵石和沉积岩的砾石； 风化的和有大裂缝的黏土质砂岩； 坚实的泥板岩； 坚实的泥灰岩	2200 2000 2800 2500	400～600	6.0	用爆破方法开挖	4～6
	VIII	砾质花岗岩； 泥灰质石灰岩； 黏土质砂岩； 砂质云母片岩； 硬石膏	2300 2300 2200 2300 2900	600～800	8.5	用爆破方法开挖	6～8
普坚石	IX	严重风化的软弱的花岗岩、片麻岩和正长岩； 滑石化的蛇纹岩； 致密的石灰岩； 含有卵石、沉积岩的渣质胶结的砾岩； 砂岩； 砂质石灰质片岩； 菱镁矿	2500 2400 2500 2500 2500 2500 3000	800～1000	11.5	用爆破方法开挖	8～10
	X	白云石； 坚固的石灰岩； 大理石； 石灰胶结的致密砾石； 坚固砂质片岩	2700 2700 2700 2600 2600	1000～1200	15.0	用爆破方法开挖	10～12
	XI	粗花岗岩； 非常坚硬的白云岩； 蛇纹岩； 石灰质胶结的含有火成岩卵石的砾石； 石英胶结的坚固砂岩； 粗粒正长岩	2800 2900 2600 2800 2700 2700	1200～1400	18.5	用爆破方法开挖	12～14
	XII	具有风化痕迹的安山岩和玄武岩； 片麻岩； 非常坚固的石灰岩； 硅质胶结的含有火成岩卵石的砾岩； 粗石岩	2700 2600 2900 2900 2600	1400～1600	22.0	用爆破方法开挖	14～16

续表

土石 分类	普氏 分类	土壤及岩石名称	天然湿度 下平均 容量 （kg/cm²）	极限压 碎强度 （kg/cm²）	用轻钻孔 机钻进1m 耗时 （min）	开挖方法 及工具	紧固系数 F
普 坚 石	ⅩⅢ	中粒花岗岩； 坚固的片麻岩； 辉绿岩； 玢岩； 坚固的粗面岩； 中粒正长岩	3100 2800 2700 2500 2800 2800	1600～ 1800	27.5	用爆破 方法开挖	16～18
	ⅩⅣ	非常坚硬的细粒花岗岩； 花岗岩麻岩； 闪长岩； 高硬度的石灰岩； 坚固的玢岩	3300 2900 2900 3100 2700	1800～ 2000	32.5	用爆破 方法开挖	18～20
	ⅩⅤ	安山岩、玄武岩、坚固的角页岩； 高硬度的辉绿岩和闪长岩； 坚固的辉长岩和石英岩	3100 2900 2800	2000～ 2500	46.0	用爆破 方法开挖	20～25
	ⅩⅥ	拉长玄武岩和橄榄玄武岩； 特别坚固的辉长辉绿岩、石英石和玢岩	3300 3300	＞2500	＞60	用爆破 方法开挖	＞25

表 3.5 土石方体积折算系数表

天然密实度体积	虚方体积	夯实后体积	松填体积
1.00	1.30	0.87	1.08
0.77	1.00	0.67	0.83
1.15	1.49	1.00	1.24
0.93	1.20	0.81	1.00

（7）设计要求采用减震孔方式减弱爆破震动波时，应按预裂爆破项目编码列项。

（8）湿土的划分应按地质资料提供的地下常水位为界，地下常水位以下为湿土。

（9）挖方出现流砂、淤泥时，可根据实际情况由发包人与承包人双方认证。

3.2.2 工程量计算规则的应用范围

（1）"平整场地"项目适用于建筑场地厚度在±30cm以内的挖、填、运、找平。应注意：

1）可能出现±30cm以内全部是挖方或全部是填方，需外运土方或借土回填时，在工程量清单项目中应描述弃土运距（或弃土地点）或取土运距（或取土地点），这部分的运输应包括在"平整场地"项目报价内。

2）工程量"按建筑物首层面积计算"，如施工组织设计规定超面积平整场地时，超出部分应包括在报价内。

（2）"挖土方"项目适用于±30cm以外的竖向布置的挖土或山坡切土，是指设计室外地坪标高以上的挖土，并包括指定范围内的土方运输。应注意：

1）由于地形起伏变化大，不能提供平均挖土厚度时，应提供方格网法或断面法施工的设计文件。

2）设计标高以下的填土应按"土石方回填"项目编码列项。

（3）"挖基础土方"项目适用于基础土方开挖（包括人工挖孔桩土方），并包括指定范围内的土方运输。应注意：

1）根据施工方案规定的放坡、操作工作面和机械挖土进出施工工作面的坡道等的增加的施工量，应包括在挖基础土方报价内。

2）工程量清单"挖基础土方"项目中应描述弃土运距，施工增量的弃土运输包括在报价内。

3）截桩头包括剔打混凝土、钢筋清理、调直弯钩及清运弃渣、桩头。

4）深基础的支护结构：如钢板桩、H钢柱、预制钢筋混凝土板桩、钻孔灌注混凝土排桩挡墙、预制钢筋混凝土排柱挡墙、人工挖孔灌注混凝土排桩挡墙、旋喷桩地下连续墙和基坑内的水平钢支撑、水平钢筋混凝土支撑、锚杆拉固、基坑外拉锚、排桩的圈梁、H钢桩之间的木挡土板以及施工降水等，应列入工程量清单措施项目费内。

（4）"管沟土方"项目适用于管沟土方开挖、回填。应注意：

1）管沟土方工程量不论有无管沟设计均按长度计算。管沟开挖加宽工作面、放坡和接口处加宽工作面，应包括在管沟土方报价内。

2）采用多管同一管沟直埋时，管间距离必须符合有关规范的要求。

（5）"石方开挖"项目适用于人工凿石、人工打眼爆破、机械打眼爆破等，并包括指定范围内的石方清除、运输。应注意：

1）设计规定需光面爆破的坡面、需摊座的基底，工程量清单中应进行描述。

2）石方爆破的超挖量，应包括在报价内。

（6）"土（石）方回填"项目适用于场地回填、室内回填和基础回填，并包括指定范围内的运输以及借土回填的土方开挖。应注意：基础土方放坡等施工的增加量，应包括在报价内。

3.2.3　对工程量计算规则的说明

（1）"指定范围内的运输"是指由招标人指定的弃土地点或取土地点的运距；若招标文件规定由投标人确定弃土地点或取土地点时，则此条件不必在工程量清单中进行描述。

（2）土石方清单项目报价应包括指定范围内的土石一次或多次运输、装卸以及基底夯实、修理边坡、清理现场等全部施工工序。

（3）桩间挖土方工程量不扣除桩所占体积。

（4）因地质情况变化或设计变更引起的土（石）方工程量的变更，由业主与承包人双方现场认证，依据合同条件进行调整。

3.2.4　土（石）方工程有关的名词的解释

（1）淤泥，是一种稀软状、不易成形的灰黑色、有臭味、含有半腐朽的植物遗体（占60%以上），置于水中有动植物残体渣滓浮于水面，并常有气泡由水中冒出的泥土。

（2）流砂，在坑内抽水时，坑底的土会成流动状态，随地下水涌出，这种土无承载力，边挖边冒，无法挖深，强挖会掏空邻近地基。

（3）预裂爆破，是指为降低爆震波对周围已有建筑物或构筑物的影响，按照设计的开挖边线，钻一排预裂炮眼，炮眼均需按设计规定药量装炸药，在开挖区炮爆破前，预先炸裂一条缝，在开挖炮爆破时，这条缝能够反射，阻隔爆震波。

（4）减孔，与预裂爆破起相同作用，在设计开挖边线加密炮眼，缩小排间距离，不装炸药，起反射阻隔爆震波的作用。

（5）光面爆破，是指按照设计要求，某一坡面（多为垂直面）需要实施光面爆破，在这个坡面设计开挖边线，加密炮眼和缩小排间距离，控制药量，达到爆破后该破面比较规整的要求。

（6）基底摊座，是指开挖炮眼爆破后，在需要设置基础的基底进行剔打找平，使基座达到设计标高要求，以便基础垫层的浇筑。

（7）房心回填，房心回填土工程量以主墙间净面积乘以填土厚度计算，这里的"主墙"是指结构厚度在120mm以上（含120mm）的各类墙体。

3.2.5 例题

1. 平整场地工程量的计算

【例3.1】 某建筑物首层平面图如图3.1所示，土壤类别为一类土，求该工程的平整场地的工程数量。

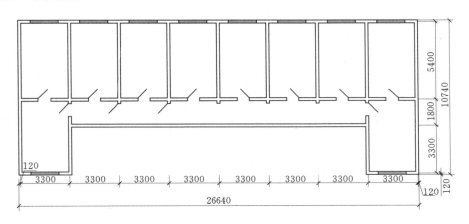

图 3.1 平整场地用首层平面图

【解】 平整场地的工程数量计算如下：

计算公式： $F =$ 设计图示尺寸的建筑物首层建筑面积

工程数量 $= 26.64 \times 10.74 - (3.3 \times 6 - 0.24) \times 3.3$

$= 221.56 \text{m}^2$

如果是施工企业编制投标报价，应按当地建设主管部门规定的办法计算工程量。如部分地区规定：平整场地工程量，按建筑物外墙外边线每边各加2m，所以应按包围的场地面积计算。

工程量 $= (26.64 + 4) \times (10.74 + 4) - (3.3 \times 6 - 0.24 - 4) \times 3.3$

$= 400.28 \text{m}^2$

2. 挖（填）土方工程量的计算

【例 3.2】　某建筑场地，长 40m，宽 20m，设计地面标高 44.00m，自然地面标高如图 3.2（a）所示。求挖填土方工程量。

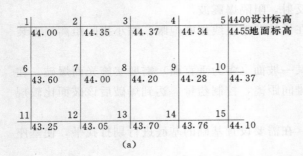
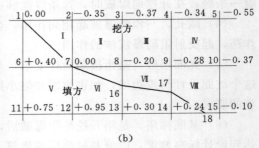

图 3.2　土方开挖平面图

【解】　（1）挖土方的工程量计算公式：V 为设计图示尺寸的体积。

（2）土方回填的工程量计算公式：V 为设计图示尺寸的体积（或回填面积乘以平均回填厚度）。

本例计算过程如下：

（1）将场地划分为方格网，方格边长各为 10m，共得 8 个方格，1～15 共 15 个网点，根据设计地面标高和自然地面标高，计算出各点的施工高度。如 1 点，施工高度为 44.00－44.00＝0；5 点的施工高度为 44.00－44.55＝－0.55；6 点的施工高度为 44.00－43.60＝0.40 等，分别标注在图上，如图 3.2（b）所示。

（2）计算出零点（即不挖不填处）的位置，连成折线，分出填方区和挖方区。从图 3.2（b）上可以看出，8—13，9—14，14—15 三条方格边的两端点的施工高度，具有不同的符号（有＋和－），说明在这三条方格边上，必定存在零点，按计算公式，可求得：

$$b = \frac{ah_4}{h_4 + h_1}$$

在 8—13 线上

$$b = \frac{10 \times 0.2}{0.2 + 0.3} = 4.0\text{m}$$

在 9—14 线上

$$b = \frac{10 \times 0.28}{0.28 + 0.4} = 4.12\text{m}$$

在 14—15 线上

$$b = \frac{10 \times 0.24}{0.24 + 0.1} = 7.06\text{m}$$

将以上 3 个尺寸，按比例点在 8—13、9—14、14—15 三条方格边上找到相应的零点，然后把 5 个零点连成折线，则折线左下部为填方区，折线的右上方为挖方区。

（3）计算各方格工程量，工程量应按照每个方格中的零线位置，逐格分别计算出填（挖）方的工程量。

方格 Ⅰ：底面有两个三角形。

三角形 1、2、7

$$V_挖 = \frac{-0.35}{6} \times 10 \times 10 = -5.83\text{m}^3$$

三角形 1、6、7　　　　$V_{填}=\dfrac{0.4}{6}\times 10\times 10=6.67m^3$

方格 Ⅱ、Ⅲ、Ⅳ、Ⅴ：底面均为正方形。

$$V_{I挖}=\dfrac{-10\times 10}{4}\times(0.35+0.37+0.2+0)=-23m^3$$

$$V_{II挖}=\dfrac{-10\times 10}{4}\times(0.37+0.34+0.28+0.2)=-29.75m^3$$

$$V_{III挖}=\dfrac{-10\times 10}{4}\times(0.34+0.55+0.37+0.28)=-38.5m^3$$

$$V_{IV填}=\dfrac{10\times 10}{4}\times(0.4+0+0.95+0.75)=52.5m^3$$

方格 Ⅵ：底面为一个三角形。

三角形 7、8、16　　　　$V_{挖}=\dfrac{-0.2}{6}\times 4\times 10=-1.33m^3$

梯形 7、12、13、16　　　　$V_{填}=\dfrac{10+6}{6}\times 10\times(0.95+0.3)=33.33m^3$

方格 Ⅶ：底面为两个梯形。

梯形 16、13、14、17　　　　$V_{填}=\dfrac{6+4.62}{6}\times 10\times(0.3+0.24)=9.56m^3$

梯形 8、9、16、17　　　　$V_{挖}=-\dfrac{4+5.38}{6}\times 10\times(0.2+0.28)=-7.50m^3$

方格 Ⅷ：底面为一个三角形和一个五边形。

三角形 14、17、18　　　　$V_{填}=\dfrac{0.24}{6}\times 4.62\times 7.06=1.3m^3$

五边形 17、9、10、15、18

$$V_{挖}=-\left[\dfrac{10\times 10}{6}\times(2\times 0.28+0.37+2\times 0.1-0.24)+1.3\right]=-16.13m^3$$

（4）工程量汇总。

$$\sum V_{挖}=-(5.83+23+29.75+38.5+1.33+7.50+16.13)=-122.04m^3$$

$$\sum V_{填}=6.67+52.5+25+7.17+1.3=92.64m^3$$

（注：本工程挖土方量为 122.04m³。）

3. 计算地槽挖土工程量

【例 3.3】　某建筑物的基础如图 3.3 所示，计算挖四类土地槽的工程量。

【解】　计算顺序按轴线编号，从左至右、由下而上地进行，但基础宽度相同时应将其工程量合并。

1、12 轴：室外地面至槽底的深度×槽宽×长＝（0.98-0.3）×0.92×9×2=11.26m³

2、11 轴：（0.98-0.3）×0.92×（9-0.68）×2=10.41m³

3、4、5、8、9、10 轴：（0.98-0.3）×0.92×（7-0.68）×6=23.72m³

6、7 轴：（0.98-0.3）×0.92×（8.5-0.68）×2=9.78m³

A、B、C、D、E 轴线：（0.84-0.3）×0.68×[39.6×2+（3.6-0.92）]=30.07m³

挖地槽工程量=11.26+10.41+23.72+9.78+30.07=85.24m³

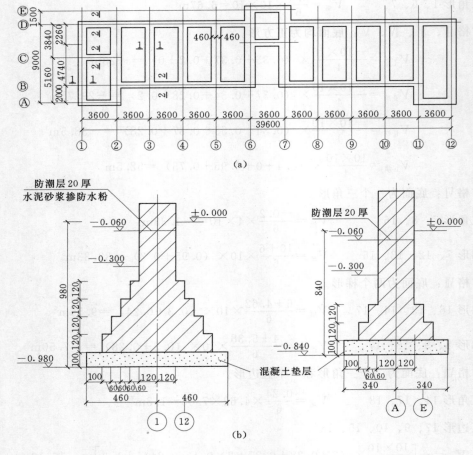

图 3.3　建筑物的基础

(a) 基础平面图；(b) 基础剖面图

4. 计算回填土工程量

【例 3.4】　(1) 求例 3.3 中的基槽回填土工程量。

(2) 计算例 3.3 中的室内回填土夯实工程量。

【解】　(1) 应先计算混凝土垫层及砖基础的体积（计算长度和计算地槽的长度相同），将挖地槽工程量减去此体积即可得出基础回填土夯实的体积。

剖面 1—1：

混凝土垫层 = [9×2+（9−0.68）×2+（7.0−0.68）×6+（8.5−0.68）×2]
　　　　　×0.1×0.92 = 8.11m³

砖基础 = [9×2+（9−0.24）×2+（7.0−0.24）×6+（8.5−0.24）×2]
　　　　　×[0.68−0.10+0.656（大放脚折加高度）]×0.24 = 27.46m³

剖面 2—2：

混凝土垫层 = [39.6×2+（3.6−0.92）]×0.1×0.68 = 5.57m³

砖基础 = [39.6×2+（3.6−0.24）]×（0.54−0.1+0.197）×0.24 = 12.62m³

$\sum$混凝土垫层总和$=8.11+5.57=13.68m^3$

$\sum$砖基础总和$=27.46+12.62=40.08m^3$

基槽回填土夯实工程量$=85.24-13.68-40.08=31.48m^3$

其中：$85.24m^3$ 的计算结果参见例 3.3。

（2）根据图示逐间计算室内土体的净面积，汇总后乘以填土厚度即得其工程量。

土体净面积$=[(5.16-0.24)\times1+(3.84-0.24)\times1+(7.0-0.24)\times8$
$+(3.76-0.24)\times1+4.74+(9.0-0.24)]\times(3.6-0.24)$
$+(32.4-0.24)\times(2.0-0.24)（0.24$ 为走廊外侧挡土墙厚度）
$=324.12m^3$

室内地面回填土夯实工程量$=324.12\times(0.3-0.085)（0.085$ 为地面混凝土层厚度）
$=69.69m^3$

5. 计算其他土石方工程量

【例 3.5】 （1）根据例 3.3 和例 3.4 对挖地槽、基槽回填土和室内地面回填等工程量的计算，求该工程所需向外部取土的体积（四类土，运距 120m）。

（2）埋设直径为 600mm 的钢管，全长 150m，埋置深度为 1m，计算回填土工程量。

【解】 （1）基槽挖出的土$=85.24m^3$

基槽回填的土$=31.48m^3$

室内地面填土$=69.69m^3$

需向外取土$=31.48+69.69-85.24=15.93m^3$

向外取土方应包括挖土与运土两部分。

（2）人工挖土工程量$=150\times1\times1.3=195m^3$

人工回填土工程量$=195-150\times0.21=163.5m^3$

3.3 桩 与 地 基 基 础 工 程

3.3.1 工程量计算规则

1. 混凝土桩工程

混凝土桩工程的工程量清单项目设置及工程量计算规则，应按表 3.6 的规定执行。

表 3.6　　　　　　　　　　　混凝土桩（编码：010201）

项目编码	项目名称	项目特征	计量单位	工程量计算规则	工程内容
010201001	预制钢筋混凝土桩	1. 土壤级别； 2. 单桩长度、根数； 3. 桩截面； 4. 板桩面积； 5. 管桩填充材料种类； 6. 桩倾斜度； 7. 混凝土强度等级； 8. 防护材料种类	m/根	按设计图示尺寸以桩长（包括桩尖）或根数计算	1. 桩制作、运输； 2. 打桩、试验桩、斜桩； 3. 送桩； 4. 管桩填充材料、刷防护材料； 5. 清理、运输

项目编码	项目名称	项目特征	计量单位	工程量计算规则	工程内容
010201002	接桩	1. 桩截面； 2. 接头长度； 3. 接桩材料	个/m	按设计图示规定以接头数量（板桩按接头长度）计算	1. 桩制作、运输； 2. 接桩、材料运输
010201003	混凝土灌注桩	1. 土壤类别； 2. 单桩长度、根数； 3. 桩截面； 4. 成孔方法； 5. 混凝土等级	m/根	按设计图示尺寸以桩长（包括桩尖）或根数计算	1. 成孔、固壁； 2. 混凝土制作、运输、灌注、振捣、养护； 3. 泥浆池及沟槽砌筑、拆除； 4. 泥浆制作、运输； 5. 清理、运输

2. 其他桩工程

其他桩工程的工程量清单项目设置及工程量计算规则，应按表 3.7 的规定执行。

表 3.7　　　　　　　　　其他桩（编码：010202）

项目编码	项目名称	项目特征	计量单位	工程量计算规则	工程内容
010202001	砂石灌注桩	1. 土壤级别； 2. 桩长； 3. 桩截面； 4. 成孔方法； 5. 砂石级配			1. 成孔； 2. 砂石运输； 3. 填充； 4. 振捣
010202002	灰土挤密桩	1. 土壤级别； 2. 桩长； 3. 桩截面； 4. 成孔方法； 5. 灰土级配	m	按设计图示尺寸以桩长（包括桩尖）计算	1. 成孔； 2. 灰土拌和、运输； 3. 填充； 4. 夯实
010202003	旋喷桩	1. 桩长； 2. 桩截面； 3. 水泥强度等级			1. 成孔； 2. 水泥浆制作、运输； 3. 水泥浆旋喷
010202004	喷粉桩	1. 桩长； 2. 桩截面； 3. 粉体种类； 4. 水泥强度等级； 5. 石灰粉要求			1. 成孔； 2. 粉体运输； 3. 喷粉固化

3. 地基与边坡处理工程

地基与边坡处理工程的工程量清单项目设置及工程量计算规则，应按表 3.8 的规定执行。

表 3.8 地基与边坡处理（编码：010203）

项目编码	项目名称	项目特征	计量单位	工程量计算规则	工程内容
010203001	地下连续墙	1. 墙体厚度； 2. 成槽深度； 3. 混凝土强度等级	m³	按设计图示墙中心线长乘以厚度再乘以槽深以体积计算	1. 挖土成槽、余土运输； 2. 导墙制作、安装； 3. 锁口管吊装； 4. 浇筑混凝土连续墙； 5. 材料运输
010203002	振冲灌注碎石	1. 桩截面； 2. 接头长度； 3. 接桩材料		按设计图示成孔深乘以孔截面积以体积计算	1. 成孔； 2. 碎石运输； 3. 灌注、振实
010203003	地基强夯	1. 夯击能量； 2. 夯击遍数； 3. 地耐力要求； 4. 夯填材料种类		按设计图示尺寸以面积计算	1. 铺夯填材料； 2. 强夯； 3. 夯填材料运输
010203004	锚杆支护	1. 锚孔直径； 2. 锚孔平均深度； 3. 锚固方法、浆液种类； 4. 支护厚度、材料种类； 5. 混凝土强度等级； 6. 砂浆强度等级	m²	按设计图示尺寸以支护面积计算	1. 钻孔； 2. 浆液制作、运输、压浆； 3. 张拉锚固； 4. 混凝土制作、运输、喷射、养护； 5. 砂浆制作、运输、喷射、养护
010203005	土钉支护	1. 支护厚度、材料种类； 2. 混凝土强度等级； 3. 砂浆强度等级		按设计图示尺寸以支护面积计算	1. 钉土钉； 2. 挂网； 3. 混凝土制作、运输、喷射、养护； 4. 砂浆制作、运输、喷射、养护

4. 其他

其他相关问题应按下列规定处理：

（1）土壤级别按表 3.9 确定。

（2）混凝土灌注桩的钢筋笼、地下连续墙的钢筋网制作、安装，应按表 3.6 中相关项目编码列项。

3.3.2 工程量计算规则的应用范围

（1）"预制钢筋混凝土桩"项目适用于预制混凝土方桩、管桩和板桩等。应注意：

1）试桩应按"预制钢筋混凝土桩"项目编码单独列项。

2）试桩与打桩之间间歇时间，机械在现场的停滞，应包括在打试桩报价内。

3）打钢筋混凝土预制板桩是指留置原位（即不拔出）的板桩，板桩应在工程量清单中描述其单桩投影面积。

4）预制桩刷防护材料应包括在报价内。

表3.9

土 质 鉴 别 表

内　　容		土　壤　级　别	
		一　级　土	二　级　土
砂夹层	砂层连续厚度； 砂层中卵石含量	<1m —	>1m <15％
物理性能	压缩系数； 孔隙比	>0.02 >0.7	<0.02 <0.7
力学性能	静力触探值； 动力触探系数	<50 <12	>50 >12
每米纯沉桩时间平均值		<2min	>2min
说　　明		桩经外力作用较易沉入的土，土壤中夹有较薄的砂层	桩经外力作用较难沉入的土，土壤中夹有不超过3m的连续厚度砂层

（2）"接桩"项目适用于预制钢筋混凝土方桩、管桩和板桩的接桩。应注意：

1）方桩、管桩接桩按接头个数计算；板桩按接头长度计算。

2）接桩应在工程量清单中描述接头材料。

（3）"混凝土灌注桩"项目适用于人工挖孔灌注桩、钻孔灌注桩、爆扩灌注桩、打管灌注桩、振动管灌注桩等。应注意：

1）人工挖孔时采用的护壁（如：砖砌护壁、预制钢筋混凝土护壁、现浇钢筋混凝土护壁、钢模周转护壁、竹笼护壁等），应包括在报价内。

2）钻孔固壁泥浆的搅拌运输，泥浆沟槽的砌筑、拆除，应包括在报价内。

（4）"砂石灌注桩"适用于各种成孔方式（振动沉管、锤击沉管等）的砂石灌注桩。应注意：灌注桩的砂石级配、密实系数均应包括在报价内。

（5）"挤密桩"项目适用于各种成孔方式的灰土、石灰、水泥粉、煤灰、碎石等挤密桩。应注意：挤密桩的灰土级配、密实系数均应包括在报价内。

（6）"旋喷桩"项目适用于水泥浆旋喷桩。

（7）"喷粉桩"项目适用于水泥、生石灰粉等喷粉桩。

（8）"地下连续墙"项目适用于各种导墙施工的复合型地下连续墙工程。

（9）"锚杆支护"项目适用于岩石高削坡混凝土支护挡墙和风化岩石混凝土、砂浆护坡。应注意：

1）钻孔、布筋、锚杆安装、灌浆、张拉等搭设的脚手架，应列入措施项目费内。

2）锚杆土钉应按混凝土及钢筋混凝土相关项目编码列项。

（10）"土钉支护"项目适用于土层的锚固（注意事项同"锚杆支护"）。

3.3.3　关于工程量计算规则的说明

（1）桩及地基基础工程各项目适用于工程实体，如：地下连续墙适用于构成建筑物、构筑物地下结构部分的永久性的复合型地下连续墙。作为深基础支护结构，应列入清单措施项目费，在分部分项工程量清单中不反映其项目。

（2）各种桩（除预制钢筋混凝土桩）的充盈量，应包括在报价内。

（3）振动沉管、锤击沉管若使用预制钢筋混凝土桩尖时，应包括在报价内。

（4）爆护桩扩大头的混凝土量，应包括在报价内。

（5）桩的钢筋（如：灌注桩的钢筋笼、地下连续墙的钢筋网、锚杆支护、土钉支护的钢筋网及预制桩头钢筋等）应按混凝土及钢筋混凝土有关项目编码列项。

3.3.4 例题

1. 打桩工程量的计算

【例 3.6】 某工程需用如图 3.4（a）所示预制钢筋混凝土方桩 200 根，如图 3.4（b）所示预制钢筋混凝土管桩 150 根，已知混凝土强度等级为 C40，土壤类别为四类土，求该工程打钢筋混凝土桩及管桩的工程数量。

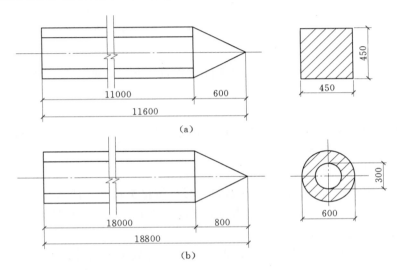

图 3.4 预制混凝土桩示意图

（a）预制混凝土方桩；（b）预制混凝土管桩

【解】 预制钢筋混凝土桩的工程数量计算如下：

计算公式：按设计图示尺寸以桩长（包括桩尖）或根数计算。

（1）土壤类别为四类土，打单桩长度 11.6m，断面 450mm×450mm，混凝土强度等级为 C40 的预制混凝土桩的工程数量为 200 根（或 11.6×200＝2320m）。

（2）土壤类别为四类土，钢筋混凝土管桩单根长度 18.8m，外径 600mm，内径 300mm，管内灌注 C10 细石混凝土，混凝土强度等级为 C40 的预制混凝土管桩的工程数量为 150 根（工程量清单数量）。

如果是施工企业编制投标报价，应按建设主管部门规定计算工程量。

（1）方桩单根工程量：$V_桩 = S_截 \times H = 0.45 \times 0.45 \times (11 + 0.6) = 2.35 \text{m}^3$

总工程量 $= 2.35 \times 200 = 469.8 \text{m}^3$

（2）管桩单根工程量：$V_桩 = \pi \times 0.3^2 \times 18.8 - \pi \times 0.15^2 \times 18 = 4.04 \text{m}^3$

总工程量 $= 4.04 \times 150 = 606.48 \text{m}^3$

2. 送桩工程量的计算

【例 3.7】 某建筑物基础打预制钢筋混凝土方桩 120 根，桩长（桩顶面至桩尖底）

9.5m，断面尺寸为 250mm×250mm。

（1）求打桩工程量。

（2）若将桩送入地下 0.5m，求送桩工程量。

【解】　预制钢筋混凝土桩的工程数量计算如下：

（1）计算公式：按设计图示尺寸以桩长（包括桩尖）或根数计算。

（2）桩长为 9.5m，断面尺寸为 250mm×250mm，数量为 120 根，打预制钢筋混凝土方桩的工程量为 9.5×120＝1140m（或 120 根）。

（3）单根方桩送桩长度为 0.5＋0.5＝1.0m，则总工程量为 1.0m×120＝120m。

如果是施工企业编制投标报价，应按建设主管部门规定计算工程量。

（1）打桩工程量。

$$V = F \times L \times N = 0.25 \times 0.25 \times 9.5 \times 120 = 71.25 \text{m}^3$$

（2）送桩工程量。

送桩长度为：0.5＋0.5＝1.0m，则送桩工程量＝F×送桩长度×送桩数量＝0.25×0.25×1×120＝7.5m³。

3. 接桩工程量的计算

【例 3.8】　某工程为打预制钢筋混凝土方桩，断面为 500mm×500mm，用硫磺胶泥接桩，接桩数量 100 个，求其工程量。

【解】　接桩的工程数量计算如下：

计算公式：按设计图示规定以接头数量（板桩按接头长度）计算。

则断面为 500mm×500mm，用硫磺胶泥接混凝土方桩的工程数量为 100 个。

4. 计算灌注桩的工程量

【例 3.9】　某工程为人工挖孔灌注混凝土桩，混凝土强度等级 C20，数量为 60 根，设计桩长 8m，桩径 1.2m，已知土壤类别为四类土，求该工程混凝土灌注桩的工程数量。

【解】　混凝土灌注桩的工程数量计算如下：

计算公式：按设计图示尺寸以桩长（包括桩尖）或者根数计算。

则土壤类别为四类土、混凝土强度等级为 C20、数量为 60 根、设计桩长 8m、桩径 1.2m、人工挖孔灌注混凝土桩的工程数量：8×60＝480m（或 60 根）。

如果是施工企业编制投标报价，应按建设主管部门规定计算工程量。

单根桩工程量：　$V_{桩} = \pi \times \left(\dfrac{1.2}{2}\right)^2 \times 8 = 9.048 \text{m}^3$

总工程量＝9.048×60 ＝ 542.88m³

5. 强夯工程量的计算

【例 3.10】　如图 3.5 所示，实线范围为地基的强夯范围。

（1）设计要求：不间隔夯击，设计击数为 8 击，夯击能量为 500t/m，一遍夯击。求其工程量。

（2）设计要求：不间隔夯击，设计击数为

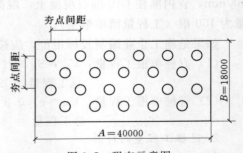

图 3.5　强夯示意图

10击，分两遍夯击，第一遍5击，第二遍5击，第二遍要求低锤满拍，设计夯击能量为400t/m。求其工程量。

【解】 地基强夯的工程量计算如下：

计算公式：按设计图示尺寸以面积计算。

（1）不间隔夯击，设计击数为8击，夯击能量为500t·m，一遍夯击的强夯工程量：

$$40 \times 18 = 720 \text{m}^2$$

（2）不间隔夯击，设计击数为10击，分两遍夯击，第一遍5击，第二遍5击，第二遍要求低锤满拍，设计夯击能量为400t/m的强夯工程量：

$$40 \times 18 = 720 \text{m}^2$$

3.4 砌 筑 工 程

3.4.1 工程量计算规则

1. 砖基础工程

砖基础工程的工程量清单项目设置及工程量计算规则，应按表3.10的规定执行。

表 3.10 砖基础（编码：010301）

项目编码	项目名称	项目特征	计量单位	工程量计算规则	工程内容
010301001	砖基础	1. 垫层材料种类、厚度； 2. 砖品种、规格、强度等级； 3. 基础类型； 4. 基础深度； 5. 砂浆强度等级	m³	按设计图示尺寸以体积计算。包括附墙垛基础宽出部分体积，扣除地梁（圈梁）、构造柱所占体积，不扣除基础大放脚T形接头处的重叠部分及嵌入基础内的钢筋、铁件、管道、基础砂浆防潮层和单个面积0.3m²以内的孔洞所占体积，靠墙暖气沟的挑檐不增加。 基础长度：外墙按中心线，内墙按净长线计算	1. 砂浆制作、运输； 2. 铺设垫层； 3. 砌砖； 4. 防潮层铺设； 5. 材料运输

2. 砖砌体工程

砖砌体工程的工程量清单项目设置及工程量计算规则，应按表3.11的规定执行。

3. 砖构筑物工程

砖构筑物工程的工程量清单项目设置及工程量计算规则，应按表3.12的规定执行。

4. 砌块砌体工程

砌块砌体工程的工程量清单项目设置及工程量计算规则，应按表3.13的规定执行。

5. 石砌体工程

石砌体工程的工程量清单项目设置及工程量计算规则，应按表3.14的规定执行。

表 3.11

砖砌体（编码：010302）

项目编码	项目名称	项目特征	计量单位	工程量计算规则	工程内容
010302001	实心砖墙	1. 砖品种、规格、强度等级； 2. 墙体类型； 3. 墙体厚度； 4. 墙体高度； 5. 勾缝要求； 6. 砂浆强度等级、配合比	m³	按设计图示中心以体积计算。扣除门窗洞口、过人洞、空圈、嵌入墙体的钢筋混凝土柱、梁、圈梁、挑梁、过梁及凹进墙内的壁龛、管槽、暖气槽、消火栓箱所占体积。不扣除梁头、板头、檩头、垫木、木楞头、沿缘木、木砖、门窗走头、砖墙内加固钢筋、木筋、铁件、钢管及单个面积 0.3m² 以内的孔洞所占体积。凸出墙面的腰线、挑檐、压顶、窗台线、虎头砖、门窗套的体积亦不增加。凸出墙面的砖垛并入墙体体积内计算。 1. 墙长度：外墙按中心线，内墙按净长线计算； 2. 墙高度： （1）外墙：斜（坡）屋面无檐口天棚者算至屋面板底；有屋架且室内外均有天棚者算至屋架下弦底另加 200mm；无天棚者算至屋架下弦底另加 300mm，出檐宽度超过 600mm 时按实砌高度计算；平屋面算至钢筋混凝土板底 （2）内墙：位于屋架下弦者，算至屋架下弦底；无屋架者算至天棚底另加 100mm；有钢筋混凝土楼板隔层者算至楼板顶；有框架梁时算至梁底 （3）女儿墙：从屋面板上表面算至女儿墙顶面（如有混凝土压顶时算至压顶下表面） （4）内、外山墙：按其平均高度计算 3. 围墙：高度算至压顶上表面（如有混凝土压顶时算至压顶下表面），围墙柱并入围墙体积内	1. 砂浆制作、运输； 2. 砌砖； 3. 勾缝； 4. 砖压顶砌筑； 5. 材料运输
010302002	空斗墙	1. 砖品种、规格、强度等级； 2. 墙体类型； 3. 墙体厚度； 4. 勾缝要求； 5. 砂浆强度等级、配合比	m³	按设计图示尺寸以空斗墙外形体积计算。墙角、内外墙交接处、门窗洞口立边、窗台砖、屋檐处的实砌部分体积并入空斗墙体积内	1. 砂浆制作、运输； 2. 砌砖； 3. 装填充料； 4. 勾缝； 5. 材料运输

续表

项目编码	项目名称	项目特征	计量单位	工程量计算规则	工程内容
010302003	空花墙	1. 砖品种、规格、强度等级； 2. 墙体类型； 3. 墙体厚度； 4. 勾缝要求； 5. 砂浆强度等级	m³	按设计图示尺寸以空花部分外形体积计算，不扣除空洞部分体积	1. 砂浆制作、运输； 2. 砌砖； 3. 装填充料； 4. 勾缝； 5. 材料运输
010302004	填充墙	1. 砖品种、规格、强度等级； 2. 墙体厚度； 3. 填充材料种类； 4. 勾缝要求； 5. 砂浆强度等级	m³	按设计图示尺寸以填充墙外形体积计算	
010302005	实心砖柱	1. 砖品种、规格、强度等级； 2. 柱类型； 3. 柱截面； 4. 柱高； 5. 勾缝要求； 6. 砂浆强度等级、配合比	m³	按设计图示尺寸以体积计算。扣除混凝土及钢筋混凝土梁垫、梁头、板头所占体积	1. 砂浆制作、运输； 2. 砌砖； 3. 勾缝； 4. 材料运输
010302006	零星砌砖	1. 零星砌砖名称、部位； 2. 勾缝要求； 3. 砂浆强度等级、配合比	m³		

表 3.12　　　　　　　　　砖构筑物（编码：010303）

项目编码	项目名称	项目特征	计量单位	工程量计算规则	工程内容
010303001	砖烟囱、水塔	1. 筒身高度； 2. 砖品种、规格、强度等级； 3. 耐火砖品种、规格； 4. 耐火砖品种； 5. 隔热材料种类； 6. 勾缝要求； 7. 砂浆强度等级、配合比	m³	按设计图示筒壁平均中心线周长乘以厚度乘以高度以体积计算。扣除各种孔洞、钢筋混凝土圈梁、过梁等的体积	1. 砂浆制作、运输； 2. 砌砖； 3. 涂隔热层； 4. 装填充料； 5. 砌内衬； 6. 勾缝； 7. 材料运输
010303002	砖烟道	1. 烟道截面形状、长度； 2. 砖品种、规格、强度等级； 3. 耐火砖品种规格； 4. 耐火砖品种； 5. 勾缝要求； 6. 砂浆强度等级、配合比		按设计图示尺寸以体积计算	

续表

项目编码	项目名称	项目特征	计量单位	工程量计算规则	工程内容
010303003	砖窨井、检查井	1. 井截面； 2. 垫层材料种类、厚度； 3. 底板厚度； 4. 勾缝要求； 5. 混凝土强度等级； 6. 砂浆强度等级、配合比； 7. 防潮层材料种类	座	按设计图示数量计算	1. 土方挖运； 2. 砂浆制作、运输； 3. 铺设垫层； 4. 底板混凝土制作、运输、浇筑、振捣、养护； 5. 砌砖； 6. 勾缝； 7. 井池底、壁抹灰； 8. 抹防潮层； 9. 回填； 10. 材料运输
010303004	砖水池、化粪池	1. 池截面； 2. 垫层材料种类； 3. 底板厚度； 4. 勾缝要求； 5. 混凝土强度等级； 6. 砂浆强度等级、配合比			

表 3.13　　　　　　　　　　砌块砌体（编码：010304）

项目编码	项目名称	项目特征	计量单位	工程量计算规则	工程内容
010304001	空心砖墙、砌块墙	1. 墙体类型； 2. 墙体厚度； 3. 空心砖、砌块品种、规格、强度等级； 4. 勾缝要求； 5. 砂浆强度等级、配合比	m³	按设计图示尺寸以体积计算。扣除门窗洞口、过人洞、空圈、嵌入墙内的钢筋混凝土柱、梁、圈梁、挑梁、过梁及凹进墙内的壁龛、管槽、暖气槽、消火栓箱所占体积，不扣除梁头、板头、檩头、垫木、木楞头、沿缘木、木砖、门窗走头、砖墙内加固钢筋、木筋、铁件、钢管及单个面积 0.3m² 以内的孔洞所占体积，凸出墙面的腰线、挑檐、压顶、窗台线、虎头砖、门窗套的体积亦不增加。凸出墙面的砖垛并入墙体体积内计算。 1. 墙长度：外墙按中心线、内墙按净长线计算； 2. 墙高度： （1）外墙：斜（坡）屋面无檐口天棚者算至屋面板底；有屋架且室内外均有天棚者算至屋架下弦底另加 200mm；无天棚者算至屋架下弦底另加 300mm，出檐宽度超过 600mm 时按实砌高度计算；平屋面算至钢筋混凝土板底 （2）内墙：位于屋架下弦者，算至屋架下弦底；无屋架者算至天棚底另加 100mm；有钢筋混凝土楼板隔层者算至楼板顶；有框架梁时算至梁底 （3）女儿墙：从屋面板上表面算至女儿墙顶面（如有混凝土压顶时算至压顶下表面） （4）内、外山墙：按其平均高度计算 3. 围墙：高度算至压顶上表面（如有混凝土压顶时算至压顶下表面），围墙柱并入围墙体积内	1. 砂浆制作、运输； 2. 砌砖、砌块； 3. 勾缝； 4. 材料运输

项目编码	项目名称	项目特征	计量单位	工程量计算规则	工程内容
010304002	空心砖柱、砌块柱	1. 柱高度； 2. 柱截面； 3. 空心砖、砌块品种、规格、强度等级； 4. 勾缝要求； 5. 砂浆强度等级、配合比	m³	按设计图示尺寸以体积计算。扣除混凝土及钢筋混凝土梁垫、梁头、板头所占体积	1. 砂浆制作、运输； 2. 砌砖、砌块； 3. 勾缝； 4. 材料运输

表 3.14　　　　　　　　　　石砌体（编码：010305）

项目编码	项目名称	项目特征	计量单位	工程量计算规则	工程内容
010305001	石基础	1. 垫层材料种类、厚度； 2. 石料种类、规格； 3. 基础深度； 4. 基础类型； 5. 砂浆强度等级、配合比		按设计图示尺寸以体积计算。包括附墙垛基础宽出部分体积，不扣除基础砂浆防潮层及单个面积 0.3m 以内的孔洞所占体积，靠墙暖气沟的挑檐不增加体积。基础长度：外墙按中心线，内墙按净长线计算	1. 砂浆制作、运输； 2. 铺设垫层； 3. 砌石； 4. 防潮层铺设； 5. 材料运输
010305002	石勒脚	1. 石料种类、规格； 2. 石表面加工要求； 3. 勾缝要求； 4. 砂浆强度等级、配合比		按设计图示尺寸以体积计算。扣除单个 0.3m² 以外的孔洞所占的体积	
010305003	石墙	1. 石料种类、规格； 2. 墙厚； 3. 石表面加工要求； 4. 勾缝要求； 5. 砂浆强度等级、配合比	m³	按设计图示中心以体积计算。扣除门窗洞口、过人洞、空圈、嵌入墙体的钢筋混凝土柱、梁、圈梁、挑梁、过梁及凹进墙内的壁龛、管槽、暖气槽、消火栓箱所占体积。不扣除梁头、板头、檩头、垫木、木楞头、沿缘木、木砖、门窗走头、砖墙内加固钢筋、木筋、铁件、钢管及单个面积 0.3m² 以内的孔洞所占体积。凸出墙面的腰线、挑檐、压顶、窗台线、虎头砖、门窗套的体积亦不增加。凸出墙面的砖垛并入墙体体积内计算。 1. 墙长度：外墙按中心线，内墙按净长线计算； 2. 墙高度： （1）外墙：斜（坡）屋面无檐口天棚者算至屋面板底；有屋架且室内外均有天棚者算至屋架下弦底另加 200mm；无天棚者算至屋架下弦底另加 300mm；出檐宽度超过 600mm 时按实砌高度计算；平屋面算至钢筋混凝土板底； （2）内墙：位于屋架下弦者，算至屋架下弦底；无屋架者算至天棚底另加 100mm；有钢筋混凝土楼板隔层者算至楼板顶；有框架梁时算至梁底； （3）女儿墙：从屋面板上表面至女儿墙顶面（如有混凝土压顶时算至压顶下表面） （4）内、外山墙：按其平均高度计算。 3. 围墙：高度算至压顶上表面（如有混凝土压顶时算至压顶下表面），围墙柱并入围墙体积内	1. 砂浆制作、运输； 2. 砌砖； 3. 勾缝； 4. 砖压顶砌筑； 5. 材料运输

续表

项目编码	项目名称	项目特征	计量单位	工程量计算规则	工程内容
010305004	石挡土墙	1. 石料种类、规格； 2. 墙厚； 3. 石表面加工要求； 4. 勾缝要求； 5. 砂浆强度等级、配合比	m³	按设计图示尺寸以体积计算	1. 砂浆制作、运输； 2. 砌石； 3. 压顶抹灰； 4. 勾缝； 5. 材料运输
010305005	石柱				
010305006	石栏杆	1. 石料种类、规格； 2. 柱截面； 3. 石表面加工要求； 4. 勾缝要求； 5. 砂浆强度等级	m	按设计图示尺寸以长度计算	1. 砂浆制作、运输； 2. 砌石； 3. 石表面加工； 4. 勾缝； 5. 材料运输
010305007	石护坡	1. 垫层材料种类、厚度； 2. 石料种类、规格； 3. 护坡厚度、高度； 4. 石表面加工要求； 5. 勾缝要求； 6. 砂浆强度等级、配合比	m³	按设计图示尺寸以体积计算	1. 铺设垫层； 2. 石料加工； 3. 砂浆制作、运输； 4. 砌石； 5. 石表面加工； 6. 勾缝； 7. 材料运输
010305008	石台阶		m³		
010305009	石坡道		m³	按设计图示尺寸以水平投影面积计算	
010305010	石地沟、石明沟	1. 沟截面尺寸； 2. 垫层种类、厚度； 3. 石料种类、规格； 4. 石表面加工要求； 5. 勾缝要求； 6. 砂浆强度等级、配合比	m	按设计图示以中心线长度计算	1. 土石挖运； 2. 砂浆制作、运输； 3. 铺设垫层； 4. 砌石； 5. 石表面加工； 6. 勾缝； 7. 回填； 8. 材料运输

砖散水、地坪、地沟的工程量清单项目设置及工程量计算规则，应按表 3.15 的规定执行。

6. 其他

其他相关问题应按下列规定处理：

（1）基础垫层包括在基础项目内。

表 3.15 砖散水、地坪、地沟（编码：010306）

项目编码	项目名称	项目特征	计量单位	工程量计算规则	工程内容
010306001	砖散水、地坪	1. 垫层材料种类、厚度； 2. 散水、地坪厚度； 3. 面层种类、厚度； 4. 砂浆强度等级、配合比	m³	按设计图示尺寸以面积计算	1. 地基找平、夯实； 2. 铺设垫层； 3. 砌砖散水、地坪； 4. 抹砂浆面层
010306002	砖地沟、明沟	1. 沟截面尺寸； 2. 垫层材料种类、厚度； 3. 混凝土强度等级； 4. 砂浆强度等级、配合比	m	按设计图示尺寸以中心线长度计算	1. 挖运土石； 2. 铺设垫层； 3. 底板混凝土制作、运输、浇筑、振捣、养护； 4. 砌砖； 5. 勾缝、抹灰； 6. 材料运输

（2）标准砖尺寸应为 240mm×115mm×53mm。标准砖墙厚度应按表 3.16 计算。

表 3.16 标准墙计算厚度表

砖数（厚度）	$\frac{1}{4}$	$\frac{1}{2}$	$\frac{3}{4}$	1	$1\frac{1}{2}$	2	$2\frac{1}{2}$	3
计算厚度（mm）	53	115	180	240	365	490	615	740

（3）砖基础与砖墙（身）划分应以设计室内地坪为界（有地下室的按地下室室内设计地坪为界），以下为基础，以上为墙（柱）身。基础与墙身使用不同材料，位于设计室内地坪±300mm 以内时以不同材料为界，超过±300mm，应以设计室内地坪为界。砖围墙应以设计室外地坪为界，以下为基础，以上为墙身。

（4）框架外表面的镶贴砖部分，应单独按表 3.11 中相关项目编码列项。

（5）附墙烟囱、通风道、垃圾道，应按设计图示尺寸以体积（扣除孔洞所占体积）计算，并计入所依附的墙体体积内。当设计规定孔洞内需抹灰时，应按《计价规范》中相关项目编码列项。

（6）空斗墙的窗间墙、窗台下、楼板下等的实砌部分，应按表 3.11 中"零星砌砖"项目编码列项。

（7）台阶、台阶挡墙、梯带、锅台、炉灶、蹲台、池槽、池槽腿、花台、花池、楼梯栏板、阳台栏板、地垄墙、屋面隔热板下的砖墩、0.3m² 孔洞填塞等，应按"零星砌砖"项目编码列项。砖砌锅台与炉灶可按外形尺寸以个计算，砖砌台阶可按水平投影面积以平方米计算，小便槽、地垄墙可按长度计算，其他工程量按立方米计算。

（8）砖烟囱应按设计室外地坪为界，以下为基础，以上为筒身。

（9）砖烟囱体积可按下式分段计算：$V = \sum H \times C \times \pi D$。式中：$V$ 表示筒身体积，H 表示每段筒身垂直高度，C 表示每段筒壁厚度，D 表示每段筒壁平均直径。

（10）砖烟道与炉体的划分应按第一道闸门为界。

（11）水塔基础与塔身划分应以砖砌体的扩大部分顶面为界，以上为塔身，以下为基础。

（12）石基础、石勒脚、石墙身的划分：基础与勒脚应以设计室外地坪为界，勒脚与墙身应以设计室内地坪为界。石围墙内外地坪标高不同时，应以较低地坪标高为界，以下为基础；内外标高之差点为挡土墙时，挡土墙以上为墙身。

（13）石梯带工程量应计算在石台阶工程量内。

（14）石梯膀应按表 3.14 中的"石挡土墙"项目编码列项。

（15）砌体内加筋的制作、安装，应按相关项目编码列项。

3.4.2　关于工程量计算规则的应用范围

说明：

（1）基础垫层包括在各类基础项目内，垫层的材料种类、厚度、材料的强度等级、配合比，应在工程量清单中进行描述。

（2）"砖基础"项目适用于各种类型砖基础：柱基础、墙基础、烟囱基础、水塔基础、管道基础等。应注意：对基础类型应在工程量清单中进行描述。

（3）"空心砖墙"项目适用于各种类型实心砖墙，可分为外墙、内墙、围墙、双面清水墙、双面混水墙、单面清水墙、直形墙、弧形墙以及不同的墙厚，砌筑砂浆分水泥砂浆、混合砂浆以及不同的强度，不同的砖强度等级，加浆勾缝、原浆勾缝等，应在工程量清单项目中一一进行描述，应注意：

1）不论三皮砖以下或三皮砖以上的腰线、挑檐，突出墙面部分均不计算体积。

2）内墙算至楼板隔层板顶。

3）女儿墙的砖压顶、围墙的砖压顶突出墙面部分不计算体积，压顶顶面凹进墙面的部分也不扣除（包括一般围墙的抽屉檐、棱角檐、仿瓦砖檐等）。

4）墙内砖平璇、砖拱璇、砖过梁的体积不扣除，应包括在报价内。

（4）"空斗墙"项目适用于各种砌法的空斗墙。应注意：空斗墙工程量以空斗墙外形体积计算，包括墙角、内外墙交接处、门窗洞口立边、窗台砖、屋檐实砌部分的体积，窗间墙、窗台下、楼板下、梁头下的实砌部分，应另行计算。按"零星砌砖"项目编码列项。

（5）"空花墙"项目适用于各种类型空花墙。应注意：

1）空花部分的外形体积计算应包括空花的外框。

2）使用混凝土花格砌筑的空花墙，分实砌墙体与混凝土花格分别计算工程量，混凝土花格按混凝土及钢筋混凝土预制零星构件编码列项。

（6）"实心砖柱"项目适用于各种类型柱：矩形柱、异形柱、圆柱、包柱等。应注意：工程量应扣除混凝土及钢筋混凝土梁垫、梁头、板头所占体积。

（7）"零星砌砖"项目适用于台阶、台阶挡墙、梯带、锅台、炉灶、蹲台等。应注意：

1）台阶工程量可按水平投影面积计算（不包括梯带或台阶挡墙）。

2）小型池槽、锅台、炉灶可按个计算，以"长×宽×高"顺序标明外形尺寸。

3）砖砌小便槽等可按长度计算。

（8）墙体内加筋按混凝土及钢筋混凝土的钢筋相关项目编码列项。

（9）"砖烟囱、水塔"、"砖烟道"项目适用于各种类型砖烟囱、水塔和烟道。应注意：

1）烟囱内衬和烟道内衬以及隔热填充材料可与烟囱外壁、烟道外壁分别编码（第五级编码）列项。

2）烟囱、水塔爬梯按钢构件中相关项目编码列项。

3）砖水箱内外壁可按砖砌体中相关项目编码列项。

（10）"砖窨井、检查井"、"砖水池、化粪池"项目适用于各类砖砌窨井、检查井、砖水池、沼气池、公厕生化池等。应注意：

1）工程量的"座"计算包括挖土、运输、回填、井池底板、池壁、井池盖板、池内隔断、隔墙、隔栅小梁、隔板、滤板等全部工程。

2）井、池内爬梯按钢构件中相关项目编码列项，构件内的混凝土及钢筋混凝土按相关项目编码列项。

（11）"空心砖墙、砌块墙"项目适用于各种规格的空心砖和砌块砌筑的各种类型的墙体。应注意：嵌入空心砖墙、砌块墙的实心砖不扣除。

（12）"空心砖柱、砌块柱"项目适用于各种类型柱（矩形柱、方柱、异形柱、圆柱、包柱等）。应注意：

1）工程量应扣除混凝土及钢筋混凝土梁头、梁垫、板头所占体积。

2）梁头、梁板头下镶嵌的实心砖体积不扣除。

（13）"石基础"项目适用于各种规格（条石、块石等）、各种材质（砂石、青石等）和各种类型（柱基、墙基、直形、弧形等）基础。应注意：

1）包括剔打石料天、地座荒包等全部工序。

2）包括搭、拆简易起重架。

（14）"石勒脚"、"石墙"项目适用于各种规格（条石、块石等）、各种材质（砂石、青石、大理石、花岗岩等）和各种类型（直形、弧形等）勒脚和墙体。应注意：

1）石料天、地座打平、拼缝打平、打扁口等工序包括在报价内。

2）石表面加工包括打钻路、钉麻石、剁斧、扁光等。

（15）"石挡土墙"项目适用于各种规格（条石、块石、毛石、卵石等）、各种材质（砂石、青石、石灰石等）和各种类型（直形、弧形、台阶形等）挡土墙。应注意：

1）变形缝、泄水孔、压顶抹灰等应包括在项目内。

2）挡土墙若有滤水层要求的应包括在报价内。

3）包括搭、拆简易起重架。

（16）"石柱"项目适用于各种规格、各种石质、各种类型的石柱。应注意：工程量应扣除混凝土梁头、板头和梁垫所占体积。

（17）"石栏杆"项目适用于无雕饰的一般石栏杆。

（18）"石护坡"项目适用于各种石质和各种石料（如：条石、片石、毛石、块石、卵石等）的护坡。

（19）"石台阶"项目包括石梯带（垂带），不包括石梯膀，石梯膀按石挡墙项目编码列项。

3.4.3　砌体工程有关名词的解释

（1）空斗墙。一般使用标准砖砌筑，使墙体内形成许多空腔的墙体。如：一斗一眠、二斗一眠、三斗一眠及无眠空斗等砌法。

（2）石梯带。在石梯的两侧（或一侧），与石梯斜度完全一致的石梯封头的条石称石梯带。

（3）石梯膀。石梯的两侧面，形成的两直角三角形称石梯膀（古建筑中称"象眼"）。石梯膀的工程量计算以石梯带下边线为斜边，与地平线相交的直线为一直角边，石梯与平台相交的垂线为另一直角边，形成一个三角形，三角形面积乘以砌石的宽度为石梯膀的工程量。

（4）石墙勾缝。有平缝、平圆凹缝、平凹缝、平凸缝、半圆凸缝、三角凸缝。

3.4.4　砌体工程工程量计算中常用的计算公式及数据

3.4.4.1　砖基础工程量计算公式

条形基础：

$$V_{外墙基} = S_{断} \times L_{中} + V_{垛基}$$

$$V_{内墙基} = S_{断} \times L_{净}$$

其中：

条形砖基础断面面积 $S_{断}$ ＝（基础高度＋大放脚折加高度）×基础墙厚

或　　　　　　　$S_{断}$ ＝基础高度×基础墙厚＋大放脚增加面积

砖基础的大放脚形式有等高式和间隔式（又称不等高式），如图 3.6 所示。大放脚的折加高度或大放脚增加面积可根据砖基础的大放脚形式、大放脚错台层数从表 3.17 和表 3.18 中查得。

表 3.17　　　　　　　　　　　标准砖墙基等高式大放脚折加高度表

放脚层数	折 加 高 度 （m）						增加断面积 （m²）
	$\frac{1}{2}$砖 (0.115)	1 砖 (0.24)	$1\frac{1}{2}$砖 (0.365)	2 砖 (0.49)	$2\frac{1}{2}$砖 (0.49)	3 砖 (0.74)	
一	0.137	0.066	0.043	0.032	0.026	0.021	0.01575
二	0.411	0.197	0.129	0.096	0.077	0.064	0.04725
三	0.822	0.394	0.259	0.193	0.154	0.128	0.0945
四	1.369	0.656	0.432	0.321	0.259	0.213	0.1575
五	2.054	0.984	0.647	0.482	0.384	0.319	0.2363
六	2.876	1.378	0.906	0.675	0.538	0.447	0.3308
七		1.838	1.208	0.900	0.717	0.596	0.4410
八		2.363	1.553	1.157	0.922	0.766	0.5670
九		2.953	1.942	1.447	1.153	0.958	0.7088
十		3.609	2.373	1.768	1.409	1.171	0.8663

注　1. 本表按标准砖双面放脚，每层等高 12.6cm（二皮砖，二灰缝）砌出 6.25cm 计算。

　　2. 本表折加墙基高度的计算，以 240mm×115mm×53mm 标准砖，1cm 灰缝及双面大放脚为准。

　　3. 折加高度（m）＝ $\dfrac{放脚断面积（m^2）}{墙厚（m）}$。

　　4. 采用折加高度数字时，取两位小数，第三位以后四舍五入。采用增加断面积数字时，取三位小数，第四位以后四舍五入。

放脚层数	折 加 高 度 (m)						增加断面积 (m²)
	$\frac{1}{2}$砖 (0.115)	1砖 (0.24)	$1\frac{1}{2}$砖 (0.365)	2砖 (0.49)	$2\frac{1}{2}$砖 (0.49)	3砖 (0.74)	
一	0.137	0.066	0.043	0.032	0.026	0.021	0.0158
二	0.343	0.164	0.108	0.080	0.064	0.053	0.0394
三	0.685	0.320	0.216	0.161	0.128	0.106	0.0788
四	1.096	0.525	0.345	0.257	0.205	0.170	0.1260
五	1.643	0.788	0.518	0.386	0.307	0.255	0.1890
六	2.260	1.083	0.712	0.530	0.423	0.331	0.2597
七		1.444	0.949	0.707	0.563	0.468	0.3465
八			1.208	0.900	0.717	0.596	0.4410
九				1.125	0.896	0.745	0.5513
十					1.088	0.905	0.6694

表 3.18 标准砖墙基间隔式大放脚折加高度表

注 1. 本表适用于间隔式砖墙基大放脚（即底层为二皮，高 12.6cm，上层为一皮，高 6.3cm，每边每层砌出 6.25cm）。

2. 本表折加墙基高度的计算，以 240mm×115mm×53mm 标准砖，1cm 灰缝及双面大放脚为准。

3. 本表砖墙基础体积计算公式与表 3.17（等高式砖墙基）相同。

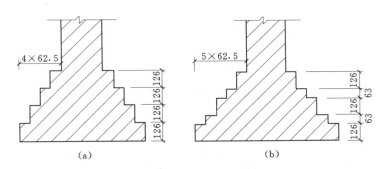

图 3.6 砖基础
(a) 等高式；(b) 不等高式（间隔式）

3.4.4.2 砖墙体

砖墙体有外墙、内墙、女儿墙、围墙之分，计算时要注意墙体砖品种、规格、强度等级、墙体类型、墙体厚度、墙体高度、砂浆强度等级、配合比不同时应分开计算。

1. 外墙

$$V_{外} = (H_{外} \times L_{中} - F_{洞}) \times b + V_{增减}$$

式中 $H_{外}$——外墙高度；

$L_{中}$——外墙中心线长度；

$F_{洞}$——门窗洞口、过人洞、空圈面积；

$V_{增减}$——相应的增减体积，其中 $V_增$ 是指有墙垛时增加的墙垛体积；

b——墙体厚度。

对于外墙高度的计算，斜（坡）屋面无檐口顶棚者算至屋面板底；有屋架且室内外均

65

有顶棚者，算至屋架下弦底面另加 200mm，无顶棚者算至屋架下弦底加 300mm，出檐宽度超过 600mm 时，应按实砌高度计算；平屋面算至钢筋混凝土板底。

2. 内墙

$$V_内 = (H_内 \times L_净 - F_洞) \times b + V_{增减}$$

式中　$H_内$——内墙高度；

　　　$L_净$——内墙净长线长度；

　　　$F_洞$——门窗洞口、过人洞、空圈面积；

　　　$V_{增减}$——计算墙体时相应的增减体积；

　　　b——墙体厚度。

对于外墙的高度，位于屋架下弦者，其高度算至屋架底；无屋架者算至顶棚底另加 100mm；有钢筋混凝土楼板隔层者算至板底；有框架梁时算至梁底面。

3. 女儿墙

$$V_女 = H_女 \times L_中 \times b + V_{增减}$$

式中　$H_女$——女儿墙高度；

　　　$L_中$——女儿墙中心线长度；

　　　b——女儿墙厚度。

4. 砖围墙

高度算至压顶上表面（如有混凝土压顶时算至压顶下表面），围墙柱并入围墙体积内计算。

3.4.4.3 砖墙用砖和砂浆的计算

1. 一斗一卧空斗墙用砖和砂浆理论计算公式

$$砖 = \frac{一斗一卧一层砖的块数}{墙厚 \times 一斗 - 卧砖高 \times 墙长}$$

$$砂浆 = \frac{(墙长 \times 4 \times 立砖净空 \times 10 + 斗砖宽 \times 20 + 卧砖长 \times 12.52) \times 0.01 \times 0.053}{墙厚 \times 一斗一卧砖高 \times 墙长}$$

2. 各种不同厚度的墙用砖和砂浆净用量计算公式

砖墙：每立方米砖砌体各种不同厚度的墙用砖和砂浆净用量的理论公式如下：

$$砖的净用量 = \frac{墙厚的砖数 \times 2}{墙厚 \times (砖长 + 灰缝) \times (砖厚 + 灰缝)}$$

$$砂浆净用量 = 1 - 砖数净用量 \times 每块砖体积$$

标准砖规格为 240mm×115mm×53mm，灰缝横竖方向均为 10mm。

方形砖柱：每立方米砖砌体的砖和砂浆净用量的理论公式如下：

$$砖的净用量 = \frac{一层砖的块数}{截面长 \times 截面宽 \times (一层砖厚 + 灰缝)}$$

$$砂浆净用量 = 1 - 砖数净用量 \times 每块砖体积$$

圆形砖墙：每立方米砖砌体的砖和砂浆净用量的理论公式如下：

$$砖的净用量 = \frac{1}{\frac{\pi}{4} \times 0.49 \times 0.49 \times (砖厚 + 灰缝)}$$

$$砂浆净用量 = 1 - 每块砖体积 \times \dfrac{1}{\left(砖长 + \dfrac{1}{2} 灰缝\right) \times (砖宽 + 灰缝) \times (砖厚 + 灰缝)}$$

3.4.5 例题

【例3.11】 设一砖墙基础，长120m，厚365mm，每隔10m设有附墙砖垛，墙垛断面尺寸为：突出墙面250mm，宽490mm，砖基础高度1.85m，墙基础等高放脚5层，最底层放脚高度为二皮砖，试计算砖墙基础工程量。

【解】 （1）条形墙基工程量。按公式及查表，大放脚增加断面面积为0.2363m²，则

墙基体积 = 120 × （0.365 × 1.85 + 0.2363）= 109.386m³

（2）垛基工程量。按题意，垛数 $n = 13$，$d = 0.25$，则

垛基体积 = （0.49 × 1.85 + 0.2363）× 0.25 × 13 = 3.714m³

（3）砖墙基础工程量。

$$V = 109.386 + 3.714 = 113.1\text{m}^3$$

【例3.12】 某单层建筑物如图3.7、图3.8所示，墙身为M5.0混合砂浆砌筑，MU7.5标准黏土砖，内外墙厚均为240mm，外墙瓷砖贴面，GZ从基础圈梁到女儿墙顶，门窗洞口上全部采用预制钢筋混凝土过梁。M1，1500mm×2700mm；M2，1000mm×2700mm；C1，1800mm×1800mm；C2，1500mm×1800mm。试计算该工程砖砌体的工程量。

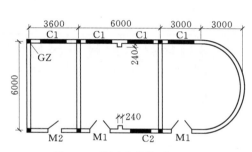

图3.7 单层建筑物平面图

【解】 实心砖墙的工程量计算公式为：

（1）外墙：$V_外 = (H_外 \times L_中 - F_洞) \times b + V_增减$

（2）内墙：$V_内 = (H_内 \times L_净 - F_洞) \times b + V_增减$

（3）女儿墙：$V_女 = H_女 \times L_中 \times b + V_增减$

（4）砖围墙：高度算至压顶上表面（如有混凝土压顶时算至压顶下表面），围墙柱并入围墙体积内计算。

则实心砖墙的工程量计算如下：

（1）240mm厚，3.6m高，M5.0混合砂浆砌筑MU7.5标准黏土砖，原浆勾缝外墙工程量：

$H_外 = 3.6\text{m}$

$L_中 = 6 + (3.6 + 9) \times 2 + \pi \times 3 - 0.24 \times 6 + 0.26 \times 2 = 39.66\text{m}$

扣除门窗洞口：

$F_洞 = 1.5 \times 2.7 \times 2 + 1 \times 2.7 \times 1 + 1.8 \times 1.8 \times 4 + 1.5 \times 1.8 \times 1$
$= 26.46\text{m}^2$

扣除钢筋混凝土过梁体积：

$V_减 = [(1.5 + 0.5) \times 2 + (1.0 + 0.5) \times 1 + (1.8 + 0.5) \times 4$
$+ (1.5 + 0.5) \times 1] \times 0.24 \times 0.24 = 0.96\text{m}^3$

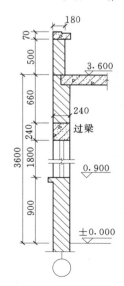

图3.8 单层建筑物墙体剖面图

外墙工程量 $V = (3.6 \times 39.66 - 26.46) \times 0.24 - 0.96 = 26.96 \text{m}^3$

其中弧形墙工程量：$3.6 \times \pi \times 3 \times 0.24 = 8.14 \text{m}^3$

（2）240mm 厚，3.6m 高，M5.0 混合砂浆砌筑 MU7.5 标准黏土砖，原浆勾缝内墙工程量：

$$H_内 = 3.6 \text{m}$$
$$L_净 = (6 - 0.24) \times 2 = 11.52 \text{m}$$
$$V = 3.6 \times 11.52 \times 0.24 = 9.95 \text{m}^3$$

（3）180mm 厚，0.5m 高，M5.0 混合砂浆砌筑 MU7.5 标准黏土砖，原浆勾缝女儿墙工程量：

$$H_女 = 0.5 \text{m}$$
$$L_中 = 6.06 + (3.63 + 9) \times 2 + \pi \times 3.03 - 0.24 \times 6 = 39.40 \text{m}$$
$$V_女 = 0.5 \times 39.40 \times 0.18 = 3.55 \text{m}^3$$

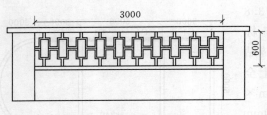

图 3.9　混凝土砌块花格墙

【例 3.13】　如图 3.9 所示，已知混凝土漏空花格墙壁厚度 120mm，用 M2.5 水泥砂浆砌筑 300mm × 300mm × 120mm 的混凝土漏空花格砌块，求其工程量。

【解】　空花墙的工程量计算公式如下：

V：按设计图示尺寸以空花部分外形体积计算，不扣除空洞部分体积。

则 M2.5 水泥砂浆砌筑 300mm × 300mm × 120mm 的混凝土漏空花格砌块墙工程量为：

$$V = 0.6 \times 3.0 \times 0.12 = 0.22 \text{m}^3$$

【例 3.14】　求图 3.10 所示的一砖无眠空斗围墙的工程量。

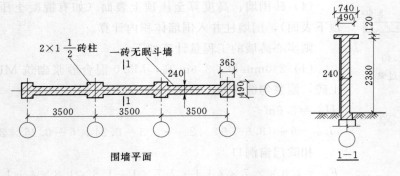

图 3.10　一砖无眠空斗墙示意图

【解】　一砖无眠空斗墙工程量＝墙身工程量＋砖压顶工程量
$$= (3.50 - 0.365) \times 3 \times 2.38 \times 0.24$$
$$+ (3.50 - 0.365) \times 3 \times 0.12 \times 0.49$$

$$= 5.37 + 0.55 = 5.92\text{m}^3$$

$$2 \times 1\frac{1}{2}\text{砖柱} = 0.49 \times 0.365 \times 2.38 \times 4 + 0.74 \times 0.615 \times 0.12 \times 4$$

$$= 1.70 + 0.22 = 1.92\text{m}^3$$

【例 3.15】 某工程外墙有如图 3.11 所示的一附墙砖砌烟道，高 3.9m，已知单孔的尺寸为 0.24m×0.18m，试计算其折算体积。

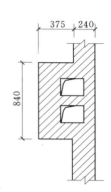

图 3.11 附墙烟囱示意图

【解】 附墙烟囱、通风道、垃圾道应按设计图示尺寸以体积（扣除孔洞所占体积）计算，并入所依附的墙体体积内，当设计规定孔洞内需抹灰时，应按装饰工程中相关项目编码列项。

则其折算体积为：

$$0.375 \times 0.84 \times 3.9 - 0.24 \times 0.18 \times 2 \times 3.9 = 0.89\text{m}^3$$

【例 3.16】 某宿舍楼铺设室外排水管道 80m（净长度），陶土管径 $\phi 250$，水泥砂浆接口，管底铺黄砂垫层，砖砌圆形检查井（S231，$\phi 700$），无地下水，井深 1.5m，共 10 个，砖砌矩形化粪池 1 个［S231（一）2 号无地下水］。计算室外排水系统项目工程量。

【解】 （1）砖检查井工程量计算如下：

计算公式： 砖检查井工程量＝设计图示数量

（S231，$\phi 700$）检查井工程量＝10（座）

（2）砖化粪池工程量计算如下：

计算公式： 砖化粪池工程量＝设计图示数量

［S231（一）2 号无地下水］砖砌矩形化粪池工程量＝1（座）

【例 3.17】 如图 3.12 所示，某挡土墙工程采用 M2.5 混合砂浆砌筑毛石，用原浆勾缝，长度 200m，求其工程量。

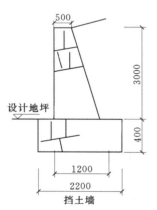

图 3.12 毛石挡土墙示意图

【解】 （1）石挡土墙的工程数量计算公式：

V＝按设计图示尺寸以体积计算

则 M2.5 混合砂浆砌筑毛石，原浆勾缝毛石挡土墙工程量计算如下：

$$V = (0.5 + 1.2) \times 3/2 \times 200 = 510.00\text{m}^3$$

（2）挡土墙毛石基础的工程量计算公式：

V＝按设计图示尺寸以体积计算

则 M2.5 混合砂浆砌筑毛石挡土墙基础工程量计算如下：

$$V = 0.4 \times 2.2 \times 200 = 176.00\text{m}^3$$

注意：挡土墙壁与基础的划分，以较低一侧的设计地坪为界。

【例 3.18】 某单层建筑物，框架结构，尺寸如图 3.13 所示，墙身用 M5.0 混合砂浆砌筑加气混凝土砌块，厚度为 240mm；女儿墙砌筑煤矸石空心砖，混凝土压顶断面 240mm×60mm，墙厚均为 240mm；隔墙为 120mm 厚实心砖墙。框架柱断面240mm×240mm到女儿墙顶，框架梁断面240mm×500mm，门窗洞口上均采用现浇钢筋混凝土过梁，断面240mm×180mm。M1，1560mm×2700mm；M2，1000mm×2700mm；C1，1800mm×1800mm；C2，1560mm×1800mm。试计算墙体工程量。

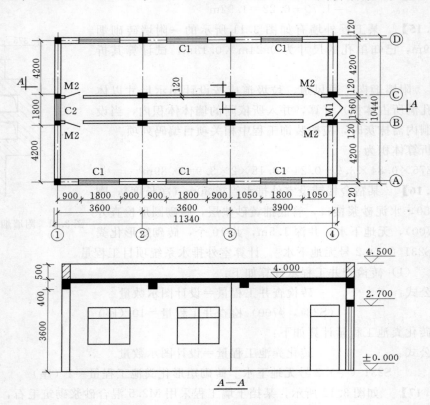

图3.13　单层建筑物框架结构示意图

【解】（1）砌块墙工程量计算如下：

计算公式：砌块墙工程量=（砌块墙中心线长度×高度-门窗洞口面积）
　　　　　　　　　　　　×墙厚-构件体积

砌块墙工程量=[（11.34-0.24+10.44-0.24-0.24×6）×2×3.6-1.56×2.7
　　　　　　　　-1.8×1.8×6-1.56×1.8]×0.24-（1.56×2+2.3×6）
　　　　　　　　×0.24×0.18=27.24m³

（2）空心砖墙工程量计算如下：

计算公式：空心砖墙工程量=（空心砖墙中心线长度×高度-门窗洞口面积）
　　　　　　　　　　　　×墙厚-构件体积

空心砖墙工程量=（11.34-0.24+10.44-0.24-0.24×6）×2
　　　　　　　　×（0.50-0.06）×0.24=4.19m³

（3）实心砖墙工程量计算如下：

计算公式：实心砖墙工程量=（内墙净长×高度-门窗洞口面积）×墙厚-构件体积

实心砖墙工程量=[（11.34-0.24-0.24×3）×3.6-1.00×2.70×2]×0.12×2=7.67m³

【例 3.19】 计算图 3.14 所示砖烟囱筒身的工程量。烟囱高度 $H = 20\text{m}$，分两段，在中部及顶部有内、外挑檐，囱身坡度 2.5%，筒壁厚度 240mm，隔热空气层 50mm，内衬 120mm，筒底砌衬砖 120mm 厚。

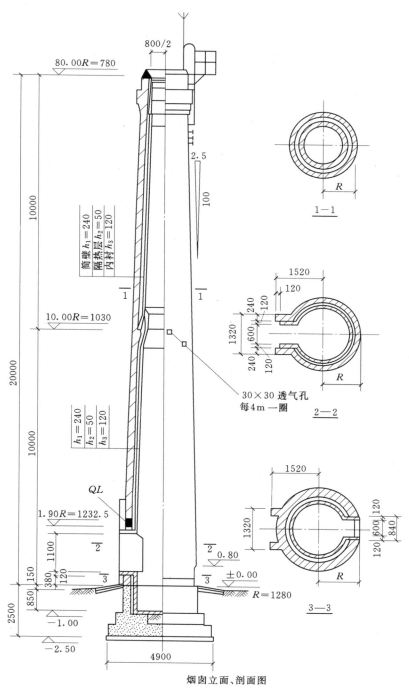

烟囱立面、剖面图

图 3.14 砖烟囱示意图

【解】 (1) 标高±0.00m 到 20.00m 筒身。

$$V_1 = 0.24 \times \pi \left(\frac{1.28 \times 2 + 0.78 \times 2}{2} - 0.24 \right) \times 20 = 27.44 \text{m}^3$$

(2) 标高＋10.00m 处砖砌内悬臂。

内悬臂断面面积为 $0.25 \times 0.06 + 0.25 \times 0.12 = 0.045 \text{m}^2$

平均半径 $= \dfrac{(1.03 - 0.24 - 0.03) \times 0.015 + (1.03 - 0.24 - 0.06) \times 0.03}{0.045} = 0.74 \text{m}$

$$V_2 = 2\pi \times 0.74 \times 0.045 = 0.21 \text{m}$$

(3) 烟囱顶部挑檐。

挑檐断面面积 $= 0.126 \times 0.06 + 0.252 \times 0.12 + 0.504 \times 0.18$

$= 7.56 \times 10^{-3} + 0.03 + 0.091 = 0.128 \text{m}^2$

平均半径 $= \dfrac{7.56 \times 10^{-3} \times (0.78 + 0.03) + 0.03 \times (0.78 + 0.06) + 0.091 \times (0.78 + 0.09)}{0.045}$

$= 2.455 \text{m}$

$$V_3 = 2\pi \times 2.455 \times 0.128 = 1.974 \text{m}$$

(4) 应扣除部分。

1) 出灰口。按图示，出灰口尺寸为 0.84×0.8，则

$$V_4 = 0.84 \times 0.8 \times 0.24 = 0.16 \text{m}^2$$

2) 烟道口。按图示尺寸，应扣除体积为：

$$V_5 = \left(0.68 \times 0.84 + \frac{\pi}{2} \times 0.42^2 \right) \times 0.24 = 0.20 \text{m}^2$$

3) 钢筋混凝土圈梁。

$$V_6 = 0.24^2 \times (1.2325 - 0.120) \times 2\pi = 0.40 \text{m}^2$$

(5) 烟囱筒身工程量。

$$V = \sum_{i=1}^{6} V_i = 27.44 + 0.21 + 1.974 - 0.16 - 0.20 - 0.40 = 27.58 \text{m}^2$$

【例 3.20】 某独立烟囱如图 3.15 所示，基础垫层采用 C25 混凝土，砖基础采用 M5.0 水泥砂浆砌筑，砖筒身采用 M2.5 混合砂浆砌筑，原浆勾缝，收口圈梁用 C25 混凝土浇筑，设计要求加工楔形整砖 18000 块，标准半砖 2000 块，计算相应工程量。

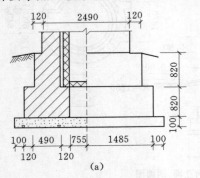
(a)

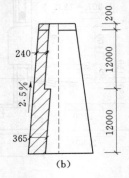
(b)

图 3.15 独立烟囱示意图

【解】 （1）砖基础工程量计算如下：

计算公式：砖基础工程量＝砖基础中心线周长×断面

$$砖基础工程量＝（0.755×2＋0.12×2＋0.49）×\pi×（0.49＋0.73）×0.82$$
$$＝7.04m^3$$

（2）砖烟囱工程量计算如下：

$$砖筒身工程量＝12.00×0.365×\pi×（2.49－6.00×2.5‰×2－0.365)$$
$$＋12.00×0.24×\pi×（2.49－18.00×2.5‰×2－0.24)$$
$$＝37.33m^3$$

3.5 混凝土及钢筋混凝土工程

3.5.1 工程量计算规则

1. 现浇混凝土基础工程

现浇混凝土基础工程的工程量清单项目设置及工程量计算规则，应按表 3.19 的规定执行。

表 3.19　　　　　　　　　　现浇混凝土基础（编码：010401）

项目编码	项目名称	项目特征	计量单位	工程量计算规则	工程内容
010401001	带形基础	1. 垫层材料种类、厚度； 2. 混凝土强度等级； 3. 混凝土拌和料要求； 4. 砂浆强度等级	m³	按设计图示尺寸以体积计算。不扣除构件内钢筋、预埋铁件和伸入承台基础的桩头所占体积	1. 铺设垫层； 2. 混凝土制作、运输、浇筑、振捣、养护； 3. 地脚螺栓二次灌浆
010401002	独立基础				
010401003	满堂基础				
010401004	设备基础				
010401005	桩承台基础				

2. 现浇混凝土柱工程

现浇混凝土柱工程的工程量清单项目设置及工程量计算规则，应按表 3.20 的规定执行。

3. 现浇混凝土梁工程

现浇混凝土梁工程的工程量清单项目设置及工程量计算规则，应按表 3.21 的规定执行。

4. 现浇混凝土墙工程

现浇混凝土墙工程的工程量清单项目设置及工程量计算规则，应按表 3.22 的规定执行。

5. 现浇混凝土板工程

现浇混凝土板工程的工程量清单项目设置及工程量计算规则，应按表 3.23 的规定执行。

表 3.20　　　　　　　　　　　现浇混凝土柱（编码：010402）

项目编码	项目名称	项目特征	计量单位	工程量计算规则	工程内容
010402001	矩形柱			按设计图示尺寸以体积计算。不扣除构件内钢筋、预埋铁件所占体积。 柱高： 　1. 有梁板的柱高，应自柱基上表面（或楼板上表面）至上一层楼板上表面之间的高度计算； 　2. 无梁板的柱高，应自柱基上表面（或楼板上表面）至柱帽下表面之间的高度计算； 　3. 框架柱的柱高，应自柱基上表面至柱顶高度计算； 　4. 构造柱按全高计算，嵌接墙体部分并入柱身体积； 　5. 依附柱上的牛腿和升板的柱帽并入柱身体积计算	混凝土制作、运输、浇筑、振捣、养护
010402002	异形柱	1. 柱高度； 2. 柱截面尺寸； 3. 混凝土强度等级； 4. 混凝土拌和料要求	m³		

表 3.21　　　　　　　　　　　现浇混凝土梁（编码：010403）

项目编码	项目名称	项目特征	计量单位	工程量计算规则	工程内容
010403001	基础梁			按设计图示尺寸以体积计算。不扣除构件内钢筋、预埋铁件所占体积，伸入墙内的梁头、梁垫并入梁体积内。 梁长： 　1. 梁与柱连接时，梁长算至柱侧面； 　2. 主梁与次梁连接时，次梁长算至主梁侧面	混凝土制作、运输、浇筑、振捣、养护
010403002	矩形梁				
010403003	异形梁	1. 梁底标高； 2. 梁截面； 3. 混凝土强度等级； 4. 混凝土拌和料要求	m³		
010403004	圈梁				
010403005	过梁				
010403006	弧形、拱形梁				

表 3.22　　　　　　　　　　　现浇混凝土墙（编码：010404）

项目编码	项目名称	项目特征	计量单位	工程量计算规则	工程内容
010404001	直形墙			按设计图示尺寸以体积计算。不扣除构件内钢筋、预埋铁件所占体积，扣除门窗洞口及单个面积 0.3m² 以外的孔洞所占体积，墙垛及突出墙面部分并入墙体体积计算	混凝土制作、运输、浇筑、振捣、养护
010404002	弧形墙	1. 墙类型； 2. 墙厚度； 3. 混凝土强度等级； 4. 混凝土拌和料要求	m³		

表 3.23 现浇混凝土板（编码：010405）

项目编码	项目名称	项目特征	计量单位	工程量计算规则	工程内容
010405001	有梁板	1. 板底标高；2. 板厚度；3. 混凝土强度等级；4. 混凝土拌和料要求	m³	按设计图示尺寸以体积计算。不扣除构件内钢筋、预埋铁件及单个面积 0.3m² 以内的孔洞所占体积。有梁板（包括主、次梁与板）按梁、板体积之和计算，无梁板按板和柱帽体积之和计算，各类板伸入墙内的板头并入板体积内计算，薄壳板的肋、基梁并入薄壳体积内计算	混凝土制作、运输、浇筑、振捣、养护
010405002	无梁板				
010405003	平板				
010405004	拱板				
010405005	薄壳板				
010405006	栏板				
010405007	天沟、挑檐板	1. 混凝土强度等级；2. 混凝土拌和料要求		按设计图示尺寸以体积计算	
010405008	雨篷、阳台板			按设计图示尺寸以墙外部分体积计算。包括伸出墙外的牛腿和雨篷反挑檐的体积	
010405009	其他板			按设计图示尺寸以体积计算	

6. 现浇混凝土楼梯工程

现浇混凝土楼梯工程的工程量清单项目设置及工程量计算规则，应按表 3.24 的规定执行。

表 3.24 现浇混凝土楼梯（编码：010406）

项目编码	项目名称	项目特征	计量单位	工程量计算规则	工程内容
010406001	直形楼梯	1. 混凝土强度等级；2. 混凝土拌和料要求	m³	按设计图示尺寸以水平投影面积计算。不扣除宽度小于 500mm 的楼梯井，伸入墙内部分不计算	混凝土制作、运输、浇筑、振捣、养护
010406002	弧形楼梯				

7. 现浇混凝土其他构件工程

现浇混凝土其他构件工程的工程量清单项目设置及工程量计算规则，应按表 3.25 的规定执行。

表 3.25 现浇混凝土其他构件（编码：010407）

项目编码	项目名称	项目特征	计量单位	工程量计算规则	工程内容
010407001	其他构件	1. 构件的类型；2. 构件规格；3. 混凝土强度等级；4. 混凝土拌和料要求	m³（m²、m）	按设计图示尺寸以体积计算。不扣除构件内钢筋、预埋铁件所占体积	混凝土制作、运输、浇筑、振捣、养护

续表

项目编码	项目名称	项目特征	计量单位	工程量计算规则	工程内容
010407002	散水、坡道	1. 垫层材料种类、厚度； 2. 面层厚度； 3. 混凝土强度等级； 4. 混凝土拌和料要求； 5. 堵塞材料种类	m²	按设计图示尺寸以面积计算。不扣除单个 0.3m² 以内的孔洞所占面积	1. 地基夯实； 2. 铺设垫层； 3. 混凝土制作、运输、浇筑、振捣、养护； 4. 变形缝堵塞
010407003	电缆沟、地沟	1. 沟截面； 2. 垫层材料种类、厚度； 3. 混凝土强度等级； 4. 混凝土拌和料要求； 5. 防护材料种类	m	按设计图示以中心线长度计算	1. 挖运土石； 2. 铺设垫层； 3. 混凝土制作、运输、浇筑、振捣、养护； 4. 刷防护材料

8. 后浇带工程

后浇带工程的工程量清单项目设置及工程量计算规则，应按表 3.26 的规定执行。

表 3.26　　　　　　　　　后浇带（编码：010408）

项目编码	项目名称	项目特征	计量单位	工程量计算规则	工程内容
010408001	后浇带	1. 部位； 2. 混凝土强度等级； 3. 混凝土拌和料要求	m³	按设计图示尺寸以体积计算	混凝土制作、运输、浇筑、振捣、养护

9. 预制混凝土柱工程

预制混凝土柱工程的工程量清单项目设置及工程量计算规则，应按表 3.27 的规定执行。

表 3.27　　　　　　　　　预制混凝土柱（编码：010409）

项目编码	项目名称	项目特征	计量单位	工程量计算规则	工程内容
010409001	矩形柱				1. 混凝土制作、运输、浇筑、振捣、养护； 2. 构件制作、安装； 3. 构件安装； 4. 砂浆制作、运输； 5. 接头灌缝、养护
010409002	异形柱	1. 柱类型； 2. 单件体积； 3. 安装高度； 4. 混凝土强度等级； 5. 砂浆强度等级	m³（根）	1. 按设计图示尺寸以体积计算。不扣除构件内钢筋、预埋铁件所占体积； 2. 按设计图示尺寸以"数量"计算	

10. 预制混凝土梁工程

预制混凝土梁工程的工程量清单项目设置及工程量计算规则，应按表 3.28 的规定执行。

表 3.28　　　　　　　　　　　　　　预制混凝土梁 （编码：010410）

项目编码	项目名称	项目特征	计量单位	工程量计算规则	工程内容
010410001	矩形梁				
010410002	异形梁	1. 单件体积； 2. 安装高度； 3. 混凝土强度等级； 4. 砂浆强度等级	m³ （根）	按设计图示尺寸以体积计算。不扣除构件内钢筋、预埋铁件所占体积	1. 混凝土制作、运输、浇筑、振捣、养护； 2. 构件制作、运输； 3. 构件安装； 4. 砂浆制作、运输； 5. 接头灌缝、养护
010410003	过梁				
010410004	拱形梁				
010410005	鱼腹式吊车梁				
010410006	风道梁				

11. 预制混凝土屋架工程

预制混凝土屋架工程的工程量清单项目设置及工程量计算规则，应按表 3.29 的规定执行。

表 3.29　　　　　　　　　　　　　　预制混凝土屋架 （编码：010411）

项目编码	项目名称	项目特征	计量单位	工程量计算规则	工程内容
010411001	折线型屋架				
010411002	组合屋架	1. 屋架的类型、跨度； 2. 单件体积； 3. 安装高度； 4. 混凝土强度等级； 5. 砂浆强度等级	m³ （榀）	按设计图示尺寸以体积计算。不扣除构件内钢筋、预埋铁件所占体积	1. 混凝土制作、运输、浇筑、振捣、养护； 2. 构件制作、运输； 3. 构件安装； 4. 砂浆制作、运输； 5. 接头灌缝、养护
010411003	薄腹屋架				
010411004	门式刚架屋架				
010411005	天窗架屋架				

12. 预制混凝土板工程

预制混凝土板工程的工程量清单项目设置及工程量计算规则，应按表 3.30 的规定执行。

表 3.30　　　　　　　　　　　　　　预制混凝土板 （编码：010412）

项目编码	项目名称	项目特征	计量单位	工程量计算规则	工程内容
010412001	平板				
010412002	空心板				
010412003	槽形板	1. 构件尺寸； 2. 安装高度； 3. 混凝土强度等级； 4. 砂浆强度等级	m³ （块）	按设计图示尺寸以体积计算。不扣除构件内钢筋、预埋铁件及单个尺寸 300mm×300mm 以内的孔洞所占体积，扣除空心板空洞体积	1. 混凝土制作、运输、浇筑、振捣、养护； 2. 构件制作、运输； 3. 构件安装； 4. 升板提升； 5. 砂浆制作、运输； 6. 接头灌缝、养护
010412004	网架板				
010412005	折线板				
010412006	带肋板				
010412007	大型板				

续表

项目编码	项目名称	项目特征	计量单位	工程量计算规则	工程内容
010412008	沟盖板、井盖板、井圈	1. 构件尺寸； 2. 安装高度； 3. 混凝土强度等级； 4. 砂浆强度等级	m³（块、套）	按设计图示尺寸以体积计算。不扣除构件内钢筋、预埋铁件所占体积	1. 混凝土制作、运输、浇筑、振捣、养护； 2. 构件制作、运输； 3. 构件安装； 4. 砂浆制作、运输； 5. 接头灌缝、养护

13. 预制混凝土楼梯工程

预制混凝土楼梯工程的工程量清单项目设置及工程量计算规则，应按表 3.31 的规定执行。

表 3.31　　　　　　　　预制混凝土楼梯（编码：010413）

项目编码	项目名称	项目特征	计量单位	工程量计算规则	工程内容
010413001	楼梯	1. 楼梯类型； 2. 单件体积； 3. 混凝土强度等级； 4. 砂浆强度等级	m³	按设计图示尺寸以体积计算。不扣除构件内钢筋、预埋铁件所占体积，扣除空心踏步板空洞体积	1. 混凝土制作、运输、浇筑、振捣、养护； 2. 构件制作、运输； 3. 构件安装； 4. 砂浆制作、运输； 5. 接头灌缝、养护

14. 其他预制构件工程

其他预制构件工程的工程量清单项目设置及工程量计算规则，应按表 3.32 的规定执行。

表 3.32　　　　　　　　其他预制构件（编码：010414）

项目编码	项目名称	项目特征	计量单位	工程量计算规则	工程内容
010414001	烟道、垃圾道、通风道	1. 构件类型； 2. 单件尺寸； 3. 安装高度； 4. 混凝土强度等级； 5. 砂浆强度等级	m³	按设计图示尺寸以体积计算。不扣除构件内钢筋、预埋铁件及单个尺寸 300mm×300mm 以内的孔洞所占体积，扣除烟道、垃圾道、通风道的孔洞所占体积	1. 混凝土制作、运输、浇筑、振捣、养护； 2.（水磨石）构件制作、运输； 3. 构件安装； 4. 砂浆制作、运输； 5. 接头灌缝、养护； 6. 酸洗、打蜡
010414002	其他构件	1. 构件的类型； 2. 单件体积； 3. 水磨石面层厚度； 4. 安装高度； 5. 混凝土强度等级； 6. 水泥石子浆配合比； 7. 石子品种、规格、颜色； 8. 酸洗、打蜡要求			
010414003	水磨石构件				

15. 混凝土构筑物工程

混凝土构筑物工程的工程量清单项目设置及工程量计算规则，应按表 3.33 的规定执行。

表 3.33　　　　　　　　　　混凝土构筑物（编码：010415）

项目编码	项目名称	项目特征	计量单位	工程量计算规则	工程内容
010415001	贮水（油）池	1. 池类型； 2. 池规格； 3. 混凝土强度等级； 4. 混凝土拌和料要求	m³	按设计图示尺寸以体积计算。不扣除构件内钢筋、预埋铁件及单个面积 0.3m² 以内的孔洞所占体积	混凝土制作、运输、浇筑、振捣、养护
010415002	贮仓	1. 类型、高度； 2. 混凝土强度等级； 3. 混凝土拌和料要求			混凝土制作、运输、浇筑、振捣、养护
010415003	水塔	1. 类型； 2. 支筒高度、水箱容积； 3. 倒圆锥形罐壳厚度、直径； 4. 混凝土强度等级； 5. 混凝土拌和料要求； 6. 砂浆强度等级			1. 混凝土制作、运输、浇筑、振捣、养护； 2. 预制倒圆锥形罐壳、组装、提升、就位； 3. 砂浆制作、运输； 4. 接头灌缝、养护
010415004	烟囱	1. 高度； 2. 混凝土强度等级； 3. 混凝土拌和料要求			混凝土制作、运输、浇筑、振捣、养护

16. 钢筋工程

钢筋工程的工程量清单项目设置及工程量计算规则，应按表 3.34 的规定执行。

17. 螺栓、铁件

螺栓、铁件的工程量清单项目设置及工程量计算规则，应按表 3.35 的规定执行。

3.5.2　关于工程量计算规则的应用说明

其他相关问题应按下列规定处理：

（1）混凝土垫层包括在基础项目内。

（2）有肋带形基础、无肋带形基础应分别编码（第五级编码）列项，并注明肋高。

（3）箱式满堂基础，可按表 3.19～表 3.23 中满堂基础、柱、梁、墙、板分别编码列项；也可利用表 3.19 的第五级编码分别列项。

（4）框架式设备基础，可按表 3.19～表 3.23 中设备基础、柱、梁、墙、板分别编码列项；也可利用表 3.19 的第五级编码分别列项。

（5）构造柱应按表 3.20 中矩形柱项目编码列项。

（6）现浇挑檐、天沟板、雨篷、阳台与板（包括屋面板、楼板）连接时，以外墙外边线为分界线；与圈梁（包括其他梁）连接时，以梁外边线为分界线。外边线以外为挑檐、天沟、雨篷或阳台。

表 3.34 钢筋工程（编码：010416）

项目编码	项目名称	项目特征	计量单位	工程量计算规则	工程内容
010416001	现浇混凝土钢筋	钢筋种类、规格		按设计图示钢筋（网）长度（面积）乘以单位理论质量计算	1. 钢筋（网、笼）制作、运输； 2. 钢筋（网、笼）安装
010416002	预制构件钢筋				
010416003	钢筋网片				
010416004	钢筋笼				
010416005	先张法预应力钢筋	1. 钢筋种类、规格； 2. 锚具种类		按设计图示钢筋长度乘以单位理论质量计算	1. 钢筋制作、运输； 2. 钢筋张拉
010416006	后张法预应力钢筋		t	按设计图示钢筋（丝束、绞线）长度乘以单位理论质量计算。 1. 低合金钢筋两端均采用螺杆锚具时，钢筋长度按孔道长度减0.35m计算，螺杆另行计算； 2. 低合金钢筋一端采用镦头插片、另一端采用螺杆锚具时，钢筋长度按孔道长度计算，螺杆另行计算； 3. 低合金钢筋一端采用镦头插头、另一端采用帮条锚具时，钢筋增加0.15m计算；两端采用帮条锚具时，钢筋长度按孔道长度增加0.3m计算； 4. 低合金钢筋采用后张混凝土自锚时，钢筋长度按孔道长度增加0.35m计算； 5. 低合金钢筋（钢绞线）采用JM、XM、QM型锚具，孔道长度在20m以内时，钢筋长度增加1m计算；孔道长度20m以外时，钢筋（钢绞线）长度按孔道长度增加1.8m计算； 6. 碳素钢丝采用锥形锚具，孔道长度在20m以内时，钢丝束长度按孔道长度增加1m计算；孔道长在20m以上时，钢丝束长度按孔道长度增加1.8m计算； 7. 碳素钢丝束采用镦头锚具时，钢丝束长度按孔道长度增加0.35m计算	1. 钢筋、钢丝束、钢绞线制作、运输； 2. 钢筋、钢丝束、钢绞线安装； 3. 预埋管孔道铺设； 4. 锚具安装； 5. 砂浆制作、运输； 6. 孔道压浆、养护
010416007	预应力钢丝				
010416008	预应力钢绞线	1. 钢筋种类、规格； 2. 钢丝束种类、规格； 3. 钢绞线种类、规格； 4. 锚具种类； 5. 砂浆强度等级			

表 3.35　　　　　　　　　　　　　螺栓、铁件（编码：010417）

项目编码	项目名称	项目特征	计量单位	工程量计算规则	工作内容
010417001	螺栓	1. 钢材种类、规格； 2. 螺栓长度； 3. 铁件尺寸	t	按设计图示尺寸以质量计算	1. 螺栓（铁件）制作、运输； 2. 螺栓（铁件）安装
010417002	预埋铁件				

（7）整体楼梯（包括直形楼梯、弧形楼梯）水平投影面积包括休息平台、平台梁、斜梁和楼梯的连接梁。当整体楼梯与现浇楼板无梯梁连接时，以楼梯的最后一个踏步边缘加 300mm 为界。

（8）现浇混凝土小型池槽、压顶、扶手、垫块、台阶、门框等，应按表 3.25 中其他构件项目编码列项。其中扶手、压顶（包括伸入墙内的长度）应按延长米计算，台阶应按水平投影面积计算。

（9）三角形屋架应按表 3.29 中折线型屋架项目编码列项。

（10）不带肋的预制遮阳板、雨篷板、挑檐板、栏板等，应按表 3.30 中平板项目编码列项。

（11）预制 F 形板、双 T 形板、单肋板和带反挑檐板的雨篷板、挑檐板、遮阳板等，应按表 3.30 中带肋板项目编码列项。

（12）预制大型墙板、大型楼板、大型屋面板等，应按表 3.30 中大型板项目编码列项。

（13）预制钢筋混凝土楼梯，可按斜梁、踏步分别编码（第五级编码）列项。

（14）预制钢筋混凝土小型池槽、压顶、扶手、垫块、隔热板、花格等，应按表 3.32 中其他构件项目编码列项。

（15）贮水（油）池的池底、池壁、池盖可分别编码（第五级编码）列项。有壁基梁的，应以壁基梁底为界，以上为池壁，以下为池底；无壁基梁的，锥形坡底应算至其上口，池壁下部的八字靴脚应并入池底体积内。无梁池盖的柱应从池底上表面算至池盖下表面，柱帽和柱座应并在柱体积内。肋形池盖应包括主、次梁体积；球形池盖应以池壁顶面为界，边侧梁应并入球形池盖体积内。

（16）贮仓立壁和贮仓漏斗可分别编码（第五级编码）列项，应以相互交点水平线为界，壁上圈梁应并入漏斗体积内。

（17）滑模筒仓按表 3.33 中贮仓项目编码列项。

（18）水塔基础、塔身、水箱可分别编码（第五级编码）列项。筒式塔身应以筒座上表面或基础底板上表面为界；柱式（框架式）塔身应以柱脚与基础底板或梁顶为界，与基础板连接的梁应并入基础体积内。塔身与水箱应以箱底相连接的圈梁下表面为界，以上为水箱，以下为塔身。依附于塔身的过梁、雨篷、挑檐等，应并入塔身体积内；柱式塔身应不分柱、梁合并计算。依附于水箱壁的柱、梁，应并入水箱壁体积内。

（19）现浇构件中固定位置的支撑钢筋、双层钢筋用的"铁马"、伸出构件的锚固钢筋、预制构件的吊钩等，应并入钢筋工程量内。

3.5.3 工程量计算规则的应用范围

（1）"带形基础"项目适用于带形基础，墙下的板式基础包括浇筑在一字排桩上面的带形基础。应注意：工程量不扣除浇入带形基础体积内的桩头所占体积。

（2）"独立基础"项目适用于块体柱基、杯基、柱下的板式基础、无筋倒圆台基础、壳体基础、电梯井基础等。

（3）"满堂基础"项目适用于地下室的箱式、筏式基础等。

（4）"设备基础"项目适用于设备的块体基础、框架基础等。应注意：螺柱孔灌浆包括在报价内。

（5）"桩承台基础"项目适用于浇筑在组桩（如梅花桩）上的承台，应注意：工程量不扣除浇入承台体积内的桩头所占体积。

（6）"短形柱"、"异形柱"项目适用于各形柱，除无梁板柱的高度计算至柱帽下表面，其他柱都计算柱高。应注意：

- 单独的薄壁柱根据其截面形状，确定以异形柱或矩形柱编码列项。
- 柱帽的工程量计算在无梁板体积内。
- 混凝土柱上的钢牛腿按规范附录中零星钢构件编码列项。

（7）各种梁项目的主梁与次梁连接时，次梁长算至主梁侧面，简而言之，截面小的梁长度计算至截面大的梁侧面。

（8）"直形墙"、"弧形墙"项目也适用于电梯井。应注意：与墙相连接的薄壁柱按墙项目编码列项。

（9）混凝土墙板采用浇筑复合高强薄型空心管时，其工程量应扣除管所占体积，复合高强薄型空心管应包括在报价内。采用轻质材料浇筑在有梁板内，轻质材料应包括在报价内。

（10）单跑楼梯的工程量计算与直形楼梯、弧形楼梯的工程量计算相同，单跑楼梯如无中间休息平台时，应在工程量清单中进行描述。

（11）"其他构件"项目中的压顶、扶手工程量可按长度计算，台阶工程量可按水平投影面积计算。

（12）"电缆沟、地沟"、"散水、坡道"需抹灰时，应包括在报价内。

（13）"后浇带"项目适用于梁、墙、板的后浇带。

（14）混凝土的供应方式（现场搅拌混凝土、商品混凝土）以招标文件确定。

（15）购入的商品构配件以商品价格进行报价。

（16）附录要求分别编码列项的项目，可在第五级编码上进行分项编码。

（17）有相同截面、长度的预制混凝土柱的工程量可按根数计算。

（18）有相同截面、长度的预制混凝土梁的工程量可按根数计算。

（19）同类型、相同跨度的预制混凝土屋架的工程量可按榀数计算。

（20）同类型相同构件尺寸的预制混凝土板工程可按块计算。

（21）同类型相同构件尺寸的预制混凝土沟盖板的工程量可按块数计算；混凝土井圈、井盖板工程量可按套数计算。

（22）"水磨石构件"需要打蜡抛光时，应包括在报价内。

（23）预制构件的吊装机械不包括在项目内，应列入措施项目费。

（24）滑模的提升设备应列在模板及支撑费内。

（25）钢网架在地面组装后的整体提升、倒锥壳水箱在地面就位预制后的提升设备应列在垂直运输费内。

（26）项目特征内的构件标高、安装高度，不需要每个构件都注上标高和高度，而是要求选择关键部件注明，以便投标人选择吊装机械和垂直运输机械。

（27）滑模筒仓按"贮仓"项目编码列项。

（28）滑模烟囱按"烟囱"项目编码列项。

3.5.4 钢筋混凝土工程工程量计算规则应用中常用的计算公式与解释

1. 钢筋混凝土柱计算高度的确定

（1）有梁板的柱高，自柱基上表面（或楼板上表面）至上一层楼板上表面之间的设计计算，如图 3.16（a）所示。

（2）无梁板的柱高，自柱基上表面（或楼板上表面）至柱帽下表面之间的高度计算，如图 3.16（b）所示。

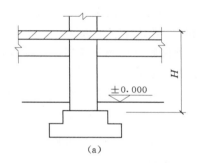 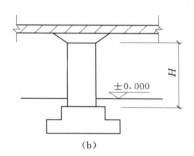

图 3.16　钢筋混凝土柱

（3）框架柱的柱高，自柱基上表面至柱顶高度计算。

（4）构造柱按设计高度计算，与墙嵌接部分的体积并入柱身体积内计算。

（5）依附柱上的牛腿，并入柱体积内计算。

2. 钢筋混凝土梁分界线的确定

（1）梁与柱连接时，梁长算至柱侧面，如图 3.17 所示。

（2）主梁与次梁连接时，次梁长度算至主梁侧面。伸入墙体内的梁头、梁垫体积并入梁体积内计算，如图 3.18 所示。

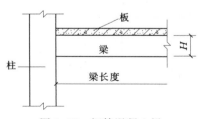

图 3.17　钢筋混凝土梁

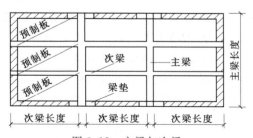

图 3.18　主梁与次梁

（3）与过梁连接时，分别套用圈梁、过梁定额。过梁长度按设计规定计算，设计无规定时，按门窗洞口宽度，两端各加 250mm 计算，如图 3.19 所示。

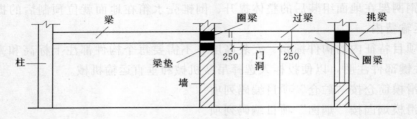

图 3.19　过梁示意图

（4）圈梁与梁连接时，圈梁体积应扣除伸入圈梁内的梁体积，如图 3.20 所示。

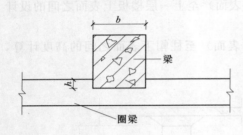

图 3.20　圈梁示意图

（5）在圈梁部位挑出外墙的混凝土梁，以外墙外边线为界限，挑出部分按图示尺寸以立方米计算，套用单梁、连续梁项目，如图 3.19 所示。

（6）梁（单梁、框架梁、圈梁、过梁）与板整体现浇时，梁高计算至板底，如图 3.17 所示。

3. 现浇挑檐与现浇板及圈梁分界线的确定

现浇挑檐与板（包括屋面板）连接时，以外墙外边线为界限。与圈梁（包括其他梁）连接时，以梁外边线为界限，外边线以外为挑檐，如图 3.21 所示。

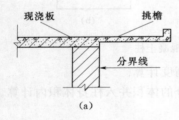
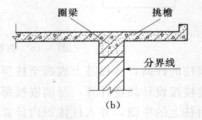

图 3.21　现浇挑檐与圈梁

4. 阳台板与栏板及现浇楼板的分界线

阳台板与栏板的分界以阳台板顶面为界；阳台板与现浇楼板的分界以墙外皮为界，其嵌入墙内的梁另按梁有关规定单独计算，如图 3.22 所示。伸入墙内的栏板，合并计算。

5. 锥形独立基础工程量的计算

一般情况下，锥形独立基础的下部为矩形，上部为截头锥体，如图 3.23 所示。

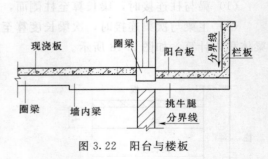

图 3.22　阳台与楼板

$$V = ABh_1 + \frac{h - h_1}{b}[AB + ab + (A + a)(B + b)]$$

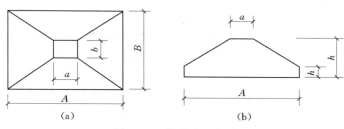

图 3.23　锥形独立基础

6.杯形基础工程量的计算

杯形基础如图 3.24 所示。

$$V = ABh_3 + \frac{h_1 - h_3}{6}[AB + (A + a_1)(B + b_1) + a_1 b_1] + a_1 b_1 (H - h_1)$$
$$- (H - h_2)(a - 0.025)(b - 0.025)$$

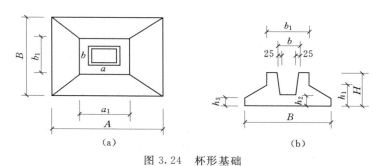

图 3.24　杯形基础

3.5.5　例题

【**例 3.21**】　某现浇钢筋混凝土带形尺寸,如图 3.25 所示。计算现浇钢筋混凝土带形基础工程量。

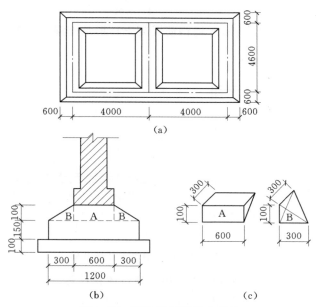

图 3.25　现浇钢筋混凝土基础

85

【解】　现浇钢筋混凝土带形基础工程量计算如下。

计算公式：带形基础工程量＝设计外墙中心线×设计断面面积

　　　　　　　　　　　　＋设计内墙基础图示长度×设计断面面积

现浇钢筋混凝土带形基础工程量＝［（8.00＋4.60）×2＋4.60－1.20］

　　　　　　　　　　　　×（1.20×0.15＋0.90×0.10）＋0.60×0.30

　　　　　　　　　　　　×0.10（A 折合体积）＋0.30×0.10÷2×0.30

　　　　　　　　　　　　÷3×4（B 折合体积）

　　　　　　　　　　　　＝7.75m³

【例 3.22】　求图 3.26 所示现浇钢筋混凝土独立基础混凝土工程量。

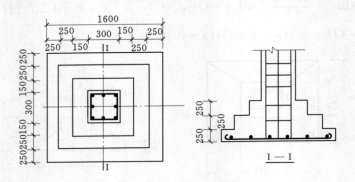

图 3.26　现浇钢筋混凝土独立基础

【解】　现浇钢筋混凝土独立基础工程量计算公式如下：

　　　　　　　　　　独立基础工程量＝设计图示体积

现浇钢筋混凝土独立基础混凝土工程量＝（1.6×1.6＋1.1×1.1＋0.6×0.6）×0.25

　　　　　　　　　　　　　　　　　＝1.03m³

【例 3.23】　计算图 3.27 所示现浇钢筋混凝土杯形基础混凝土工程量。

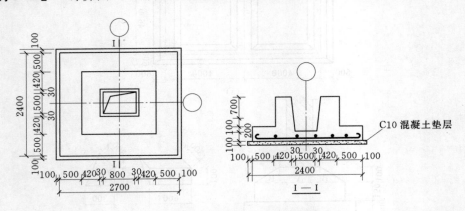

图 3.27　现浇钢筋混凝土杯形基础

【解】　混凝土工程量为杯型基础体积扣去杯口体积计算。

　　　　　　杯型基础的工程量＝2.7×2.4×0.3＋1.7×1.4×0.7

$$-\frac{1}{3}\times0.8\times\ (0.8\times0.5+0.86\times0.56$$

$$+\sqrt{(0.8\times0.5\times0.86\times0.56)}$$

$$=3.26m^3$$

【例 3.24】 有梁式满堂基础尺寸,如图 3.28 所示。计算有梁式满堂基础混凝土工程量。

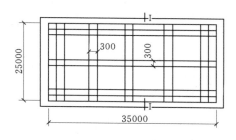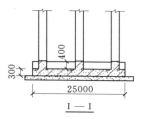

图 3.28 有梁式满堂基础

【解】 满堂基础工程量计算如下:

计算公式:满堂基础工程量=图示长度×图示宽度×厚度×翻梁体积

满堂基础的工程量= $35\times25\times0.3+0.3\times0.4\times$ [$35\times3+\ (25-0.3\times3)\ \times5$]

$\qquad\qquad=289.56m^3$

【例 3.25】 求图 3.29 所示现浇钢筋混凝土满堂基础工程量。

【解】 混凝土工程量按底板体积+墙下凸出部分体积计算。

工程量= $33.5\times1.0\times0.3+$ [$(31.5+8)\ \times2+\ (6.0-0.24)\ \times8+\ (31.5-0.24)$

$\qquad+\ (2.0-0.24)\ \times8$] $\times\ (0.24+0.44)\ \times0.5\times0.1$

$\qquad=15.84m^3$

【例 3.26】 有梁式满堂基础尺寸如图 3.29 所示,梁板配筋如图 3.30 所示。计算满堂基础的钢筋工程量。

【解】 现浇混凝土钢筋工程量计算如下:

计算公式:现浇混凝土钢筋工程量=设计图示钢筋长度×单位理论质量

(1) 满堂基础底板钢筋。

底板下部 (Φ16) 钢筋根数= $(35-0.07)\ /0.15+1=234$ 根

其钢筋质量= $(25-0.07+0.10\times2)\ \times234\times1.578=9279kg=9.279t$

底板下部 (Φ14) 钢筋根数= $(25-0.07)\ /0.15+1=168$ 根

其钢筋质量= $(35-0.07+0.10\times2)\ \times168\times1.208=7129kg=7.129t$

底板上部 (Φ14) 钢筋质量= $(25-0.07+0.10\times2)\ \times234\times1.208+7129$

$\qquad\qquad=14233kg=14.233t$

所以,现浇构件 HRB335 级钢筋 (Φ16) 工程量为 9.279t。

现浇构件 HRB335 级钢筋 (Φ14) 工程量为 7.129+14.233 = 21.362t。

(2) 满堂基础翻梁钢筋。

梁纵向受力钢筋 (Φ25) 质量=[$(25-0.07+0.4)\ \times8\times5+\ (35-0.07+0.4)$

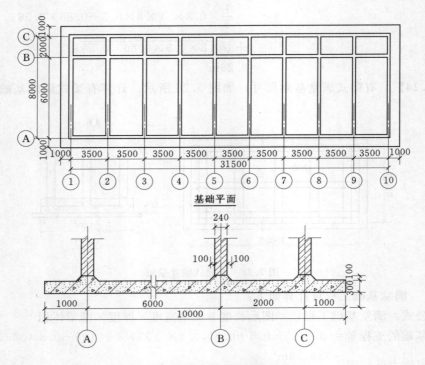

图 3.29　现浇钢筋混凝土满堂基础

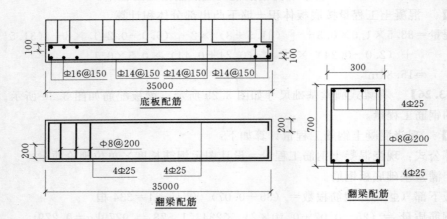

图 3.30　现浇有梁式满堂基础的梁板配筋图

$$\times 8 \times 3] \times 3.853 = 7171 \text{kg} = 7.171 \text{t}$$

梁箍筋（Φ 8）根数 $= [(25-0.07)/0.2+1] \times 5 + [(35-0.07)/0.2+1] \times 3$

$$= 126 \times 5 + 176 \times 3 = 1158 \text{ 根}$$

梁箍筋（Φ 8）质量 $= [(0.3-0.07+0.008-0.07+0.008) \times 2 + 4.9 \times 0.008 \times 2]$

$$\times 1158 \times 0.395 = 196.87 \text{kg} = 0.197 \text{t}$$

所以，现浇构件 HRB335 级钢筋（Φ 25）工程量为 7.171t。

现浇构件 HRB235 级箍筋（Φ 8）工程量为 0.197t。

【例3.27】 计算钢筋混凝土条形基础的钢筋工程量。已知某独立小型住宅，基础平面及剖面配筋如图3.31所示。基础有100厚混凝土垫层；外墙拐角处，按基础宽度范围分布筋改为受力筋；在内外墙丁字接头处受力筋铺至外墙中心线。

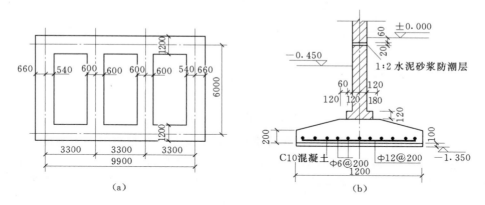

图3.31 钢筋混凝土条形基础

(a) 基础平面；(b) 基础配筋断面

【解】 (1) 计算钢筋长度。

1) 受力筋（ϕ12@200）长度。

一根受力筋长度 $L_2 = 1.2 - 2 \times 0.035$（有垫层）$+ 6.25 \times 0.012 \times 2 = 1.28$m

受力钢筋数量：

$$外基钢筋根数 = \frac{(9.9 + 1.32 + 7.2) \times 2}{0.2} + 4 = 188 \text{ 根}$$

$$内基钢筋根数 = \left(\frac{6}{0.2} + 1\right) \times 2 = 62 \text{ 根}$$

$$受力筋总根数 = 188 + 62 = 250 \text{ 根}$$

$$受力筋总长 = 1.28 \times 250 = 320\text{m}$$

2) 分布筋（ϕ6@200）长度。

外墙四角已配置受力钢筋，拟不再配分布筋，则

$$外墙分布筋长度 = [(9.9 - 1.08)(纵) + (6.0 - 1.2)(横)] \times 2 = 27.24\text{m}$$

$$内墙分布筋长 = (6.0 - 1.2) \times 2 = 9.6\text{m}$$

$$分布筋根数 = \frac{1.2 - 0.035 \times 2}{0.2} + 1 = 7 \text{ 根}$$

$$分布筋总长 = (27.24 + 9.6) \times 7 = 257.9\text{m}$$

(2) 图示钢筋用量（工程量）。

ϕ12 受力筋质量 $G_1 = 320 \times g = 320 \times 0.888 = 284.16\text{kg} = 0.284\text{t}$

ϕ6 分布筋质量 $G_2 = 257.9 \times g = 257.9 \times 0.222 = 57.25\text{kg} = 0.057\text{t}$

【例3.28】 如图3.32所示构造柱，总高为24m，混凝土为C25，计算构造柱现浇混凝土工程量。

【解】 矩形柱工程量计算如下：

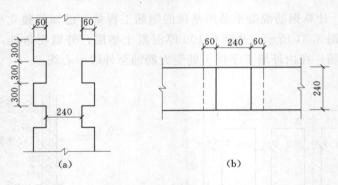

图 3.32　构造柱示意图

计算公式：**构造柱工程量＝（图示柱宽度＋咬口宽度）×厚度×图示高度**

构造柱（C25）混凝土工程量＝（0.24＋0.06）×0.24×0.24×16＝27.65m³

【例 3.29】　某工程现浇混凝土无梁板尺寸如图 3.33 所示，计算现浇钢筋混凝土无梁板混凝土工程量。

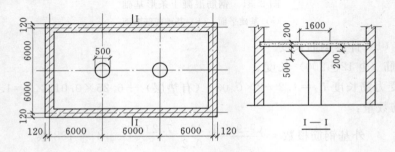

图 3.33　现浇钢筋混凝土无梁板

【解】　现浇钢筋混凝土无梁板混凝土工程量计算如下：

计算公式：现浇钢筋混凝土无梁板混凝土工程量＝图示长度×图示宽度×板厚
＋柱帽体积

现浇钢筋混凝土无梁板混凝土工程＝18×12×0.2＋3.14×0.8×0.8×0.2×2
＋（0.25×0.25＋0.8×0.8＋0.25×8）
×3.14×0.5/3×2＝44.95m³

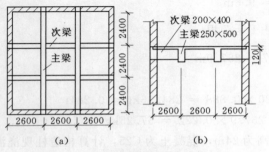

图 3.34　现浇钢筋混凝土有梁板

【例 3.30】　某现浇钢筋混凝土有梁板，如图 3.34 所示，计算有梁板的工程量。

【解】　现浇钢筋混凝土有梁板工程量计算如下：

计算公式：现浇钢筋混凝土有梁板混凝土工程量＝图示长度×图示宽度×板厚
＋主梁及次梁体积

主梁及次梁体积＝主梁长度×主梁宽度×肋高＋次梁长度×次梁宽度×肋高

现浇板工程量＝2.6×3×2.4×3×0.12＝6.74m³

板下梁工程量＝0.25×（0.5－0.12）×2.4×3×2＋0.2×（0.4－0.12）

×（2.6×3－0.5）×2＋0.25×0.50×0.12×4＋0.20

×0.40×0.12×4＝2.28m³

有梁板工程量＝6.74＋2.28＝9.02m³

【例3.31】 计算图3.35所示的现浇钢筋混凝土阳台板的混凝土工程量。

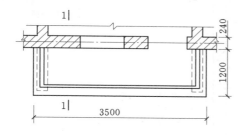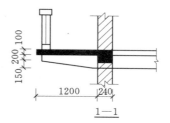

图3.35 现浇钢筋混凝土阳台

【解】 现浇钢筋混凝土阳台板的混凝土工程量计算如下：

计算公式：现浇钢筋混凝土阳台板混凝土工程量＝水平投影面积×板厚＋牛腿体积

本例中的阳台板混凝土工程量＝（3.5＋0.24）×1.2×0.1＋1.2×0.24×（0.2

＋0.35）/2×2＝0.61m³

【例3.32】 计算钢筋混凝土柱的钢筋工程量。图3.36所示为某三层现浇框架柱立面和断面配筋图，底层柱断面尺寸为350mm×350mm，纵向受力筋4Φ22，受力筋下端与柱基插筋搭接，搭接长度800。与柱正交的是"＋"形整体现浇板。试计算该柱的钢筋工程量。

【解】 （1）计算钢筋长度。

1）底层纵向受力筋（Φ22）。

每根筋长 l_1＝（3.07＋0.5＋0.8）＋12.5×0.022＝4.645m

总长 L_1＝4.645×4＝18.58m

2）二层纵向受力筋（Φ22）。

每根筋长 l_2＝（3.2＋0.6）＋12.5×0.022＝4.075m

总长 L_2＝4.075×4＝16.30m

3）二层纵向受力筋（Φ16）。

每根筋长 l_3＝3.2＋12.5×0.016＝3.4m

总长 L_3＝3.4×4＝13.60m

4）箍筋（Φ6）。

二层楼面以下，箍筋长 l_{g1}＝0.35×4＝1.4m

箍筋数 $N_{g1}=\dfrac{0.8+0.1}{0.1}+\dfrac{3.07-0.8+0.5}{0.2}=9+14=23$ 根

总长 L_{g1}＝1.4×23＝32.2m

二层楼面至三层楼顶面，箍筋长 l_{g2}＝0.25×4＝1.0m

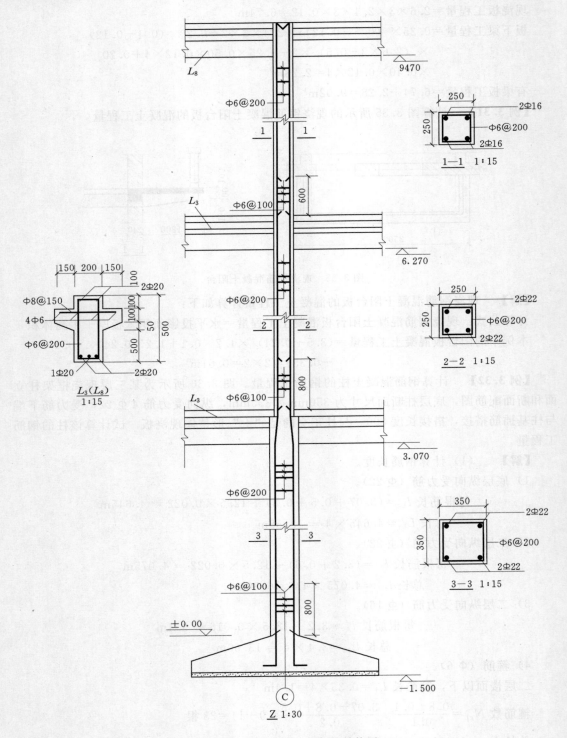

图 3.36　钢筋混凝土框架柱结构图

箍筋数 $N_{g2}=\dfrac{0.8+0.6}{0.1}+\dfrac{3.2\times2-0.8-0.6}{0.2}=14+25=39$ 根

总长 $L_{g2}=1.0\times39=39.0\text{m}$

箍筋总量 $L_g=32.2+39=71.2\text{m}$

（2）钢筋图纸用量。

Φ 22：$(18.58+16.3)\times2.98=103.94\text{kg}$

Φ 16：$13.6\times1.58=21.49\text{kg}$

Φ 6：$71.2\times0.2222=15.82\text{kg}$

【例 3.33】 如图 3.37 所示预应力空心板，计算其混凝土和钢筋工程量。

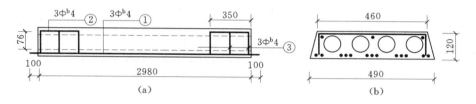

图 3.37 预应力空心板

【解】 （1）先张预应力钢筋工程量计算如下：

计算公式：先张法预应力钢筋工程量=设计图示钢筋长度×单位理论质量

①号先张预应力纵向钢筋工程量=$(2.98+0.1\times2)\times13\times0.099=4.1\text{kg}$

（2）预制构件钢筋工程量计算如下：

计算公式：预制构件钢筋工程量=设计图示钢筋长度×单位理论质量

②号纵向钢筋质量=$(0.35-0.01)\times3\times2\times0.099=0.2\text{kg}$

③号纵向钢筋质量=$(0.46-0.01\times2+0.1\times2)\times3\times2\times0.099=0.38\text{kg}$

构造筋（非预应力冷拔低碳钢丝Φ^b4）工程量=$0.2+0.38=0.58\text{kg}$

（3）预制混凝土空心板工程量计算如下：

计算公式：预制混凝土空心板工程量=（外围断面面积－空洞面积）×设计图示长度

预应力空心板混凝土工程量=$[(0.49+0.46)/2\times0.12-\pi\times0.038^2\times4]\times2.98$

$$=0.116\text{m}^3$$

3.6 厂库房大门、特种门、木结构工程

3.6.1 工程量计算规则

1. 厂库房大门、特种门工程

厂库房大门、特种门工程的工程量清单项目设置及工程量计算规则，应按表 3.36 的规定执行。

2. 木屋架工程

木屋架工程的工程量清单项目设置及工程量计算规则，应按表 3.37 的规定执行。

3. 木构件工程

木构件工程的工程量清单项目设置及工程量计算规则，应按表 3.38 的规定执行。

表 3.36　　　　　　　厂库房大门、特种门（编码：010501）

项目编码	项目名称	项目特征	计量单位	工程量计算规则	工程内容
010501001	木板大门	1. 开启方式； 2. 有框、无框； 3. 含门扇数； 4. 材料品种、规格； 5. 五金种类、规格； 6. 防护材料种类； 7. 油漆品种、刷漆遍数	樘	按设计图示数量计算	1. 门（骨架）制作、运输； 2. 门、五金配件安装； 3. 刷防护材料、油漆
010501002	钢木大门				
010501003	全钢板大门				
010501004	特种门				
010501005	围墙钢丝门				

表 3.37　　　　　　　木屋架（编码：010502）

项目编码	项目名称	项目特征	计量单位	工程量计算规则	工程内容
010502001	木屋架	1. 跨度； 2. 安装高度； 3. 材料品种、规格； 4. 刨光要求； 5. 防护材料种类； 6. 油漆品种、刷漆遍数	榀	按设计图示数量计算	1. 制作、运输； 2. 安装； 3. 刷防护材料、油漆
010502002	钢木屋架				

表 3.38　　　　　　　木构件（编码：010503）

项目编码	项目名称	项目特征	计量单位	工程量计算规则	工程内容
010503001	木柱	1. 构件高度、长度； 2. 构件截面； 3. 木材种类； 4. 刨光要求； 5. 防护材料种类； 6. 油漆品种、刷漆遍数	m^3	按设计图示尺寸以体积计算	1. 制作； 2. 运输； 3. 安装； 4. 刷防护材料、油漆
010503002	木梁				
010503003	木楼梯	1. 木材种类； 2. 刨光要求； 3. 防护材料种类； 4. 油漆品种、刷漆遍数	m^2	按设计图示尺寸以水平投影面积计算。不扣除宽度小于300mm 的楼梯井，伸入墙内部分不计算	
010503004	其他木构件	1. 构件名称； 2. 构件截面； 3. 木材种类； 4. 刨光要求； 5. 防护材料种类； 6. 油漆品种、刷漆遍数	m^3 （m^2）	按设计图示尺寸以体积或长度计算	

3.6.2 厂库房大门、特种门、木结构工程量计价相关问题的处理

其他相关问题应按下列规定处理：

（1）冷藏门、冷冻间门、保温门、变电室门、隔音门、防射线门、人防门、金库门等，应按表 3.36 中"特种门"项目编码列项。

（2）屋架的跨度应以上、下弦中心线两交点之间的距离计算。

（3）带气楼的屋架和马尾、折角以及正交部分的半屋架，应按相关屋架项目编码列项。

（4）木楼梯的栏杆（栏板）、扶手，应按装饰工程中相关项目编码列项。

3.6.3 对工程量计算规则应用的说明

（1）"木板大门"项目适用于厂库房的平开、推拉、带观察窗、不带观察窗等各类型木板大门。应注意：

1）工程量按樘数计算。

2）需描述每樘门所含门扇数和有框或无框。

（2）"钢木大门"项目适用于厂库房的平开、推拉、单面铺木板、双面铺木板、防风型、保暖型等各类型钢木大门。应注意：

1）钢骨架制作安装包括在报价内。

2）防风型钢木门应描述防风材料或保暖材料。

（3）"全钢板大门"项目适用于厂库房的平开、推拉、折叠、单面铺钢板、双面铺钢板等各类型全钢板门。

（4）"特种门"项目适用于各种防射线门、密闭门、保温门、隔音门、冷藏冻结间门等特殊使用功能门。

（5）"围墙钢丝门"项目适用于钢管骨架钢丝门、角钢骨架钢丝门、木骨架钢丝门等。

（6）"木屋架"项目适用于各种方木、圆木屋架。应注意：

1）与屋架相连接的挑檐木应包括在木屋架报价内。

2）钢夹板构件、连接螺栓应包括在报价中。

（7）"钢木屋架"项目适用于各种方木、圆木的钢木组合屋架。应注意：钢拉杆（下弦拉杆）、受拉腹杆、钢夹板、连接螺栓应包括在报价内。

（8）"木柱"、"木梁"项目适用于建筑物各部位的柱、梁。应注意：接地、嵌入墙内部分的防腐应包括在报价内。

（9）"木楼梯"项目适用于楼梯和爬梯。应注意：

1）楼梯的防滑条应包括在报价内。

2）楼梯栏杆（栏板）、扶手，应按相关项目编码列项。

（10）"其他木构件"项目适用于斜撑，传统民居的垂花、花芽子、封檐板、博风板等构件。应注意：

1）封檐板、博风板工程量按延长米计算。

2）博风板带大刀头时，每个大刀头增加长度 50cm。

（11）原木构件设计规定梢径时，应按原木材积计算表计算体积。

（12）设计规定使用干燥木材时，干燥损耗及干燥费应包括在报价内。

（13）木材的出材率应包括在报价内。

（14）木结构有防虫要求时，防虫药剂应包括在报价内。

3.6.4　名词解释

（1）马尾，是指四坡水屋顶建筑物的两端屋面的端头坡面部位。

（2）折角，是指构成 L 形的坡屋顶建筑横向和竖向相交的部位。

（3）正交部分，是指构成丁字形的坡屋顶建筑横向和竖向相交的部位。

3.6.5　例题

【例 3.34】　　有一原料仓库，采用圆木木屋架，计 8 榀，如图 3.38 所示。屋架跨度为 8m，坡度为 1/2，四间。试计算该仓库的屋架工程量。

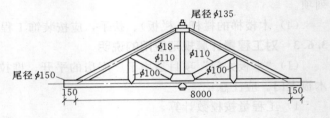

图 3.38　木屋架

【解】　木屋架工程量计算如下：

计算公式：木屋架工程量＝设计图示数量

故本例中，按工程量清单报价，其结果为：木屋架工程量＝8（榀）。

但若为施工企业编制投标报价，应按当地建设主管部门规定计算工程量。

按基础定额，其计算过程如下：

（1）屋架杆件长度（m）＝屋架跨度（m）×长度系数

杆件 1，下弦杆　　　　　　　$8+0.15×2＝8.3$m

杆件 2，上弦杆 2 根　　　　　$8×0.559×2＝4.47$m×2 根

杆件 4，斜杆 2 根　　　　　　$8×0.28×2＝2.24$m×2 根

杆件 5，竖杆 2 根　　　　　　$8×0.125×2＝1$m×2 根

（2）计算材积

杆件 1，下弦杆，以尾径 $\phi 15.0$cm，长 8.3m 代入公式计算下弦材积 V_1：

$$V_1 = 7.854 × 10^{-5}[(0.026 × 8.3 + 1) × 15^2 + (0.37 × 8.3 + 1)$$
$$× 15 + 10 × (8.3 - 3)] × 8.3$$
$$= 0.2527\text{m}^3$$

杆件 2，上弦杆，以尾径 $\phi 13.5$cm，长 4.47m 代入公式计算 2 根上弦杆材积 V_2：

$$V_2 = 7.854 × 10^{-5} × 4.47[(0.026 × 4.47 + 1) × 13.5^2 + (0.37 × 4.47 + 1)$$
$$× 13.5 + 10 × (4.47 - 3)] × 2$$
$$= 0.1783\text{m}^3$$

杆件 4，斜杆，以尾径 $\phi 11.0$cm，长 2.24m 代入公式计算 2 根斜杆材积 V_3：

$$V_3 = 7.854 × 10^{-5} × 2.24[(0.026 × 2.24 + 1) × 11^2 + (0.37 × 2.24 + 1)$$
$$× 11 + 10 × (2.24 - 3)] × 2$$
$$= 0.0494\text{m}^3$$

杆件 5，竖杆，以尾径 $\phi 10.0$cm，长 1m 代入公式计算竖杆材积 V_4：

$$V_4 = 7.854 × 10^{-5} × 1 × [(0.026 × 1 + 1) × 100 + (0.37 × 1 + 1)$$

$$\times 10 + 10 \times (1-3)] \times 2$$
$$= 0.0151 m^3$$

一榀屋架的工程量为上述各杆材积之和，即

$$V = V_1 + V_2 + V_3 + V_4 = 0.2527 + 0.1783 + 0.0494 + 0.0151 = 0.4955 m^3$$

原料仓库屋架工程量为：

竣工木料材积：$0.4955 \times 8 = 3.96 m^3$。

铁件：依据钢木屋架铁件参考值，可计算其铁件的重量。

【例3.35】 求图3.39所示的圆木简支檩（不刨光）工程量。

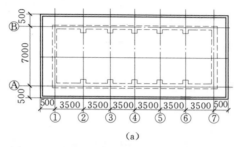

(a)

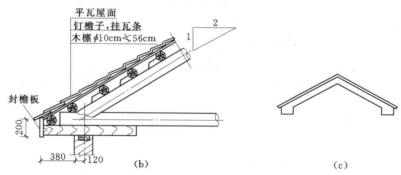

图3.39　圆木简支檩

（a）屋顶平面；（b）檐口节点大样；（c）风檐板

【解】 圆木简支檩的竣工材积为：

每一开间的檩条根数 $= [(7+0.5 \times 2) \times 1.118(坡度系数)] \times \dfrac{1}{0.56} + 1 = 17$ 根

每根檩条按规定增加长度计算：

$\Phi 10$，长4.1m，则 $17 \times 2 \times 0.045 = 1.53 m^3$

$\Phi 10$，长3.7m，则 $17 \times 4 \times 0.040 = 2.72 m^3$

0.045、0.040均为每根杉圆的材积。

所以，工程量 $= 1.53 + 2.72 = 4.25 m^3$

【例3.36】 求图3.40所示的瓦屋面钉封檐板工程量。

【解】 工程量＝封檐板按檐口外围长度计算（博风板按斜长计算，每个大刀头增加长度50cm）

所以：

封檐板工程量＝[（3.5×6+0.5×2）＋（7+0.5×2）×1.18]×2+0.5
　　　　　　×4（大刀头）＝64.88m

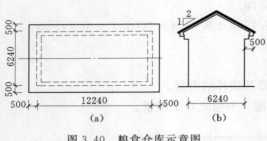

图 3.40　粮食仓库示意图

【例 3.37】　某粮食仓库，尺寸如图 3.42 所示，计算封檐板、博风板工程量。

【解】　（1）其他木构件（封檐板）工程量计算如下：

计算公式：封檐板工程量＝檐口总长度×2

封檐板工程量＝（12.24+0.50×2）×2＝26.48m

（2）其他木构件（博风板）工程量计算如下：

计算公式：

博风板工程量＝山墙檐口总宽度×延尺系数×山墙端数+0.5×大刀头个数

博风板工程量＝（6.24+0.50×2）×1.118+0.50×4＝10.09m

3.7　金　属　结　构　工　程

《工程量计价规范》中，金属结构工程共分为 7 个子项，24 个项目，包括钢屋架、钢网架、钢托架、钢桁架、钢柱、钢梁、压型钢板楼板、墙板、钢构件及金属网工程的工程量清单项目设置及工程量计算规则，并列出了前 9 位全国统一编码，适用于建筑物、构筑物的钢结构工程。

3.7.1　金属结构工程有关问题的说明

1. 金属结构工程共性问题说明

（1）在编制清单计价综合单价时所有钢构件的除锈刷漆应包括在报价内。

（2）钢构件的拼装台的搭拆和材料摊销应列入措施项目费。

（3）钢构件如需探伤（包括射线探伤、超声波探伤、磁粉探伤、金相探伤、着色探伤、荧光粉探伤等）应包括在报价内。

2. 其他相关问题应按下列规定处理

（1）型钢混凝土柱、梁浇筑混凝土和压型钢板楼板上浇筑钢筋混凝土，混凝土和钢筋应按混凝土及钢筋混凝土工程中有关项目编码列项。

（2）钢墙架项目包括墙架柱、墙架梁和连接杆件。

（3）加工铁件等小型构件，应按零星钢构件项目编码列项。

3.7.2　金属结构工程的工程量计算规则

3.7.2.1　金属结构工程常用计算方法及公式

1. 金属结构工程常用计算方法

（1）金属结构构件工程量大部分按设计图示尺寸以质量计算，不扣除孔眼、切边的重量，焊条、铆钉、螺栓等的重量已包括在定额内，不另计算。但计算不规则或多边形钢板重量时，均以其最大对角线乘以最大宽度的矩形面积计算，如图 3.41 所示；钢屋架、钢网架、墙架、托架等拼装型构件，从具体应用角度看，均可采用拆分杆件法进行计算。

（2）压型钢板楼板按设计图示尺寸以铺设水平投影面积计算，压型钢板墙板按设计图示尺寸以铺挂面积计算，金属网按设计图示尺寸以面积计算。

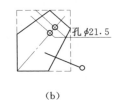

图 3.41　计算不规则或多边形构件示意图

2. 金属结构工程常用计算公式

（1）型钢及钢管杆（部）件。

型钢及钢管杆（部）件净重 $= LW$

式中　L——杆（部）件设计长度，m；

　　　W——型钢或钢管每米长的理论质量，kg/m。

（2）钢板部件。

$$钢板部件净重 = FW$$

式中　F——钢板面积，m^2；

　　　W——钢板部件每平方米理论质量，kg/m^2。

3.7.2.2　钢屋架、钢网架

钢屋架、钢网架工程量清单项目设置及工程量计算规则按表 3.39 的规定执行。

表 3.39　　　　　　　　　　钢屋架、钢网架（编码：010601）

项目编码	项目名称	项目特征	计量单位	工程量计算规则	工程内容
010601001	钢屋架	1. 钢材品种、规格； 2. 单榀屋架的重量； 3. 屋架跨度、安装高度； 4. 探伤要求； 5. 油漆品种、刷漆遍数	t（榀）	按设计图示尺寸以质量计算。不扣除孔眼、切边、切肢的质量，焊条、铆钉、螺栓等不另增加质量，不规则或多边形钢板以其外接矩形面积乘以厚度乘以单位理论质量计算	1. 制作； 2. 运输； 3. 拼装； 4. 安装； 5. 探伤； 6. 刷油漆
010601002	钢网架	1. 钢材品种、规格； 2. 网架节点形式、连接方式； 3. 网架跨度、安装高度； 4. 探伤要求； 5. 油漆品种、刷漆遍数			

1. 钢屋架

"钢屋架"项目适用于一般钢屋架和轻钢屋架、冷弯薄壁型钢屋架。

（1）轻钢屋架，是采用圆钢筋、小角钢（小于 L45×4 等肢角钢、小于 L56×36×4 不等肢角钢）和薄钢板（其厚度一般不大于 4mm）等材料组成的轻型钢屋架。

（2）薄壁型钢屋架，是指厚度在 2～6mm 的钢板或带钢经冷弯或冷拔等方式弯曲而成的型钢组成的屋架。

【例 3.38】　某工程钢屋架如图 3.42 所示，钢屋架刷一遍防锈漆，三遍防火漆。

根据施工图计算：

上弦杆（$\phi 60\times2.5$ 钢管）$=(0.088+0.7\times3+0.1)$ m$\times2\times3.54$kg/m$=16.2$kg

下弦杆（$\phi 50\times2.5$ 钢管）$=(0.1+0.94+0.71)$ m$\times2\times2.93$kg/m$=10.3$kg

斜杆（$\phi 38\times2$ 钢管）$=(\sqrt{0.6^2+0.71^2}+\sqrt{0.2^2+0.3^2})$ m$\times2\times1.78$kg/m$=4.6$kg

连接板（$\delta=8$mm）$=(0.1\times0.3\times2+0.15\times0.2)$ m$^2\times62$kg/m$^2=5.6$kg

盲板（$\delta=6$mm）$=(0.062\times\dfrac{\pi}{4})$ m$^2\times2\times47.1$kg/m$^2=4.58$kg

角钢（L50×5）$=0.1$m$\times8\times3.7$kg/m$=3$kg

加劲板（$\delta=6$mm）$=(0.03\times0.05\times\dfrac{1}{2})$ m$^2\times2\times8\times47.1kg/m^2=0.6$kg

工程量合计：$16.2+10.3+4.6+5.6+4.58+3+0.6=44.88kg=0.0449$t

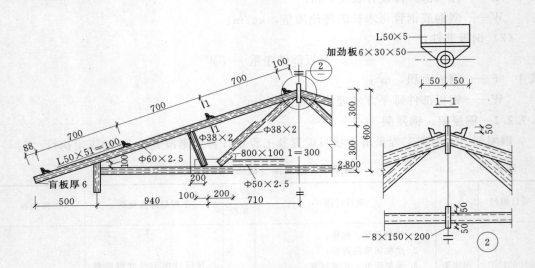

图 3.42 某工程钢屋架构造及部分详图

分部分项工程量清单见表 3.40。

表 3.40 分部分项工程量清单表

项目编码	项 目 名 称	计量单位	工程数量
010601001001	钢屋架 钢材品种、规格为： 上弦杆：$\phi 60\times2.5$ 钢管； 下弦杆：$\phi 50\times2.5$ 钢管； 斜杆：$\phi 38\times2$ 钢管； 连接板：厚8mm； 盲板：厚6mm； 角钢：L50×5； 加劲板：厚6mm； 单榀屋架的重量：0.041t； 钢屋架刷一遍防锈漆，三遍防火漆	t	0.041

2. 钢网架

"钢网架"项目适用于一般钢网架和不锈钢网架，不论节点形式（球形节点、板式节点等）和节点连接方式（焊结、丝结）等均使用该项目。

3.7.2.3 钢托架、钢桁架

钢托架、钢桁架工程量清单项目设置及工程量计算规则按表 3.41 的规定执行。

表 3.41　　　　　　　　　　钢托架、钢桁架（编码：010602）

项目编码	项目名称	项目特征	计量单位	工程量计算规则	工程内容
010602001	钢托架	1. 钢材品种、规格； 2. 单榀重量； 3. 安装高度； 4. 探伤要求； 5. 油漆品种、刷漆遍数	t	按设计图示尺寸以质量计算。不扣除孔眼、切边、切肢的质量，焊条、铆钉、螺栓等不另增加质量，不规则或多边形钢板，以其外接矩形面积乘以厚度乘以单位理论质量计算	1. 制作； 2. 运输； 3. 拼装； 4. 安装； 5. 探伤； 6. 刷油漆
010602002	钢桁架				

3.7.2.4 钢柱

钢柱工程量清单项目设置及工程量计算规则按表 3.42 的规定执行。

表 3.42　　　　　　　　　　钢柱（编码：010603）

项目编码	项目名称	项目特征	计量单位	工程量计算规则	工程内容
010603001	实腹柱	1. 钢材品种、规格； 2. 单根柱重量； 3. 探伤要求； 4. 油漆品种、刷漆遍数	t	按设计图示尺寸以质量计算。不扣除孔眼、切边、切肢的质量，焊条、铆钉、螺栓等不另增加质量，不规则或多边形钢板，以其外接矩形面积乘以厚度乘以单位理论质量计算，依附在钢柱上的牛腿及悬臂梁等并入钢柱工程量内	1. 制作； 2. 运输； 3. 拼装； 4. 安装； 5. 探伤； 6. 刷油漆
010603002	空腹柱				
010603003	钢管柱	1. 钢材品种、规格； 2. 单根柱重量； 3. 探伤要求； 4. 油漆种类、刷漆遍数		按设计图示尺寸以质量计算。不扣除孔眼、切边、切肢的质量，焊条、铆钉、螺栓等不另增加质量，不规则或多边形钢板，以其外接矩形面积乘以厚度乘以单位理论质量计算，钢管柱上的节点板、加强环内衬管、牛腿等并入钢管柱工程量内	1. 制作； 2. 运输； 3. 安装； 4. 探伤； 5. 刷油漆

1. 实腹柱

"实腹柱"项目适用于实腹钢柱和实腹式型钢混凝土柱。

2. 空腹柱

"空腹柱"项目适用于空腹钢柱和空腹式型钢混凝土柱。

3. 钢管柱

"钢管柱"项目适用于钢管柱和钢管混凝土柱。应注意：钢管混凝土柱的盖板、底板、穿心板、横隔板、加强环、明牛腿、暗牛腿应包括在报价内。

（1）钢管混凝土柱，是指将普通混凝土填入薄壁圆型钢管内形成的组合结构。

（2）型钢混凝土柱、梁，是指由混凝土包裹型钢组成的柱、梁。

【例 3.39】 某工程空腹钢柱如图 3.43 所示，共 20 根，计算空腹钢柱工程量。

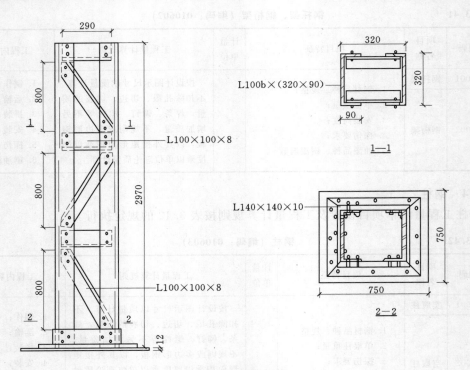

图 3.43 空腹钢柱

【解】 空腹钢柱工程量计算如下：

计算公式：杆件质量＝杆件设计图示长度×单位理论质量

多边形钢板质量＝最大对角线长度×最大宽度×面密度

32b 槽钢立柱质量＝$2.97 \times 2 \times 43.25 = 256.91$kg

L100×100×8 角钢横撑质量＝$0.29 \times 6 \times 12.276 = 21.36$kg

L100×100×8 角钢斜撑工程量＝$\sqrt{0.8^2 + 0.29^2} \times 6 \times 12.276 = 62.68$kg

L140×140×10 角钢底座质量＝$(0.32 + 0.14 \times 2) \times 4 \times 21.488 = 51.57$kg

－12 钢板底座质量＝$0.75 \times 0.75 \times 94.20 = 52.99$kg

空腹钢柱工程量＝$(256.91 + 21.36 + 62.68 + 51.57 + 52.99) \times 20 = 8910.20$kg

$= 8.91$t

3.7.2.5 钢梁

钢梁工程量清单项目设置及工程量计算规则按表 3.43 的规定执行。

1. 钢梁

"钢梁"项目适用于钢梁和实腹式型钢混凝土梁、空腹式型钢混凝土梁。

2. 钢吊车梁

"钢吊车梁"项目适用于钢吊车梁及吊车梁的制动梁、制动板、制动桁架、车档应包括在报价内。

3.7.2.6 压型钢板楼板、墙板

压型钢板楼板、墙板工程量清单项目设置及工程量计算规则按表 3.44 的规定执行。

表 3.43　　　　　　　　　　钢梁（编码：010604）

项目编码	项目名称	项目特征	计量单位	工程量计算规则	工程内容
010604001	钢梁	1. 钢材品种、规格； 2. 单根重量； 3. 安装高度； 4. 探伤要求； 5. 油漆品种、刷漆遍数	t	按设计图示尺寸以质量计算。不扣除孔眼、切边、切肢的质量，焊条、铆钉、螺栓等不另增加质量，不规则或多边形钢板，以其外接矩形面积乘以厚度乘以单位理论质量计算，制动梁、制动板、制动桁架、车档并入钢吊车梁工程量内	1. 制作； 2. 运输； 3. 安装； 4. 探伤要求； 5. 刷油漆
010604002	钢吊车梁				

表 3.44　　　　　　　　压型钢板楼板、墙板（编码：010605）

项目编码	项目名称	项目特征	计量单位	工程量计算规则	工程内容
010605001	压型钢板楼板	1. 钢材品种、规格； 2. 压型钢板厚度； 3. 油漆品种、刷漆遍数	m²	按设计图示尺寸以铺设水平投影面积计算。不扣除柱及单个 0.3m² 以内的孔洞所占面积	1. 制作； 2. 运输； 3. 安装； 4. 刷油漆
010605002	压型钢板墙板	1. 钢材品种、规格； 2. 压型钢板厚度、复合板厚度； 3. 复合板夹芯材料种类、层数、型号、规格		按设计图示尺寸以铺挂面积计算。不扣除单个 0.3m² 以内的孔洞所占面积，包角、包边、窗台泛水等不另增加面积	

注　"压型钢板楼板"项目适用于现浇混凝土楼板使用压型钢板作为永久性模板，并与混凝土叠合后组成共同受力的构件。压型钢板是采用镀锌或经防腐处理的薄钢板。

3.7.2.7 钢构件

钢构件工程量清单项目设置及工程量计算规则按表 3.45 的规定执行。

【例 3.40】　计算如图 3.44 所示的钢支撑的工程量。

【解】　根据施工图计算：

角钢（L 140×12）：3.85m×2×2×25.552kg/m＝393.5kg

钢板（δ10）：0.84m×0.3m×78.5kg/m²＝19.8kg

钢板（δ10）：0.17m×0.08m×3×2×78.5kg/m²＝6.4kg

钢板（δ12）：(0.17＋0.415) m×0.52m×2×94.2kg/m²＝57.3kg

工程量合计：477kg

分部分项工程清单如表 3.46 所示。

表 3.45　　　　　　　　　　钢构件（编码：010606）

项目编码	项目名称	项目特征	计量单位	工程量计算规则	工程内容
010606001	钢支撑	1. 钢材品种、规格； 2. 单式、复式； 3. 支撑高度； 4. 探伤要求； 5. 油漆品种、刷漆遍数			
010606002	钢檩条	1. 钢材品种、规格； 2. 型钢式、格构式； 3. 单根重量； 4. 安装高度； 5. 油漆品种、刷漆遍数		按设计图示尺寸以质量计算。不扣除孔眼、切边、切肢的质量，焊条、铆钉、螺栓等不另增加质量，不规则或多边形钢板以其外接矩形面积乘以厚度乘以单位理论质量计算	
010606003	钢天窗架	1. 钢材品种、规格； 2. 单榀重量； 3. 安装高度； 4. 探伤要求； 5. 油漆品种、刷漆遍数			
010606004	钢挡风架	1. 钢材品种、规格； 2. 单榀重量； 3. 探伤要求； 4. 油漆品种、刷漆遍数	t		1. 制作； 2. 运输； 3. 安装； 4. 探伤； 5. 刷油漆
010606005	钢墙架				
010606006	钢平台	1. 钢材品种、规格； 2. 油漆品种、刷漆遍数			
010606007	钢走道				
010606008	钢梯	1. 钢材品种、规格； 2. 钢梯形式； 3. 油漆品种、刷漆遍数			
010606009	钢栏杆	1. 钢材品种、规格； 2. 油漆品种、刷漆遍数			
010606010	钢漏斗	1. 钢材品种、规格； 2. 方形、圆形； 3. 安装高度； 4. 探伤要求； 5. 油漆品种、刷漆遍数		按设计图示尺寸以质量计算。不扣除孔眼、切边、切肢的质量，焊条、铆钉、螺栓等不另增加质量，不规则或多边形钢板以其外接矩形面积乘以厚度乘以单位理论质量计算，依附漏斗的型钢并入漏斗工程量内	
010606011	钢支架	1. 钢材品种、规格； 2. 单件重量； 3. 油漆品种、刷漆遍数		按设计图示尺寸以质量计算。不扣除孔眼、切边、切肢的质量，焊条、铆钉、螺栓等不另增加质量，不规则或多边形钢板以其外接矩形面积乘以厚度乘以单位理论质量计算	
010606012	零星钢构件	1. 钢材品种、规格； 2. 构件名称； 3. 油漆品种、刷漆遍数			

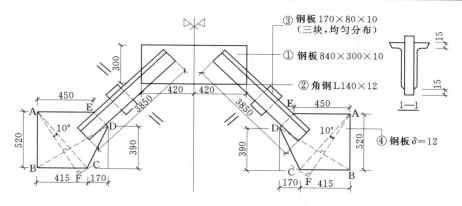

图 3.44　某工程钢支撑图

表 3.46　　　　　　　　　　　　分部分项工程清单表

项目编码	项 目 名 称	计量单位	工程数量
010606001001	钢支撑 钢材品种、规格为： 角钢 L 140×12 钢板厚 10mm：0.84×0.3 钢板厚 10mm：0.17×0.08 钢板厚 12 mm：(0.17+0.415)×0.52 刷一遍防锈漆，三遍防火漆	t	0.477

【例 3.41】　试计算图 3.45 中踏步式钢梯工程量。

【解】　钢梯制作工程量按图示尺寸计算出长度，再按钢材单位长度重量计算钢梯钢材重量，以吨（t）为单位计算。工程量计算如下：

（1）钢梯边梁，扁钢－180×6，长度 L＝4.16m（2 块）；由钢材重量表得单位长度重量 8.48kg/m

$$8.48×4.16×2=70.554\text{kg}$$

（2）钢踏步，－200×5，L＝0.7m，9 块，7.85kg/m

$$7.85×0.7×9=49.455\text{kg}$$

（3）L110×10，L＝0.12m，2 根，16.69kg/m

$$16.69×0.12×2=4.006\text{kg}$$

（4）L 200×125×16，L＝0.12，4 根，39.045kg/m

$$39.045×0.12×4=18.742\text{kg}$$

（5）L 50×5，L＝0.62m，6 根，3.77kg/m

$$3.77×0.62×6=14.024\text{kg}$$

（6）L 56×5，L＝0.81m，2 根，4.251kg/m

$$4.251×0.81×2=6.887\text{kg}$$

（7）L 50×5，L＝4m，2 根，3.77kg/m

$$3.77×4×2=30.16\text{kg}$$

钢材总重量＝70.554＋49.455＋4.006＋18.742＋14.024＋6.887＋30.16＝193.828kg
＝0.194t

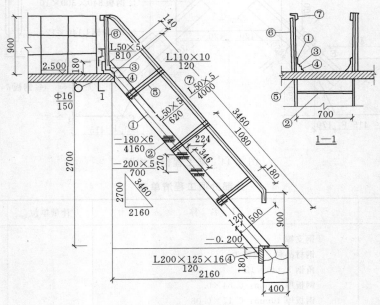

图 3.45　踏步式钢梯

3.7.2.8　金属网

金属网工程量清单项目设置及工程量计算规则按表 3.47 的规定执行。

表 3.47　　　　　　　　　　　金属网（编码：010607）

项目编码	项目名称	项目特征	计量单位	工程量计算规则	工程内容
010607001	金属网	1. 材料品种、规格； 2. 边框及立柱型钢品种、规格； 3. 油漆品种、刷漆遍数	m²	按设计图示尺寸以面积计算	1. 制作； 2. 运输； 3. 安装； 4. 刷油漆

3.8　屋面及防水工程

在《工程量清单计价》中，屋面及防水工程分为 3 个子项，12 个项目，包括瓦、型材屋面，屋面防水，墙、地面防水、防潮，适用于建筑物屋面工程。

3.8.1　屋面及防水工程有关问题的说明

1. 屋面及防水工程共性问题的说明

（1）瓦屋面、型材屋面的木檩条、木椽子、木屋面板需刷防火涂料时，可按相关项目单独编码列项，也可包括在"瓦屋面"、"型材屋面"项目报价内。

（2）瓦屋面、型材屋面、膜结构屋面的钢檩条、钢支撑（柱、网架等）和拉结结构需刷防护材料时，可按相关项目单独编码列项，也可包括在"瓦屋面"、"型材屋面"、"膜结构屋面"项目报价内。

2. 其他相关问题应按下列规定处理

（1）小青瓦、水泥平瓦、琉璃瓦等应按"瓦屋面"项目编码列项。

（2）压型钢板、阳光板、玻璃钢等应按"型材屋面"项目编码列项。

3.8.2 屋面及防水工程的工程量计算规则

3.8.2.1 瓦、型材屋面

瓦、型材屋面工程量清单项目设置及工程量计算规则按表 3.48 的规定执行。

表 3.48 　　　　　　　　　瓦、型材屋面（编码：010701）

项目编码	项目名称	项目特征	计量单位	工程量计算规则	工程内容
010701001	瓦屋面	1. 瓦品种、规格、品牌、颜色； 2. 防水材料种类； 3. 基层材料种类； 4. 檩条种类、截面； 5. 防护材料种类	m²	按设计图示尺寸以斜面积计算。不扣除房上烟囱、风帽底座、风道、小气窗、斜沟等所占面积，小气窗的出檐部分不增加面积	1. 檩条、椽子安装； 2. 基层铺设； 3. 铺防水层； 4. 安顺水条和挂瓦条； 5. 安瓦； 6. 刷防护材料
010701002	型材屋面	1. 型材品种、规格、品牌、颜色； 2. 骨架材料品种、规格； 3. 接缝、嵌缝材料种类			1. 骨架制作、运输、安装； 2. 屋面型材安装； 3. 接缝、嵌缝
010701003	膜结构屋面	1. 膜布品种、规格、颜色； 2. 支柱（网架）钢材品种、规格； 3. 钢丝绳品种、规格； 4. 油漆品种、刷漆遍数		按设计图示尺寸以需要覆盖的水平面积计算	1. 膜布热压胶接； 2. 支柱（网架）制作、安装； 3. 膜布安装； 4. 穿钢丝绳、锚头锚固； 5. 刷油漆

1. 瓦屋面

"瓦屋面"项目适用于小青瓦、平瓦、筒瓦、石棉水泥瓦、玻璃钢波形瓦等。应注意：

（1）屋面基层包括檩条、椽子、木屋面板、顺水条、挂瓦条等。

（2）木屋面板应明确企口、错口、平口接缝。

（3）瓦屋面斜面积可按屋面水平投影面积乘以屋面延尺系数计算。延尺系数可根据屋面坡度的大小确定，如图 3.46 所示和见表 3.49。

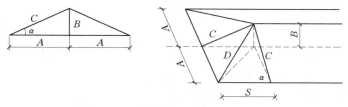

图 3.46　两坡水及四坡水屋面示意图

表 3.49　　　　　　　　　　　　　　屋面坡度系数表

坡度		角度 α	延尺系数 C(A=1)	隔延尺系数 D(A=1)	坡度		角度 α	延尺系数 C(A=1)	隔延尺系数 D(A=1)
B(A=1)	B/2A				B(A=1)	B/2A			
1	1/2	45°	1.4142	1.7321	0.4	1/5	21°48′	1.0770	1.4697
0.75		36°52′	1.2500	1.6008	0.35		19°47′	1.0594	1.4569
0.7		35°	1.2207	1.5779	0.3		16°42′	1.0440	1.4457
0.666	1/3	33°40′	1.2015	1.5620	0.25	1/8	14°02′	1.0308	1.4362
0.65		33°1′	1.1926	1.5564	0.2	1/10	11°19′	1.0198	1.4283
0.6		30°58′	1.1662	1.5362	0.15		8°32′	1.0112	1.4221
0.577		30°	1.1547	1.5270	0.125	1/16	7°08′	1.0078	1.4191
0.55		28°49′	1.1413	1.5170	0.1	1/20	5°42′	1.0050	1.4177
0.50	1/4	26°34′	1.1180	1.5000	0.083	1/24	4°45′	1.0035	1.4166
0.45		24°14′	1.0966	1.4839	0.066	1/30	3°49′	1.0022	1.4157

【例 3.42】 有一带屋面小气窗的四坡水平瓦屋面，尺寸及坡度如图 3.47 所示。试计算屋面工程量和屋脊长。

图 3.47　带屋面小气窗的四坡水屋面

【解】 （1）屋面工程量：按图示尺寸乘屋面坡度延尺系数，屋面小气窗不扣除，与屋面重叠部分面积不增加。由屋面坡度系数表得

$$C = 1.1180$$

$$S_w = (30.24 + 0.5 \times 2)(13.74 + 0.5 \times 2) \times 1.1180 = 514.81 \text{m}^2$$

（2）屋脊长度。

正屋脊长度：若 $S = A$，则

$$L_{j1} = 30.24 - 13.74 = 16.5 \text{m}$$

斜脊长度：由屋面坡度系数表得 $D = 1.50$，斜脊 4 条，则

$$L_{j2} = \frac{13.74 + 0.5 \times 2}{2} \times 1.50 \times 4 = 44.22 \text{m}$$

屋脊总长为：

$$L = L_{j1} + L_{j2} = 60.72 \text{m}$$

【例 3.43】 某工程如图 3.48 所示，屋面板上铺水泥大瓦，计算工程量。

【解】 瓦屋面工程量计算如下：

计算公式：等两坡屋面工程量＝（房屋总宽度＋外檐宽度×2）×外檐总长度×延尺系数

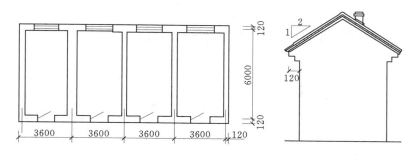

图 3.48 某房屋建筑尺寸

瓦屋面工程量 $= (0.60 + 0.24 + 0.12 \times 2) \times (3.6 \times 4 + 0.24) \times 1.118 = 17.68 \text{m}^2$

2. 型材屋面

"型材屋面"项目适用于压型钢板、金属压型夹心板、阳光板、玻璃钢等。应注意：

（1）型材屋面的钢檩条或木檩条以及骨架、螺栓、挂钩等应包括在报价内。

（2）型材屋面工程量的计算可参照瓦屋面的计算方法。

3. 膜结构屋面

"膜结构屋面"项目适用于膜布屋面。应注意：

（1）膜结构，也称索膜结构，是一种以膜布与支撑（柱、网架等）和拉结结构（拉杆、钢丝绳等）组成的屋盖、篷顶结构。

（2）工程量的计算按设计图示尺寸以需要覆盖的水平投影面积计算，如图 3.49 所示。

（3）支撑和拉固膜布的钢柱、拉杆、金属网架、钢丝绳、锚固的锚头等应包括在报价内。

（4）支撑柱的钢筋混凝土的柱基、锚固的钢筋混凝土基础以及地脚螺栓等应按混凝土及钢筋混凝土相关项目编码列项。

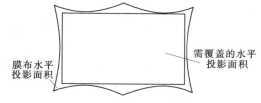

图 3.49 膜结构屋面工程量计算图

【例 3.44】 某膜结构公共汽车候车亭，共有 15 个，每个候车亭覆盖面积为 45m^2，每个现浇钢筋混凝土体积为 0.27m^3，使用不锈钢支撑支架。

【解】 根据施工图计算：

（1）膜结构屋面：$15 \times 45 \text{m}^2 = 675 \text{m}^2$

（2）现浇钢筋混凝土基础：$0.27 \text{m}^3 \times 15 = 4.05 \text{m}^3$

分部分项工程量清单见表 3.50。

表 3.50　　　　　　　　　　　**分部分项工程量清单表**

工程名称：候车亭　　　　　　　　　　　　　　　　　　　　　　第　页　共　页

序号	项目编码	项目名称	计量单位	工程数量
1	010701003001	膜结构屋面，膜布：加强型 PVC 膜布，白色支柱；不锈钢管支架支撑 钢丝绳：6 股 7 丝	m²	675
2	010401002001	现浇钢筋混凝土基础，混凝土强度 C15	m³	4.05

3.8.2.2　屋面防水

屋面防水工程量清单项目设置及工程量计算规则按表3.50的规定执行。

1. 屋面卷材防水

"屋面卷材防水"项目适用于利用胶结构材料粘贴卷材进行防水的屋面。应注意：

（1）抹屋面找平层、基层处理（清理修补、刷基层处理剂）等应包括在报价内。

（2）檐沟、天沟、水落口、泛水收头、变形缝等处的卷材附加层应包括在报价内。

（3）浅色、反射涂料保护层、绿豆砂保护层、细砂、云母及蛭石保护层应包括在报价内。

（4）水泥砂浆保护层、细石混凝土保护层可包括在报价内，也可按相关项目编码列项。

【例3.45】　某工程屋面平面图如图3.50所示。屋面做法为：20mm厚1∶3水泥砂浆找平层，二毡三油一砂防水层，泛水高250mm。试计算屋面卷材防水层的工程量并编制工程量清单。

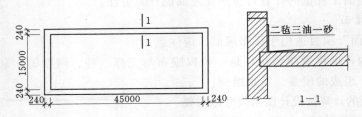

图3.50　某工程屋面平面图

【解】　（1）屋面平面工程量＝45.0×15.0＝675m²

（2）屋面弯起部分工程量＝（45.0＋15.0）×2×0.25＝30m²

（3）屋面防水层工程量＝675＋30＝705m²

分部分项工程量清单见表3.51。

表3.51　　　　　　　　　**分部分项工程量清单表**

工程名称：某工程　　　　　　　　　　　　　　　　　　　　　　　　　　第　页　共　页

序号	项目编码	项目名称	计量单位	工程数量
1	010702001001	A.7屋面及防水工程 卷材防水屋面 卷材品种、规格：石油沥青油毡350号 找平层：20mm厚1∶3水泥砂浆 防水层：二毡三油 防护材料种类：绿豆砂	m²	705

2. 屋面涂膜防水

"屋面涂膜防水"项目适用于厚质涂料、薄质涂料和有加增强材料或没加增强材料的涂膜防水屋面。应注意：

（1）抹屋面找平层、基层处理（清理修补、刷基层处理剂等）应包括在报价内。

（2）需加增强材料的应包括在报价内。

（3）檐沟、天沟、水落口、泛水收头、变形缝等处的附加层材料应包括在报价内。

（4）浅色、反射涂料保护层、绿豆砂保护层、细砂、云母、蛭石保护层应包括在报价内。

（5）水泥砂浆、细石混凝土保护层可包括在报价内，也可按相关项目编码列项。

3. 屋面刚性防水

"屋面刚性防水"项目适用于细石混凝土、补偿收缩混凝土、块体混凝土、预应力混凝土和钢纤维混凝土刚性防水屋面。应注意：刚性防水屋面的分格缝、泛水、变形缝部位的防水卷材、密封材料、背衬材料、沥青麻丝等应包括在报价内。

4. 屋面排水管

"屋面排水管"项目适用于各种排水管材（PVC 管、玻璃钢管、铸铁管等）。应注意：

（1）排水管、雨水口、算子板、水斗等应包括在报价内。

（2）埋设管卡箍、裁管、接缝、嵌缝应包括在报价内。

5. 屋面天沟、沿沟

"屋面天沟、沿沟"项目适用于水泥砂浆天沟、细石混凝土天沟、预制混凝土天沟板、卷材天沟、玻璃钢天沟、镀锌铁皮天沟、塑料沿沟、镀锌铁皮沿沟、玻璃钢天沟等。应注意：

（1）天沟、沿沟固定卡件、支撑件应包括在报价内。

（2）天沟、沿沟的接缝、嵌缝材料应包括在报价内。

（3）薄钢板排水部件计算，如图纸没有注明尺寸时，可参照表 3.52 折算。咬口和搭接等应包括在项目中，不另计算。

表 3.52　　　　　　　　薄钢板排水部件单体零件展开面积折算表

	单位	水落管 （m）	檐沟 （m）	水斗 （个）	漏斗 （个）	下水口 （个）	天沟 （m）
铁皮 排水	m²	圆形 0.32，方形 0.40	0.3	0.4	0.16	0.45	1.3
	单位	斜沟，天窗窗台、泛水 （m）	天窗侧面泛水 （m）	烟囱泛水 （m）	通水管泛水 （m）	滴水檐头泛水 （m）	滴水 （m）
	m²	0.5	0.7	0.8	0.22	0.24	0.11

【例 3.46】　假设某仓库屋面为铁皮排水沟，长 12m，求天沟工程量。

【解】　工程量＝12×（0.035×2＋0.045×2＋0.15×2＋0.08）＝6.72m²

【例 3.47】　试计算图 3.51 所示地面防潮层工程量，其防潮层做法如图中右边部分所示。

【解】　工程量按主墙间净空面积计算，即：
地面防潮层工程量＝（9.6－0.24×3）×（5.8－0.24）
　　　　　　　　＝49.37m²

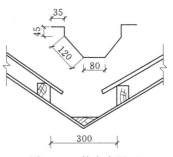

图 3.51　某仓库屋面

3.8.2.3 墙、地面防水、防潮

墙、地面防水、防潮工程量清单项目设置及工程量计算规则按表3.53的规定执行。

表 3.53   墙、地面防水、防潮（编码：010703）

项目编码	项目名称	项目特征	计量单位	工程量计算规则	工程内容
010703001	卷材防水	1. 卷材、涂膜品种； 2. 涂膜厚度、遍数、增强材料种类； 3. 防水部位； 4. 防水做法； 5. 接缝、嵌缝材料种类； 6. 防护材料种类	m²	按设计图示尺寸以面积计算 1. 地面防水：按主墙间净空面积计算，扣除凸出地面的构筑物、设备基础等所占面积，不扣除间壁墙及单个0.3m²以内的柱、垛、烟囱和孔洞所占面积。 2. 墙基防水：外墙按中心线，内墙按净长乘以宽度计算	1. 基层处理； 2. 抹找平层； 3. 刷粘结剂； 4. 铺防水卷材； 5. 铺保护层； 6. 接缝、嵌缝
010703002	涂膜防水				1. 基层处理； 2. 抹找平层； 3. 刷基层处理剂； 4. 铺涂膜防水层； 5. 铺保护层
010703003	砂浆防水（潮）	1. 防水（潮）部位； 2. 防水（潮）厚度、层数； 3. 砂浆配合比； 4. 外加剂材料种类			1. 基层处理； 2. 挂钢丝网片； 3. 设置分格缝； 4. 砂浆制作、运输、摊铺、养护
010703004	变形缝	1. 变形缝部位； 2. 嵌缝材料种类； 3. 止水带材料种类； 4. 盖板材料； 5. 防护材料种类	m	按设计图示以长度计算	1. 清缝； 2. 填塞防水材料； 3. 止水带安装； 4. 盖板制作； 5. 刷防护材料

1. 卷材防水、涂膜防水

"卷材防水"、"涂膜防水"项目适用于基础、楼地面、墙面等部位的防水。应注意：

(1) 抹找平层、刷基础处理剂、刷胶粘剂、胶粘防水卷材应包括在报价内。

(2) 特殊处理部位（如管道的通道部位）的嵌缝材料、附加卷材衬垫等应包括在报价内。

(3) 永久保护层（如砖墙、混凝土地坪等）应按相关项目编码列项。

2. 砂浆防水（潮）

"砂浆防水（潮）"项目适用于地下、基础、楼地面、墙面等部位的防水、防潮。应注意：防水、防潮层的外加剂应包括在报价内。

【例3.48】 计算上例中墙基防潮层工程量。防潮层采用冷底子油一遍，石油沥青两遍。

【解】 防潮层工程量计算如下：

外墙长   (9.6+5.8)×2=30.8m

内墙净长   (5.8-0.24)×2=11.12m

防潮层面积   (30.8+11.12)×0.24=10.06m²

3. 变形缝

"变形缝"项目适用于基础、墙体、屋面等部位的抗震缝、温度缝（伸缩缝）、沉降缝。应注意：止水带安装、盖板制作、安装应包括在报价内。

3.9　防腐、隔热、保温工程

在《工程量清单计价》中，防腐、隔热、保温工程包括 3 个子项，14 个项目，适用于工业与民用建筑的基础、地面、墙面防腐工程，楼地面、墙体、屋盖的保温隔热工程。

3.9.1　防腐、隔热、保温工程有关问题说明

1. 防腐、隔热、保温工程共性问题的说明

（1）防腐工程中需酸化处理时应包括在报价内。

（2）防腐工程中的养护应包括在报价内。

（3）保温的面层应包括在项目内，面层外的装饰面层按装饰装修工程中的相关项目编码列项。

2. 其他相关问题应按下列规定处理

（1）保温隔热墙的装饰面层，应按装饰装修工程中的"墙、柱面工程"相关项目编码列项。

（2）柱帽保温隔热应并入顶棚保温隔热工程量内。

（3）池槽保温隔热，池壁、池底应分别编码列项，池壁应并入墙面保温隔热工程量内，池底应并入地面保温隔热工程量内。

3.9.2　防腐、隔热、保温工程的工程量计算规则

3.9.2.1　防腐面层

防腐面层工程量清单项目设置及工程量计算规则按表 3.54 的规定执行。

1. 防腐混凝土面层、防腐砂浆面层、防腐胶泥面层

"防腐混凝土面层"、"防腐砂浆面层"、"防腐胶泥面层"项目适用于平面或立面的水玻璃混凝土、水玻璃砂浆、水玻璃胶泥、沥青混凝土、沥青砂浆、沥青胶泥、树脂砂浆、树脂胶泥以及聚合物水泥砂浆等防腐工程。应注意：

（1）防腐材料不同，其价格也有差异，清单项目中必须列出混凝土、砂浆、胶泥的材料种类，如水玻璃混凝土、沥青混凝土等。

（2）如遇池槽防腐，池底和池壁可合并列项，也可分为池底面积和池壁防腐面积分别列项。

2. 玻璃钢防腐面层

"玻璃钢防腐面层"项目适用于树脂胶料与增强材料（如玻璃纤维丝、布、玻璃纤维表面毡、玻璃纤维短切毡或涤纶布、涤纶毡、丙纶布、丙纶毡等）复合塑制而成的玻璃钢防腐。应注意：

（1）项目名称应描述构成玻璃钢、树脂和增强材料名称。如：环氧酚醛（树脂）玻璃钢、酚醛（树脂）玻璃钢、环氧煤焦油（树脂）玻璃钢、环氧呋哺（树脂）玻璃钢、不饱和聚酯（树脂）玻璃钢等。增强材料包括玻璃纤维布、毡、涤纶布毡等。

表 3.54　　　　　　　　　　　防腐面层（编码：010801）

项目编码	项目名称	项目特征	计量单位	工程量计算规则	工程内容
010801001	防腐混凝土面层	1. 防腐部位； 2. 面层厚度； 3. 砂浆、混凝土、胶泥种类	m^3	按设计图示尺寸以面积计算 1. 平面防腐：扣除凸出地面的构筑物、设备基础等所占面积 2. 立面防腐：砖垛等突出部分按展开面积并入墙面积内	1. 基层清理； 2. 基层刷稀胶泥； 3. 砂浆制作、运输、摊铺、养护； 4. 混凝土制作、运输、摊铺、养护
010801002	防腐砂浆面层				
010801003	防腐胶泥面层				1. 基层清理； 2. 胶泥调制、摊铺
010801004	玻璃钢防腐面层	1. 防腐部位； 2. 玻璃钢种类； 3. 贴布层数； 4. 面层材料品种			1. 基层清理； 2. 刷底漆、刮腻子； 3. 胶浆配制、涂刷； 4. 粘布、涂刷面层
010801005	聚氯乙烯板面层	1. 防腐部位； 2. 面层材料品种； 3. 粘结材料种类			1. 基层清理； 2. 配料、涂胶； 3. 聚氯乙烯板铺设； 4. 铺贴踢脚板
010801006	块料防腐面层	1. 防腐部位； 2. 块料品种、规格； 3. 粘结材料种类； 4. 勾缝材料种类	m	按设计图示尺寸以面积计算 1. 平面防腐：扣除凸出地面的构筑物、设备基础等所占面积 2. 立面防腐：砖垛等突出部分按展开面积并入墙面积内 3. 踢脚板防腐：扣除门洞所占面积并相应增加门洞侧壁面积	1. 基层清理； 2. 砌块料； 3. 胶泥调制、勾缝

（2）应描述防腐部位和立面、平面。

3. 聚氯乙烯板面层

"聚氯乙烯板面层"项目适用于地面、墙面的软、硬聚氯乙烯板防腐工程。应注意：聚氯乙烯板的焊接应包括在报价内。

4. 块料防腐面层

"块料防腐面层"项目适用于地面、沟槽、基础的各类块料防腐工程。应注意：

（1）防腐蚀块料粘贴部位（地面、沟槽、基础、踢脚线）应在清单项目中进行描述。

（2）防腐蚀块料的规格、品种（瓷板、铸石板、天然石板等）应在清单项目中进行描述。

3.9.2.2　其他防腐

其他防腐工程量清单项目设置及工程量计算规则应按表 3.55 的规定执行。

表 3.55　　　　　　　　　　　**其他防腐（编码：010802）**

项目编码	项目名称	项目特征	计量单位	工程量计算规则	工程内容
010802001	隔离层	1. 隔离层部位； 2. 隔离层材料品种； 3. 隔离层做法； 4. 粘贴材料种类	m²	按设计图示尺寸以面积计算 1. 平面防腐：扣除凸出地面的构筑物、设备基础等所占面积 2. 立面防腐：砖垛等突出部分按展开面积并入墙面积内	1. 基层清理、刷油 2. 煮沥青 3. 胶泥调制 4. 隔离层铺设
010802002	砌筑沥青浸渍砖	1. 砌筑部位； 2. 浸渍砖规格； 3. 浸渍砖砌法（平砌、立砌）	m³	按设计图示尺寸以体积计算	1. 基层清理； 2. 胶泥调制； 3. 浸渍砖铺砌
010802003	防腐涂料	1. 涂刷部位； 2. 基层材料类型； 3. 涂料品种、涂刷遍数	m²	按设计图示尺寸以面积计算 1. 平面防腐：扣除凸出地面的构筑物、设备基础等所占面积 2. 立面防腐：砖垛等突出部分按展开面积并入墙面积内	1. 基层清理； 2. 刷涂料

1. 隔离层

"隔离层"项目适用于楼地面的沥青类、树脂玻璃钢类防腐工程隔离层。

2. 砌筑沥青浸渍砖

"砌筑沥青浸渍砖"项目适用于浸渍标准砖，工程量以体积计算，立砌按厚度 115mm 计算，平砌以 53mm 计算。

3. 防腐涂料

"防腐涂料"项目适用于建筑物、构筑物以及钢结构的防腐。应注意：

（1）项目名称应对涂刷基层（混凝土、抹灰面）进行描述。

（2）需刮腻子时应包括在报价内。

（3）应对涂料底漆层、中间漆层、面漆涂刷（或刮）遍数进行描述。

3.9.2.3 隔热、保温

隔热、保温工程量清单项目设置及工程量计算规则按表 3.56 的规定执行。

1. 保温隔热屋面

"保温隔热屋面"项目适用于各种材料的屋面隔热保温。应注意：

（1）屋面保温隔热层上的防水层应按屋面的防水项目单独列项。

（2）预制隔热板屋面的隔热板与砖墩分别按混凝土及钢筋混凝土工程和砌筑工程相关项目编码列项。

（3）屋面保温隔热的找坡、找平层应包括在报价内，如果屋面防水层项目包括找平层和找坡，屋面保温隔热不再计算，以免重复。

2. 保温隔热顶棚

"保温隔热顶棚"项目适用于各种材料的下贴式或吊顶上搁置式的保温隔热顶棚。应

表 3.56　　　　　　　　隔热、保温（编码：010803）

项目编码	项目名称	项目特征	计量单位	工程量计算规则	工程内容
010803001	保温隔热屋面	1. 保温隔热部位； 2. 保温隔热方式（内保温、外保温、夹心保温）； 3. 踢脚线、勒脚线保温做法； 4. 保温隔热面层材料品种、规格性能； 5. 保温隔热材料品种、规格； 6. 隔气层厚度； 7. 粘结材料种类； 8. 防护材料种类	m²	按设计图示尺寸以面积计算。不扣除柱、垛所占面积	1. 基层清理； 2. 铺粘保温层； 3. 刷防护材料
010803002	保温隔热天棚			按设计图示尺寸以面积计算。扣除门窗洞口所占面积；门窗洞口侧壁需做保温时，并入保温墙体工程量内	1. 基层清理； 2. 底层抹灰； 3. 粘贴龙骨； 4. 填贴保温材料； 5. 粘贴面层； 6. 嵌缝； 7. 刷防护材料
010803003	保温隔热墙				
010803004	保温柱			按设计图示以保温层中心线展开长度乘以保温层高度计算	
010803005	隔热楼地面			按设计图示尺寸以面积计算。不扣除柱、垛所占面积	1. 基层清理； 2. 铺设粘贴材料； 3. 铺贴保温层； 4. 刷防护材料

注意：

（1）下贴式如需底层抹灰时，应包括在报价内。

（2）保温隔热材料需加药物防虫剂时，应在清单中进行描述。

3. 保温隔热墙

"保温隔热墙"项目适用于工业与民用建筑物外墙、内墙保温隔热工程。应注意：

（1）外墙内保温和外保温的面层应包括在报价内，装饰层应按装饰装修工程中的相关项目编码列项。

（2）外墙内保温和内墙保温踢脚线应包括在报价内。

（3）外墙外保温、内保温、内墙保温的基层抹灰或刮腻子应包括在报价内。

【例 3.49】　某工程屋面保温层做法如图 3.52、图 3.53 所示，试计算屋面保温层的工程量并编制清单（空心板上抹水泥砂浆找平层为 20mm 厚 1：3 水泥砂浆）。

【解】　屋面保温层工程量＝13.1×10.44＝136.76m²

分部分项工程量清单见表 3.57。

【例 3.50】　保温平屋面，尺寸如图 3.54 所示，做法如下：空心板上 1：3 水泥砂浆找平 20 厚，刷冷底油两遍，沥青隔气层一遍，8 厚水泥蛭石块保温层，1：10 现浇水泥蛭石找坡，1：3 水泥砂浆找平 20 厚，SBS 改性沥青卷材满铺一层，点式支撑预制混凝土架空隔热板，板厚 60mm，计算水泥蛭石块保温层和预制混凝土架空隔热板工程量。

表 3.57 分部分项工程量清单表

工程名称：某工程 第 页 共 页

序号	项目编码	项 目 名 称	计量单位	工程数量
1	010803001001	A.8 防腐、隔热、保温工程 保温隔热屋面 20mm 厚 1:3 水泥砂浆找平层 冷底子油一遍 沥青隔气层一遍 1:12 水泥蛭石保温层（最薄处 60mm）	m²	136.76

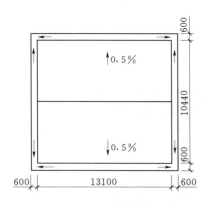

图 3.52 某工程屋面平面图

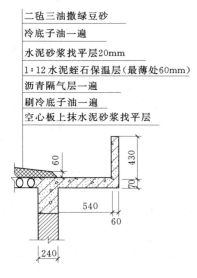

二毡三油撒绿豆砂
冷底子油一遍
水泥砂浆找平层20mm
1:12水泥蛭石保温层（最薄处60mm）
沥青隔气层一遍
刷冷底子油一遍
空心板上抹水泥砂浆找平层

图 3.53 屋面檐口大样图

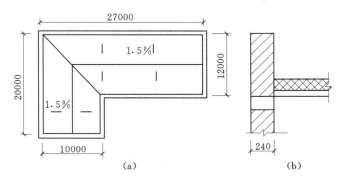

(a) (b)

图 3.54 保温平屋图

【解】 （1）保温隔热屋面工程量计算如下：

计算公式：屋面保温层工程量＝保温层设计长度×设计宽度

屋面保温层工程量＝（27.00－0.24）×（12.00－0.24）＋（10.00－0.24）

×（20.00－12.00）

$$= 392.78\text{m}^2$$

（2）其他构件工程量计算如下：

计算公式：预制混凝土板架空隔热板工程量＝设计长度×设计宽度×厚度

$$\begin{aligned}
\text{预制混凝土板架空隔热层工程量} &= [(27.00-0.24)\times(12.00-0.24)\\
&\quad + (10.00-0.24)\times(20.00-12.00)]\times0.06\\
&= 23.57\text{m}^3
\end{aligned}$$

【例 3.51】　图 3.55 所示是冷库平面图，设计采用软木保温层，厚度 0.01m，顶棚做带木龙骨保温层，试计算该冷库室内软木保温隔热层工程量。

【解】　（1）地面保温隔热层工程量为：

$$[(7.2-0.24)(4.8-0.24)+0.8\times0.24]\times0.1 = 3.19\text{m}^3$$

（2）钢筋混凝土板下软木保温层工程量为：

$$(7.2-0.24)(4.8-0.24)\times0.1 = 3.17\text{m}^3$$

（3）墙体按附墙铺贴软木考虑，工程量为：

$$[(7.2-0.24-0.1+4.8-0.24-0.1)\times2\times(4.5-0.3)-0.8\times2]\times0.1 = 9.35\text{m}^3$$

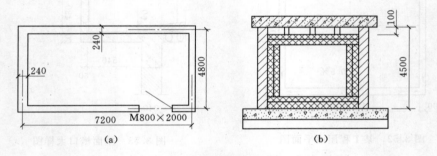

图 3.55　软木保温隔热冷库简图

【例 3.52】　某仓库防腐地面、踢脚线抹铁屑砂浆，厚度 20mm，尺寸如图 3.56 所示，计算地面、踢脚线抹铁屑砂浆工程量。

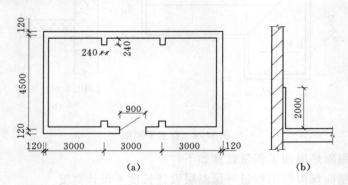

图 3.56　某仓库地面和踢脚线简图

【解】　（1）防腐砂浆面层工程量计算如下：

计算公式：耐酸防腐地面工程量＝设计图示净长×净宽－应扣面积

耐酸防腐地面工程量 ＝（9－0.24）×（4.5－0.24）＝ 37.32m²

（2）防腐踢脚线工程量计算如下：

计算公式：耐酸防腐踢脚线工程量＝（踢脚线净长＋门、垛侧面宽度－门宽）×净高

踢脚线工程量 ＝［（9－0.24＋0.24×4＋4.5－0.24）×2－0.9＋0.12×2］×0.2

$\qquad = 5.46m^2$

【例 3.53】 求图 3.57 中酸池贴耐酸瓷砖、水玻璃耐酸砂浆工程量。

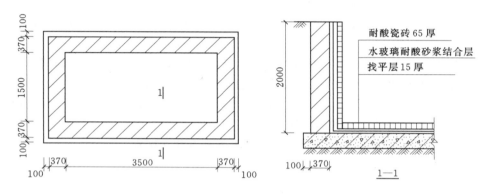

耐酸瓷砖 65 厚
水玻璃耐酸砂浆结合层
找平层 15 厚

1—1

图 3.57 酸池简图

【解】 工程量＝3.5×1.5＋（3.5＋1.5－0.08×2）×2×（2－0.08）＝23.84m²

【例 3.54】 某冷库内加设两根直径为 0.5m 的圆柱，上带柱帽，尺寸如图 3.58 所示，采用软木保温，试计算工程量。

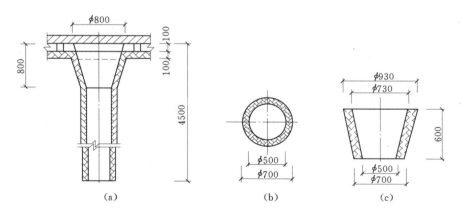

图 3.58 某冷库加设圆柱

【解】 （1）柱身保温层工程量为：

$$V_1 = 0.6\pi \times (4.5 - 0.8) \times 0.1 \times 2 = 1.39m^3$$

（2）柱帽保温工程量，按空心圆锥体计算。

$$V_2 = 0.5\pi(0.7 + 0.73) \times 0.6 \times 0.1 \times 2 = 0.27m^3$$

思　考　题

1. "平整场地"清单工程量计算规则为"按设计图示尺寸以建筑物首层面积计算","首层面积"如何计算？阳台如何计算面积？

2. 土石方工程中"挖基础土方"项目适用范围及注意事项是什么？

3. 土石方工程中，如何正确计算人工挖沟槽土方的工程量？应注意什么问题？

4. 砌筑工程中"实心砖墙"项目适用范围和注意事项是什么？

5. 砌筑工程中墙体内加筋如何计算和计价？

6. 混凝土及钢筋混凝土工程中"矩形柱"和"异形柱"项目适用范围是什么？要注意哪些事项？

7. 现浇混凝土其他构件中"其他构件"项目包括哪些构件？其工程量如何计算？

8. 混凝土及钢筋混凝土工程中应如何考虑混凝土的供应方式？

9. 厂库房大门、特种门、木结构工程中"木板大门"、"钢木大门"、"全钢板门"、"特种门"四个项目的适应范围和注意事项各是什么？

10. 清单工程量计算规则与预算工程量计算规则有什么区别？

第4章 工程量清单的编制

1. 知识点和教学要求

(1) 掌握工程量清单的内容及编制方法。

(2) 理解工程量清单的格式及整理方法。

(3) 了解工程量清单编制的一般规定。

2. 能力培养要求

培养学生编制工程量清单的能力。

工程量清单是招投标活动中，对招标人和投标人都具有约束力的重要文件，是招标文件中不可缺少的十分重要的招标文件之一。工程量清单的编制，是招标方进行招标之前的一项重要准备工作。本章就工程量清单的概念、组成、编制方法以及格式要求等内容作了较为详尽的阐述。要求通过本章的学习，熟悉工程量清单编制的一般规定，掌握分部分项工程量清单、措施项目清单和其他项目清单的编制原则、编制方法以及格式要求。

4.1 工程量清单编制概述

4.1.1 工程量清单的概念

工程量清单是由招标人或委托咨询部门计算出的，表现拟建工程分部分项工程项目、措施项目、其他项目名称和相应数量的明细清单及其汇总表。

工程量清单是招标文件不可分割的一部分，体现了招标人要求投标人完成的工程项目及相应工程数量，全面反映了投标报价要求。

工程量清单是工程量清单计价的重要手段和工具，也是我国实行工程量清单计价，推行新的建筑工程计价制度和方法，彻底改革传统计价制度和方法的重要标志。

4.1.2 工程量清单的作用

工程量清单反映了拟建工程的全部工程内容及为完成这些内容而必须进行的其他工作，它体现了要求投标人完成的工程项目及相应的工程数量。它的主要作用有：

(1) 是编制招标工程标底的依据。

(2) 为投标人提供了公平竞争的基础，是投标人用作投标报价的依据。

(3) 体现"质"和"价"的结合，是支付工程款和结算工程造价的依据。

(4) 是招标人控制工程造价和筹措建设资金的依据。

(5) 是调整工程量的依据。

(6) 将工程建设风险合理分担给招投标双方，招标方对工程变更及工程量计算错误承担风险，投标方对报价、建设成本承担风险。

(7) 有利于规范建筑市场的计价行为，能够促进企业的经营管理、技术进步，增加施工企业在国内外市场的竞争能力。

4.1.3　工程量清单的编制原则

（1）符合国家《计价规范》。项目分项类别、分项名称、清单分项编码、计量单位、分项项目特征和工作内容等，都必须符合《计价规范》的规定和要求。

（2）项目设置要遵循"四统一"原则。编制分部分项工程量清单应满足规定的要求。在《计价规范》中，对工程量清单的编制作了明确的规定。工程量清单的项目设置要遵循"四统一"的原则，即：

1）项目编码要统一。项目编码是为工程造价信息全国共享而设的，因此要求全国统一。

2）项目名称要统一。项目设置的原则之一是不能重复，一个项目只有一个编码，只有一个对应的综合单价。完全相同的项，只能汇总后列一个项目。

3）计量单位要统一。附录按照国际惯例，工程量的计量单位均采用基本单位计量，它与定额的计量单位不一样，编制清单或报价时一定要以本附录规定的计量单位计算。

4）工程量计算规则要统一。工程量计算规则是对分部分项工程实物量的计算规定。招标人必须按该规则计算工程实物量，投标人也应按同一规则校核工程实物量。附录中每一个清单项目都有一个相应的工程量计算规则，这个规则全国统一，与全国各省市现行定额中的计算规则不完全一样。即要求全国各省市工程量清单，均要按本附录的计算规则计算工程量。

（3）要满足建设工程施工招投标的要求，能够对工程造价进行合理的确定和有效的控制。

（4）符合工程量实物分项与描述准确的原则。招标人向投标人所提供的清单，必须与设计的施工图纸相符合，能充分体现设计意图，充分反映施工现场的现实施工条件，为投标人能够合理报价创造有利条件。

4.2　工程量清单的编制

工程量清单是招标投标活动中，对招标人和投标人都具有约束力的重要文件，是招标投标活动的依据。工程量清单是传达招标人要求，便于投标人响应和完成招标工程实体、工程任务目标及相应分项工程数量，全面反映投标报价要求的直接依据。工程量清单的编制，是招标方（业主）进行招标之前的一项重要的准备工作，是招标文件中不可缺少的十分重要的招标文件之一。编制工程量清单必须符合相关原则和规定，如果出现差错，就会给招标投标与计价实施带来较多问题。

工程量清单专业性强，内容复杂，对编制人的业务技术水平要求高，能否编制出完整、严谨的工程量清单，直接影响招标的质量，也是招标成败的关键。因此，《计价规范》规定，工程量清单应由具有编制招标文件能力的招标人或具有相应资质的工程造价咨询机构、招标代理机构，依据有关计价办法、招标文件的有关要求、设计文件和施工现场实际情况进行编制，并承担相应的风险。

4.2.1 工程量清单的组成

借鉴国外实行工程量清单计价的做法，结合我国当前的实际情况，根据国家标准《建设工程工程量清单计价规范》规定，工程量清单主要包括以下几个部分：总说明，分部分项工程量清单，措施项目清单，其他项目清单和零星工作项目表。

作为招标文件的组成部分，工程量清单是招标工程信息的载体，体现了招标人要求投标人完成的工程项目及相应工程数量，全面反映了投标报价要求。因此，为了使投标人能对工程有全面充分的了解，编制工程量清单应力求全面、准确，应包括拟建工程的全部实体工程内容和相应数量，以及为完成实体工程而必须采取的措施性工作和与拟建工程有关的特殊要求。

分部分项工程量清单应表明拟建工程的全部分项实体工程名称和相应数量；措施项目清单表包括为完成分项实体工程而必须采取的一些措施性工作；其他项目清单主要体现了招标人提出的一些与拟建工程有关的特殊要求，这些特殊要求所需的费用金额计入报价中。工程量清单编制时应力求全面，避免错项、漏项。

4.2.2 分部分项工程量清单的编制

4.2.2.1 分部分项工程量清单的含义

分部分项工程量清单是指表明拟建工程的全部分项实体工程项目名称和相应数量的明细清单。

需要注意的是，与传统定额中分部分项工程划分不同，分部分项工程量清单只由实体分项工程项目构成，因此也可称分部分项工程量清单项目是实体项目。把不构成实体工程项目的一些分项工程归到措施项目清单中，而不作为清单项目出现，如模板工程、脚手架工程、施工降水等。分部分项工程量清单是确定措施项目清单和其他项目清单的重要依据。显然准确编制分部分项工程量清单是十分重要的。

分部分项工程量清单为不可调整的闭口清单，以分部分项工程项目为内容的主体，由序号、项目编码、项目名称、计量单位和工程数量等构成。投标人对清单所列内容不允许作任何更改，对投标文件提供的分部分项工程量清单必须逐一计价。投标人如果认为清单内容需要调整，则需通过质疑的方式由清单编制人作统一的修正，并将修正后的工程量清单发往所有投标人。

4.2.2.2 工程量清单项目编码的设置

1. 工程量清单项目编码的设置原则

工程量清单的编码，主要是指分部分项工程工程量清单的编码。工程量清单采用编码体系的目的是方便数据的计算机处理，加快工程造价信息化管理进程。

由于建筑产品形式多样，消耗材料品种多、类型复杂等因素，分部分项实体产品的类别也复杂多变。以墙体为例，不但型体多变，而且构成墙体的材料类型、操作工艺和墙体内外构造等都有所不同，使墙体具有多种类型。识别不同墙体，如果没有科学的编码区分，其清单分项就无法正确地表达与描述。此外，信息技术已在工程造价软件中得到广泛运用，若无统一编码，则无法得到信息技术的支持。因此，《计价规范》以上述因素为前提，对分部分项工程量清单分项编码做了严格科学的规定，并作为必须遵循的规定条款。

工程量清单编码共设十二位阿拉伯数字，采用五级编码制。前四级规范统一到一至九位，为全国统一编码，编制分部分项工程量清单时应按《建设工程工程量清单计价规范》附录中的相应编码设置，不得变动；第五级，即最后三位是具体的清单项目名称编码，由清单编制人员根据具体工程的清单项目特征自行编制，并应自工程001起顺序编制。

这样的12位数编码就能区分各种类型的项目，各级编码的含义如下：

（1）第一级（第一、二位）为附录顺序码，表示《计价规范》规定了的五类工程，即工程类别。01为建筑工程，见附录A；02为装饰装修工程，见附录B；03为安装工程，见附录C；04为市政工程，见附录D；05为园林绿化工程，见附录E。

（2）第二级（第三、四位）为专业工程顺序码，表示各附录的章顺序。如：在建筑工程中，用01、03、04分别表示土（石）方工程、砌筑工程、混凝土及钢筋混凝土工程的顺序码，与前级代码结合表示则分别为0101、0103、0104。

建筑工程共分八项专业工程，相当于八章，分别为土（石）方工程（编码0101）、桩与地基基础工程（编码0102）、砌筑工程（编码0103）、混凝土及钢筋混凝土工程（编码0104）、厂库房大门、特种门、木结构工程（编码0105）、金属结构工程（编码0106）、屋面及防水工程（编码0107）、防腐、隔热、保温工程（编码0108）。

（3）第三级（第五、六位）为分部工程顺序码，表示各章的节顺序。如：土（石）方工程中又分土方工程与石方工程两类工种工程，其代码分别为01、02，加上前面代码则分别为010101、010102。

（4）第四级（第七、八、九位）为分项工程项目名称顺序码，表示清单项目编码。如：土方工程共有六个分项工程，代码为001～006。其中，平整场地和挖土方两个项目的编码分别为001、002，加上前面的代码则分别为010101001、010101002。在建设部的造价信息库里010101001就是平整场地的相关信息，包括它的人工费、综合单价、消耗量等信息，可供全国查询。

（5）第五级（第十、十一、十二位）为清单项目名称顺序码，表示具体清单项目编码。供清单编制人依据设计图纸根据项目特征来编码，又称识别码。例如，平整场地按土壤类别、弃土运距、取土运距等项目特征的不同，可逐项编码为010101001001、010101001002……。

项目编码结构如图4.1所示。

示例见表4.1～表4.4。

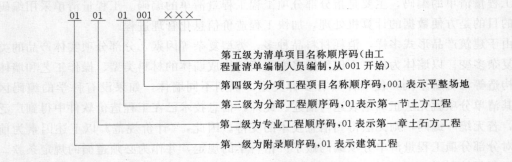

图 4.1　工程量清单编码示意图

表 4.1　　　　　　　**A.1.1　土方工程（编码：010101）**

项目编码	项目名称	项目特征	计量单位	工程量计算规则	工程内容
010101001	平整场地	1. 土壤类别； 2. 弃土运距； 3. 取土运距	m²	按设计图示尺寸以建筑物首层面积计算	1. 土方挖填； 2. 场地找平； 3. 运输
010101002	挖土方	1. 土壤类别； 2. 挖土平均厚度； 3. 弃土运距	m³	按设计图示尺寸以体积计算	1. 排地表水； 2. 土方开挖；
010101003	挖基础土方	1. 土壤类别； 2. 基础类型； 3. 垫层底宽、底面积； 4. 挖土深度； 5. 弃土运距		按设计图示尺寸以基础垫层底面积乘以挖土深度计算	3. 挡土板支拆； 4. 截桩头； 5. 基底钎探； 6. 运输
010101004	冻土开挖	1. 冻土厚度； 2. 弃土运距		按设计图示尺寸开挖面积乘以厚度以体积计算	1. 打眼、装药、爆破； 2. 开挖； 3. 清理； 4. 运输
010101005	挖淤泥、流砂	1. 挖掘深度； 2. 弃淤泥、流砂距离		按设计图示位置、界限以体积计算	1. 挖淤泥、流砂； 2. 弃淤泥、流砂
010101006	管沟土方	1. 土壤类别； 2. 管外径； 3. 挖沟平均深度； 4. 弃土石运距； 5. 回填要求	m	按设计图示以管道中心线长度计算	1. 排地表水； 2. 土方开挖； 3. 挡土板支拆； 4. 运输； 5. 回填

表 4.2　　　　　　　**A.1.2　石方工程（编码：010102）**

项目编码	项目名称	项目特征	计量单位	工程量计算规则	工程内容
010102001	预裂爆破	1. 岩石类别； 2. 单孔深度； 3. 单孔装药量； 4. 炸药品种、规格； 5. 雷管品种、规格	m	按设计图示以钻孔总长度计算	1. 打眼、装药、放炮； 2. 处理渗水、积水； 3. 安全防护、警卫
010102002	石方开挖	1. 岩石类别； 2. 开凿深度； 3. 弃渣运距； 4. 光面爆破要求； 5. 基底摊座要求； 6. 爆破石块直径要求	m³	按设计图示尺寸以体积计算	1. 打眼、装药、放炮； 2. 处理渗水、积水； 3. 解小； 4. 岩石开凿； 5. 摊座； 6. 清理； 7. 运输； 8. 安全防护、警卫
010102003	管沟石方	1. 岩石类别； 2. 管外径； 3. 开凿深度； 4. 弃渣运距； 5. 基底摊座要求； 6. 爆破石块直径要求	m	按设计图示以管道中心线长度计算	1. 石方开凿、爆破； 2. 处理渗水、积水； 3. 解小； 4. 摊座； 5. 清理、运输、回填； 6. 安全防护、警卫

表 4.3 　　　　　　　A.4.1　现浇混凝土基础（编码：010401）

项目编码	项目名称	项目特征	计量单位	工程量计算规则	工程内容
010401001	带形基础	1. 垫层材料种类、厚度； 2. 混凝土强度等级； 3. 混凝土拌和料要求； 4. 砂浆强度等级	m³	按设计图示尺寸以体积计算。不扣除构件内钢筋、预埋铁件和伸入承台基础的桩头所占体积	1. 铺设垫层； 2. 混凝土制作、运输、浇筑、振捣、养护； 3. 地脚螺栓二次灌浆
010401002	独立基础				
010401003	满堂基础				
010401004	设备基础				
010401005	桩承台基础				

表 4.4 　　　　　　　A.4.3　现浇混凝土梁（编码：010403）

项目编码	项目名称	项目特征	计量单位	工程量计算规则	工程内容
010403001	基础梁	1. 梁底标高； 2. 梁截面； 3. 混凝土强度等级； 4. 混凝土拌和料要求	m²	按设计图示尺寸以体积计算。不扣除构件内钢筋、预埋铁件所占体积，伸入墙内的梁头、梁垫并入梁体积内 梁长： 1. 梁与柱连接时，梁长算至柱侧面； 2. 主梁与次梁连接时，次梁长算至主梁侧面	混凝土制作、运输、浇筑、振捣、养护
010403002	矩形梁				
010403003	异形梁				
010403004	圈梁				
010403005	过梁				
010403006	弧形、拱形梁				

综上所述，前四级代码即前九位编码，是根据工程分项在附录 A、B、C、D、E 中分别已明确规定的编码，供清单编制时查询，不能作任何调整与变动。表头中的"A.1.1"，其中的"A"表示本表属建筑工程类，即附录 A，即第一级编码为 01；"A.1.1"中的第一个"1"，表示本表为专业工程中土（石）方工程的分项编码，即第二级编码 01；"A.1.1"中的第二个"1"，表示本表是土（石）方工程中的土方工程分项列表，即第三级代码 01。因此，"A.1.1"就是"010101"编码的省略标志码。熟悉了这类编码规律，就可以分清和查核附录中各分表编码。例如查表 A.4.3 表头号，其编码则是 010403。表 A.1.1 中"项目编码"栏中的最后三位数的代码，则是第四级代码，用于区别分项工程的分项编码，如平整场地为 001、挖土方为 002、挖基础土方为 003，以此类推，联结前面代码则分别为：010101001、010101002、010101003。

2. 工程量清单项目编码的编制步骤

下面结合实例介绍分部分项工程量清单编码的编制步骤：

（1）首先确定前三级编码。按上述介绍方法，首先在《计价规范》附录 A 中查到与编码对象的砖砌体分部分项工程的对应清单分项表，如表 4.5 所示。该表表头所示"A.3.2 砖砌体（编码：010302）"，括号内所示编码便是前三级编码，即 010302。其实用前面介绍过的方法判定，即从 A.3.2 便能判断前三级编码，应当分别为"01"、"03"、"02"，按序排列前三级编码为 010302。

（2）确定第四级编码。"项目编码"栏内，又根据不同分部分项工程规定了前四级编码，其三位尾数则是第四级编码。第一、第二两个清单分项对象的作业内容，均为清水实心墙砌体，两项的第四级编码也均应为"001"，则其四级序列编码均应为 010302001。

表 4.5　　　　　　　　　**A.3.2　砖砌体（编码：010302）**

项目编码	项目名称	项目特征	计量单位	工程量计算规则	工程内容
010302001	实心砖墙	1. 砖品种、规格、强度等级； 2. 墙体类型； 3. 墙体厚度； 4. 墙体高度； 5. 勾缝要求； 6. 砂浆强度等级、配合比	m³	按设计图示尺寸以体积计算。扣除门窗洞口、过人洞、空圈、嵌入墙内的钢筋混凝土柱、梁、圈梁、挑梁、过梁及凹进墙内的壁龛、管槽、暖气槽、消火栓箱所占体积。不扣除梁头、板头、檩头、垫木、木楞头、沿缘木、木砖、门窗走头、砖墙内加固钢筋、木筋、铁件、钢管及单个面积 0.3m² 以内的孔洞所占体积。凸出墙面的腰线、挑檐、压顶、窗台线、虎头砖、门窗套的体积亦不增加。凸出墙面的砖垛并入墙体体积内计算。 1. 墙长度：外墙按中心线、内墙按净长计算。 2. 墙高度： （1）外墙：斜（坡）屋面无檐口天棚者算至屋面板底；有屋架且室内外均有大棚者算至屋架下弦底另加 200mm；无天棚者算至屋架下弦底另加 300mm，出檐宽度超过 600mm 时按实砌高度计算；平屋面算至钢筋混凝土板底。 （2）内墙：位于屋架下弦者，算至屋架下弦底；无屋架者算至天棚底另加 100mm；有钢筋混凝土楼板隔层者算至楼板顶；有框架梁时算至梁底。 （3）女儿墙：从屋面板上表面算至女儿墙顶面（如有混凝土压顶时算至压顶下表面）。 （4）内、外山墙：按其平均高度计算。 3. 围墙：高度算至压顶上表面（如有混凝土压顶时算至压顶下表面），围墙柱并入围墙体积内	1. 砂浆制作、运输； 2. 砌砖； 3. 勾缝； 4. 砖压顶砌筑； 5. 材料运输

（3）确定和编制第五级编码。确定第五级编码时，更应注重与实际的工程对象结合，同时还应满足日后编制综合单价的要求。例如，混凝土强度等级分别为 C25 和 C30 的带形基础，因同属现浇混凝土带形基础工程，其第五级编码分别为 001、002，两个分项的工程量清单项目编码，分别为 010401001001、010401001002。

3. 第五级编码的设置应注意的问题

项目编码不设副码（如：010405001103 - 2），也不在第四级编码后和第五级编码前加横线（如：010405001-102）。每个项目的第五级编码采用三位阿拉伯数字，可容纳999个项目，在具体工程上已经足够用了。

第五级项目编码，由工程量清单编制人根据工程项目特征自行设置，同一工程不允许出现重码（如：同一工程中，370墙和240墙同时对应010302001001，是不允许的）；不同工程重码是不可避免的（如：某一工程010302001001对应370墙，而另一工程010302001001对应240墙，是允许的）。

个别特征不同而多数特征相同的项目，必须慎重考虑并项，否则会影响投标人的报价质量，给工程变更带来不必要的麻烦。例如，楼面和地面的项目特征中，尽管面层相同，但是基层不同，因此要把它们分开列项。

4.2.2.3　工程量清单项目名称的设置

1. 项目名称的设置应考虑的主要因素

一是附录中的项目名称；二是附录中的项目特征；三是拟建项目的实际情况。

编制工程量清单时，以附录中的项目名称为主体，考虑该项目的规格、型号、材质等特征要求，结合拟建工程的实际情况，使其工程量清单项目名称具体化、细化，能够反映影响工程造价的主要因素。

2. 项目名称设置的原则

（1）工程量清单中的项目应具有高度的概括性，条目要简明，同时又不能出现漏项和错项，应保证计价项目的正确性。工程量清单项目的划分与现行预算定额的项目划分有很大的区别，前者是按一个"综合实体"考虑的，一般由多个工序组成；后者是按施工工序进行设置，包括的工程内容一般是单一的。如砖砌体工程，其工作内容包括：砂浆制作、运输，砌砖，勾缝，砖压顶砌筑，材料运输。

（2）项目名称的设置是按照《计价规范》附录中的项目名称，结合项目特征的描述，以形成工程实体为原则，这也是计量的前提。

所谓实体是指形成生产或工艺作用的主要实体部分，项目必须包括完成或形成实体部分的全部内容。对于附属或次要部分应包含在内而不单独设置项目。

（3）项目名称的设置以《计价规范》附录中的项目名称为主体，这也是项目设置"四统一"原则中"项目名称统一"的要求。项目名称应表达规范、准确、通俗、详细，以避免投标人报价的失误。

（4）随着科学技术的发展，新材料、新技术、新的施工工艺不断涌现，规范规定，凡附录中的缺项，工程量清单编制人可作补充。补充项目应填写在工程量清单相应分部分项工程项目之后，并在"项目编码"栏中以"补"字示之。补充的子目应力求表达清楚，以免影响报价。附录清单项目特征栏目中未列而拟建工程分项中具有的项目特征，应在工程量清单"项目名称"栏内进行补充；附录清单项目特征栏目中已列而拟建工程分项中不具有的特征，在工程量清单"项目名称"栏目内，不应再列。

（5）项目的设置不能重复，图纸中完全相同的项目，只能汇总后列一项，用同一编码。即一个项目只有一个编码，只对应一个综合单价。

4.2.2.4　项目特征

项目特征是在分部分项工程量清单的"项目名称"栏中描述该项目的特征的。如：砖基础项目不仅描述基础类型、基础埋置深度等，还包括基础垫层的宽度或面积、材料种类等。

在《计价规范》附录中的表格里有"项目特征"一栏，列在"项目名称"的后面，是用来具体表述项目名称的。同一个名称的项目，例如"实心砖墙"，由于设计图中表明在工程的不同部位，所采用的材料、规格、位置及施工工艺等有所不同，都将影响该项目的综合单价。

项目特征是项目名称的补充。为方便施工企业计价的需要，工程量清单应按规范要求考虑项目规格、型号、材质等特征要求，结合拟建工程的实际情况，使工程量清单项目名称具体化，能够反映与工程造价有关的主要因素，避免投标人产生歧义理解，而影响招标的公平性。

例如附录 A 中表 A.3.2（见表 4.5）中编码"010302001"表示"实心砖墙"项目，在它的"项目特征"栏中写有 6 条：

（1）砖品种、规格、强度等级。

（2）墙体类型。

（3）墙体厚度。

（4）墙体高度。

（5）勾缝要求。

（6）砂浆强度等级、配合比。

在编制实心砖墙项目时，根据图纸的设计，查对这 6 条项目特征，有一条不同，就是一个不同的子项目，可在最后 3 位数的编码上加以区分，如：

010302001001

010302001002

　　⋮

每一个不同的编码，都对应一个不同的项目特征，即根据项目特征的不同，又把项目名称细化了。这样便于投标人准确报价。

因此在编制工程量清单时要逐一表述项目特征，根据特征的不同进一步细分项目。前面已叙述在 12 位项目编码时规范统一规定到前 9 位，即前九位编码明确到了项目名称，最后 3 位数由编制人确定。编制人正是根据项目特征的不同来编这最后 3 个数码的。附录中的项目特征，提示了工程量清单编制人，在清单的"项目名称"栏中应描述的项目特征和应包括的分项工程。

凡规范附录内"项目特征"栏中未描述到的其他独有特征，由清单编制人视项目具体情况确定，以准确描述清单项目为准。

4.2.2.5 工程量的计量单位与有效位数的规定

工程量清单中的工程数量，应严格按《计价规范》附录中规定的工程量计算规则计算。

1. 工程量计量单位的规定

编制工程量清单时，首先确定计量单位，然后再根据工程量计算规则计算工程量。工程量的计量单位应按附录中规定的计量单位确定。应采用国际通用的计量单位，如下所示：

（1）以重量计算的项目——吨或千克（t 或 kg）。

（2）以体积计算的项目——立方米（m^3）。

（3）以面积计算的项目——平方米（m²）。

（4）以长度计算的项目——米（m）。

（5）以自然计量单位计算的项目——个、套、块、樘、组、台……

（6）没有具体数量的项目——系统、项……

2. 工程量的有效位数的规定

工程数量按照计量规则中的工程量计算规则计算，其有效位数应遵守下列规定：

（1）以"吨"为单位，应保留小数点后三位数字，第四位四舍五入。

（2）以"立方米"、"平方米"、"米"为单位，应保留小数点后两位数字，第三位四舍五入。

（3）以"个"、"项"、"套"等为单位，应取整数。

4.2.2.6 工程内容

工程内容是附录表格中的最后一个内容，是指完成该清单项目可能发生的具体工作。由于清单项目是按"综合实体"设置的，而且应包括完成该实体的全部内容。许多工程的实体往往是由多个工程综合而成，因此附录中对各清单可能发生的工程项目均作了提示并列在"工程内容"一栏内，供清单编制人对项目进行描述时参考。

工程内容与项目特征有着对应的关系，如：现浇混凝土基础工程，工程特征有：垫层材料种类、厚度，混凝土强度等级，混凝土拌和料要求，砂浆强度等级；内容有：铺设垫层，混凝土制作、运输、浇筑、振捣、养护等。

工程内容即对清单项目内容的描述，可供招标人确定清单项目和投标人投标报价参考，是报价人计算综合单价的主要依据。如果描述不清楚，容易引发投标人的报价内容不一致，给评标带来困难。

如果遇到附录工程内容没有列到的，编制清单时应在清单项目描述中予以补充。投标人对于工程量清单中工程内容未列全的其他具体工程，应按照招标文件或图纸要求编制，以完成清单项目为准，综合考虑到报价中。

4.2.2.7 分部分项工程量清单的编制程序

分部分项工程量清单的编制程序如图4.2所示。

清单编制的程序按图4.2所示，编制前首先要根据设计文件和招标文件，认真读取拟建工程项目的内容，对照《计价规范》的项目名称和项目特征，确定具体的分部分项工程名称，然后设置12位项目编码，接着参考《计价规范》中列出的工程内容，确定分部分项工程量清单的综合工程内容和实际工程量，最后按《计价规范》中规定的计量单位和工程量计算规则，计算出该分部分项工程量清单的工程量。

【例4.1】 某多层砖混房屋土方工程，土壤类别为三类土；基础为砖大放脚带形基础；垫层宽度为900mm；挖土深度为1.3m，基础总长度为1590m。编制其工程量清单。

【解】 （1）清单工程量计算规则见表4.6。

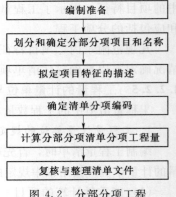

图4.2 分部分项工程量清单编制程序

表 4.6   A.1.1 土方工程（编码：010101）

项目编码	项目名称	项目特征	计量单位	工程量计算规则	工程内容
010101003	挖基础土方	土壤类别 基础类型 垫层底宽、底面积 挖土深度 弃土运距	m³	按设计图示尺寸以基础垫层底面积乘以挖土深度计算	排地表水 土方开挖 挡土板支拆 截桩头 基底钎探 运输

（2）清单工程量计算。根据基础施工图得：

基础挖土截面积为：$0.90m \times 1.3m = 1.17m^2$

基础总长度为：1590m

土方挖方总量为：$1.17 \times 1590 = 1860.3m^3$，见表 4.7。

表 4.7   分部分项工程量清单

序号	项目编码	项目名称	计量单位	工程数量
1	010101003001	挖基础土方 土壤类别：三类土 基础类型：砖大放脚带形基础 垫层宽度：900mm 挖土深度：1.3m	m³	1860.3

【例 4.2】 某工程灌注桩，土壤级别为二级土，单根桩设计长度为 8m，总根数 120根，桩截面直径为 800mm，灌注混凝土强度等级 C30。编制其工程量清单。

【解】 （1）清单工程量计算规则见表 4.8。

表 4.8   A.2.1 混凝土桩（编码：010201）

项目编码	项目名称	项目特征	计量单位	工程量计算规则	工程内容
010201003	混凝土灌注桩	土壤级别 单桩长度、根数 桩截面 成孔方法 混凝土强度等级	m/根	按设计图示尺寸以桩长（包括桩尖）或根数计算	成孔、固壁 混凝土制作、运输、灌注、振捣、养护 泥浆池及沟槽砌筑、拆除 泥浆制作、运输 清理、运输

（2）清单工程量计算。根据灌注桩基础施工图得：

混凝土灌注桩总长为：$8m \times 120 = 960m$，见表 4.9。

表 4.9   分部分项工程量清单

序号	项目编码	项目名称	计量单位	工程数量
1	010201003001	混凝土灌注桩 土壤类别：二级土 单根桩设计长度：8m 桩根数：120 根 桩截面：800mm 混凝土强度等级：C30	m	960

【例4.3】 如图4.3所示，现浇混凝土平板，板厚100mm，混凝土强度等级C25，现场搅拌混凝土，钢筋及模板计算从略。编制其工程量清单。

【解】 （1）清单工程量计算规则见表4.10。

（2）清单工程量计算如下：

平板工程量＝2.5×2×0.10＝0.5m³，见表4.11。

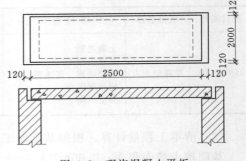

图4.3 现浇混凝土平板

表4.10　　　　A.4.5 现浇混凝土板（编码：010405）

项目编码	项目名称	项 目 特 征	计量单位	工程量计算规则	工程内容
010405003	平板	板底标高 板厚度 混凝土强度等级 混凝土拌和料要求	m³	按设计图示尺寸以体积计算。不扣除构件内钢筋、预埋铁件及单个面积在0.3m²以内的孔洞所占的体积。有梁板（包括主、次梁与板）按梁板体积之和计算，无梁板按板和柱帽体积之和计算，各类板伸入墙内的板头并入板体积内计算，薄壳板的肋、基梁并入薄壳体积内计算	混凝土制作、运输、浇筑、振捣、养护

表4.11　　　　　　　　　分部分项工程量清单

序号	项目编码	项目名称	计量单位	工程数量
1	010405003001	平板 板厚：100mm 混凝土强度等级：C25 现场搅拌混凝土	m³	0.5

4.2.3 措施项目清单的编制

4.2.3.1 措施项目清单的含义

措施项目是为完成工程项目施工，发生于该工程施工前和施工过程中技术、生活、安全等方面的非工程实体项目。

措施项目虽然不是直接凝固到产品上的直接资源消耗项目，但都是为了完成分部分项工程而必须发生的生产活动和资源耗用的保障项目。由于不是直接凝结于产品的劳动，措施项目又可以称为非工程实体项目。

措施项目清单包括了为完成实体工程而必须采用的一些措施性工作，如施工排水、模板、脚手架、垂直运输等内容。由于不同施工企业会采用不同的施工方法与施工措施，因此，措施项目的工程数量只能按项计列，具体工程量由施工企业自行计算。招标人提出的施工清单是根据一般情况确定的，没有考虑不同投标人的实际情况，如果有清单中未包括，但实际建设过程中需要采用的措施，在投标报价时可自行补充。

4.2.3.2 措施项目清单的编制

措施项目清单的编制应考虑多种因素，除工程本身的因素外，还涉及施工企业的实际情况和水文、气象、环境、安全等。为此《计价规范》提供"措施项目一览表"（见表4.12），作为列项的参考。措施项目清单应根据拟建工程的具体情况列项，参照"措施项目一览表"所列项目有选择地列项。

表 4.12　　　　　　　　　　　　措 施 项 目 一 览 表

序号	项 目 名 称	序号	项 目 名 称
1	通用项目	4.3	压力容器和高压管道的检验
1.1	环境保护	4.4	焦炉施工大棚
1.2	文明施工	4.5	焦炉烘炉、热态工程
1.3	安全施工	4.6	管道安装后的充气保护措施
1.4	临时设施	4.7	隧道内施工的通风、供水、供气、供电、照明及通讯设施
1.5	夜间施工	4.8	现场施工围栏
1.6	二次搬运	4.9	长输管道临时水工保护设施
1.7	大型机械设备进出场及安拆	4.10	长输管道施工便道
1.8	混凝土、钢筋混凝土模板及支架	4.11	长输管道跨越或穿越施工措施
1.9	脚手架	4.12	长输管道地下穿越地上建筑物的保护措施
1.10	已完工程及设备保护	4.13	长输管道工程施工队伍调遣
1.11	施工排水、降水	4.14	格架式抱杆
2	建筑工程	5	市政工程
2.1	垂直运输机械	5.1	围堰
3	装饰装修工程	5.2	筑岛
3.1	垂直运输机械	5.3	现场施工围栏
3.2	室内空气污染测试	5.4	便道
4	安装工程	5.5	便桥
4.1	组装平台	5.6	洞内施工的通风、供水、供气、供电、照明及通讯设施
4.2	设备、管道施工的安全、防冻和焊接保护措施	5.7	驳岸块石清理

表中"通用项目"所列内容是指各专业工程的措施项目清单中均可列的措施项目。表中各专业工程中所列的内容，是指相应专业的措施项目清单中可列的措施项目。措施项目清单以"项"为计量单位，相应数量为"1"。

措施项目清单的设置，首先，要参考拟建工程的施工组织设计，以确定环境保护、文明安全施工、材料的二次搬运等项目；其次，参阅施工技术方案，以确定夜间施工、大型机具进出场及安拆、混凝土模板与支架、脚手架、施工排水降水、垂直运输机械、组装平台、大型机具使用等项目。参阅相关的施工规范与工程验收规范，可以确定施工技术方案没有表述的，但是为了实现施工规范与工程验收规范要求而必须发生的技术措施；招标文件中提出的为实现要求而必须的一些技术措施；设计文件中一些不足以写进技术方案的却又必要的技术措施，等等。

编制措施项目清单应力求全面，但是影响措施项目设置的因素很多，"措施项目一览表"中不能一一列出。因情况不同，表中未列的措施项目，工程量清单编制人可作补充。补充项目应列在清单措施项目最后，并在"序号"栏中以"补"字示之。对补充项目要注意描述清楚、准确。

从施工技术措施、设备设置、施工必须的各种保障措施，到包括环保、安全和文明施工等项目的设置，措施项目涵盖的内容十分广泛。编制人员应在认真阅读施工组织设计和施工规范的基础上，全面考虑要完成实体工程所必须发生的措施性工作。必须弄清和懂得"措施项目一览表"中各措施项目的含义，同时必须认真思考和分析分部分项工程量清单中，每个分项需要设置哪些措施项目，以保证各分部分项工程能顺利完成。因此，分部分项工程量清单编制与措施项目清单编制必须综合考虑，两者之间有着紧密联系。每个具体的分部分项工程项目与对应的措施项目是一个不可分割的系统问题，它与工程项目内容及采用什么样的施工技术和方案极为相关。

措施项目清单为可调整清单，投标人要对拟建工程可能发生的措施项目和措施费用作通盘考虑，并可根据企业自身特点，对招标文件中所列的项目作适当的变更、增减。清单一经报出，即被认为是包括了所有应该发生的措施项目的全部费用。如果报出的清单中没有列项，且施工中又必须发生的项目，业主有权认为，其已经综合在分部分项工程量清单的综合单价中。

综上所述，措施项目清单的编制应注意以下问题：

（1）对规范有深刻的理解，熟悉和掌握规范对措施项目的划分规定和要求。

（2）具有相关的施工管理、施工技术、施工工艺和施工方法等方面的知识及实践经验，掌握有关政策、法规和相关规章制度，避免发生漏项少费的问题。

（3）编制措施项目清单应与编制分部分项工程量清单综合考虑，与分部分项工程紧密相关的措施项目，在编制分部分项工程量清单时可同步进行。

（4）规范规定，对"措施项目一览表"中未能包含的措施项目，还应给予补充，对补充项目要注意描述清楚、准确。

4.2.4 其他项目清单的编制

其他项目清单主要体现了招标人提出的一些与拟建工程有关的特殊要求，这些特殊要求所需的金额计入报价中。

其他项目清单由招标人部分和投标人部分等两部分组成，共四项内容。规范在其他项目清单中提供了四项作为列项的参考：招标人部分包括"预留金"和"材料购置费"两项；投标人部分包括"总承包服务费"和"零星工作项目费"两项。

预留金，是指招标人为可能发生的工程量清单漏项、有误引起工程量的增加，和施工中设计变更引起的标准提高等而预留的金额。此处提到的工程量变更主要指因工程量清单漏项、有误引起工程量的增加和施工中的设计变更导致标准提高或工程量的增加等。

总承包服务费，包括为配合协调招标人进行的工程分包（国家允许范围内）和材料采购所需的费用，由投标人根据分包项目的实际情况按有关规定计取。

零星工作项目费，是指承包人为完成招标人提出的，不能以实物量计量的零星工作项目所需的费用。为了准确地计价，零星工作项目表应根据拟建工程的具体情况，详细列出人工、材料、机械的名称、计量单位和相应数量，并随工程量清单发至投标人。人工应按工种列项，材料应按消耗辅助材料的类别列项，机械应按规格、型号列项。

其他项目清单中，与招标人有关的费用有：预留金、材料购置费等，这部分费用由招标人事先在招标文件中说明。与投标人有关的费用有：总承包服务费、零星工作项目费等，这部分费用由投标人竞争报价确定。

其他项目清单中的预留金、材料购置费和零星工作项目费，均为估算、预测数量，虽在投标时计入投标人的报价中，不应视为投标人所有。竣工结算时，应按承包人实际完成的工作内容结算，剩余部分仍归招标人所有。

招标人填写的内容随招标文件发至投标人，其项目、数量、金额等投标人不得随意改动。零星工作项目表中由投标人填写的部分，对于招标人填写的项目与数量，投标人不得随意更改，且必须进行报价。如果不报价，招标人有权认为投标人就未报价内容无偿为自己服务。当投标人认为招标人列项不全时，投标人可自行增加列项并确定本项目的工程数量及计价。

招标人与投标人两类费用从其性质而言，是分部分项项目和措施项目之外的工程措施费用。显然，其他措施项目的多少与工程建设标准的高低、工程规模的大小、工程技术的复杂程度、工程工期的长短、工程内容的构成、施工现场条件和承发包方式以及工程分发包次数等因素有着直接关系。如果工程规模大，周期长，技术复杂程度高，招标人的预留金项目必多，费用必然会增高。例如，业主的咨询、设计变更、预留设备材料采购金等项目费用会增加；承包者的总包服务协调费用、零星工作费用等也会相应增加。

编制其他项目清单，出现规范未列项目时，清单编制人可做补充，补充项目应列在其他项目清单最后，并以"补"字在"序号"栏中表示。

4.3　工程量清单的格式

上述工程量清单按规范规定的要求编制完成后，应当反复进行校核，最后按规定的格式统一进行归纳整理。《计价规范》对工程量清单规定了统一的格式，在招标投标工程中，工程量清单必须严格遵照《计价规范》规定的格式执行。

工程量清单应由招标人填写。其核心内容主要包括清单说明和清单表两部分。工程量清单说明主要是招标人解释拟招标工程的清单编制依据以及重要作用等，提示投标申请人重视清单。工程量清单表作为清单项目和工程数量的载体，是工程量清单的重要组成部分。合理的清单项目设置和准确的工程量，是清单计价的前提和基础。对招标人来讲，工程量清单是进行投资控制的前提和基础，工程量清单表编制的质量直接影响到工程建设的最终结果。

工程量清单应由下列内容组成：

（1）封面。

（2）填表须知。

（3）总说明。

（4）分部分项工程量清单。

（5）措施项目清单。

（6）其他项目清单。

（7）零星工作项目表。

总说明应按下列内容填写：

（1）工程概况：建设规模、工程特征、计划工期、施工现场实际情况、交通运输情况、自然地理条件、环境保护要求等。

（2）工程招标和分包范围。

（3）工程量清单编制依据。

（4）工程质量、材料、施工等的特殊要求。

（5）招标人自行采购材料的名称、规格型号、数量等。

（6）预留金、自行采购材料的金额数量。

（7）其他需说明的问题。

【例 4.4】　工程量清单内容格式。

（封面）

_____工程

工 程 量 清 单

招　标　人：_____（单位盖章）

法定代表人：_____（签字盖章）

中 介 机 构

法定代表人：_____（签字盖章）

造价工程师

及注册证号：_____（签字盖执业专用章）

编 制 时 间：

填 表 须 知

1. 工程量清单及其计价格式中所有要求签字、盖章的地方，由规定的单位和人员签字、盖章。

2. 工程量清单及其计价格式中的任何内容不得随意删除或涂改。

3. 工程量清单计价格式中列明的所有需要填报的单价和合价，投标人均应填报，未填报的单价和合价，视为此项费用已包含在工程量清单的其他单价和合价中。

4. 金额（价格）均应以_____币表示。

总 说 明

工程名称：　　　　　　　　　　　　　　　　　　　　　第 页 共 页

（本说明内容提供招标人参考，招标人根据工程具体情况取舍）
建设规模
工程特征
定额工期（按省调整后的工期执行）
要求工期
工程招标范围与另行发包范围
清单编制依据
工程质量等级要求
工程取费类别
工程施工安全要求
施工供水、供电情况
施工道路情况
材料堆放场地
排水、降水情况
环保要求
材料与施工特殊要求
预拌混凝土及预拌砂浆要求
招标人自行采购材料、设备、数量、单价、金额
预留金
暂定项目
施工注意事项
其他须说明的问题
……

分部分项工程量清单

工程名称：　　　　　　　　　　　　　　　　　　　　　第 页 共 页

序号	项目编码	项目名称	计量单位	工程数量

措 施 项 目 清 单

工程名称：　　　　　　　　　　　　　　　　　　　　　　　　　　　　　　　第 页 共 页

序号	项目名称	计量单位	工程数量	序号	项目名称	计量单位	工程数量
1	（环境保护费）	项	1	11	（垂直运输机械费）	项	1
2	（现场安全文明施工措施费）	项	1	12	（室内空气污染测试）	项	1
3	（临时设施费）	项	1	13	（检验试验费）	项	1
4	（夜间施工增加费）	项	1	14	（赶工措施费）	项	1
5	（二次搬运费）	项	1	15	（工程按质论价）	项	1
6	（大型机械设备进出场及安拆）	项	1	16	（特殊条件下施工增加费）	项	1
7	（混凝土、钢筋混凝土模板及支架）	项	1	17	……		
8	（脚手架费）	项	1				
9	（已完工程及设备保护）	项	1				
10	（施工排水、降水）	项	1				

其 他 项 目 清 单

工程名称：　　　　　　　　　　　　　　　　　　　　　　　　　　　　　　　第 页 共 页

序号	项目名称	计量单位	工程数量	序号	项目名称	计量单位	工程数量
1	（总承包服务费）	项	1	4			
2	（预留金）	元		5			
3	……						

零 星 工 作 项 目 清 单

工程名称：　　　　　　　　　　　　　　　　　　　　　　　　　　　　　　　第 页 共 页

序号	名　称	计量单位	数　量	序号	名　称	计量单位	数　量
1	人工 （木工） （油漆工） ……	 工日 工日		3	机械 （载重汽车 4T） ……	 台班 台班	
2	材料 ……						

第 5 章　工程量清单报价的编制

1. 知识点和教学要求

（1）掌握工程量清单报价的内容及编制方法。

（2）理解工程量清单报价表的格式及整理方法。

（3）了解工程量清单报价编制的一般规定。

2. 能力培养要求

培养学生编制工程量清单报价的能力。

5.1　工程量清单报价编制的一般规定

5.1.1　工程量清单报价的基本概念

工程量清单是表现拟建工程的分部分项工程项目、措施项目、其他项目名称和相应数量的明细清单，是由招标人按照《计价规范》附录中统一的项目编码、项目名称、计量单位和工程量计算规则进行编制，包括分部分项工程量清单、措施项目清单、其他项目清单。

工程量清单报价是投标人按照招标人提供的工程量清单，根据相关定额和计价依据，结合企业自身管理水平自主报价的一种计价方式。工程量清单报价由工程清单项目费、措施项目费、规费和税金组成。

5.1.1.1　基本概念

1. 工程量清单报价

工程量清单报价是投标人完成招标人提供的工程量清单所需的全部费用，包括分部分项工程费、措施项目费、其他项目费，以及规费和税金。

2. 分部分项工程项目

分部分项工程量清单项目是根据项目设置及其消耗量定额，列表编制的分项实体工程项目。

3. 消耗量定额

由建设行政主管部门根据合理的施工组织设计和正常施工条件制定的，生产一个规定计量单位工程合格产品所需人工、材料、机械台班的社会平均消耗量标准。

4. 企业定额

施工企业根据本企业的施工技术和管理水平，以及有关工程造价资料制定的，并供本企业使用的人工、材料和机械台班消耗量标准。

5. 综合单价

完成工程量清单中一个规定计量单位项目所需的人工费、材料费、机械使用费、管理费和利润，并考虑风险因素。

5. 1. 1. 2　工程量清单报价的含义

工程量清单是招标人按照《建设工程工程量计价规范》中要求的四个统一，由自己或委托具有相应资质的中介机构完成的编制工作。工程量清单报价是投标人按照招标人的四个统一，结合本企业实际情况自主报价的一种工程造价计价模式。

工程量清单报价包含两层含义：

其一，工程量清单的价格特点是"量变价不变"，无论事实上工程量增大或减少，单位工程量的单价都不发生变化。

当前在许多地方实行总价合同条件下清单计价招标，这是对单价合同与总价合同的混淆。总价合同条件下的清单计价招标，不是本文所讨论的工程量清单报价，也不是政策意义和国际惯例所及的工程量清单报价。

其二，要求有相应的单价合同的治理结构，以合理划分和平衡合同双方的权利、义务及风险。

工程量清单报价是市场经济体制对建筑业市场发展的必然要求。投标人的报价所依赖的企业内部定价的建立基础，是理性的市场定价模式，也就是说，投标人的企业内部价格的形成完全是基于对市场价格机制理性判断的结果。这一点要求，建筑市场包括建材市场等都必须是理性的、真正按照价值规律行事的市场，同时也必须是一个遵从并信奉法治的市场，当然，这需要一个长期的市场发展过程才能够最终成行。

5. 1. 1. 3　工程量清单计价模式的费用构成

工程量清单计价模式的费用构成包括分部分项工程费、措施项目费、其他项目费，以及规费和税金。

1. 分部分项工程费

分部分项工程费是指完成工程量清单列出的各分部分项清单工程量所需的费用。包括：人工费、材料费（消耗的材料费总和）、机械使用费、管理费、利润，以及风险费。

2. 措施项目费

措施项目费是由"措施项目一览表"确定的工程措施项目金额的总和，包括：人工费、材料费、机械使用费、管理费、利润，以及风险费。

3. 其他项目费

其他项目费是指预留金、材料购置费（仅指由招标人购置的材料费）、总承包服务费、零星工作项目费的估算金额等的总和。

4. 规费

规则是指政府和有关部门规定必须缴纳的费用和总和。

5. 税金

税金是指国家税法规定的应计入建筑安装工程造价的营业税、城市维护建设税及教育费附加费用等的总和。

5. 1. 1. 4　工程量清单计价的意义

1. 工程量清单计价有利于风险合理分担

我国工程建设项目一直采用的是预算定额计价，而预算定额是按照社会平均水平编制的，由此形成的工程造价基本上属于社会平均价格。此社会平均价格并不能反映参加竞争的企业实际的消耗和管理水平，在一定程度上定额计价限制了各企业之间的公平竞争。

国家提出了"控制量、指导价、竞争费"的改革措施，与传统的定额计价（量价合一）相比，现行的工程量清单计价（量价分离）有效降低了承发包双方的风险，符合风险合理分担的原则。推行工程量清单计价，业主负责确定工程量，承担了工程量计算误差的风险，施工企业提出工程单价，承担了工程单价不符合市场实际的风险。

2. 工程量清单计价是一种公开、公平竞争的计价方法

工程量清单计价符合市场经济运行的规律和市场竞争的规则。以工程量清单计价必能竞争出一个合理的低价，可以显著提高业主的资金使用效益，促进施工企业加快技术进步及革新、改善经营管理、提高劳动生产率和确定合理施工方案，在合理低价中获取合理的或最佳的利润。这对承发包双方有利，对国家经济建设与发展更为有利，是一个多方获益的计价模式。

3. 工程量清单便于工程管理

工程量清单除具有估价作用外，承包商可以将设计图纸、施工规范、工程量清单综合考虑，编制材料采购计划，安排资源计划，控制工程成本，使总的目标成本在控制范围内；工程量清单为业主中期付款和工程决算提供了便利，利用工程量清单，业主在建设过程中严格控制工程款的拨付、设计变更和现场签证。业主和工程师还可以根据工程量清单检查承包商的施工情况，进行资金的准备与安排，保证及时支付工程价款和进行投资控制；而承包商则按合同规定和业主要求，严格执行工程量清单报价中的原则和内容，及时与业主和工程师联系，合理追加工程款，以便如期完工。

4. 推行工程量清单计价有利于与国际接轨

工程量清单计价方式在国际上通行已经有上百年的历史，规章完备，体系成熟。这一改革对我国企业参与国际工程竞争铺平了道路，也是我国加入WTO所作的承诺，更加有利于我国尽快制定工程造价法律体系，以适应市场经济全球化的要求。

5. 推行工程量清单计价有利于规范计价行为

推行工程量清单计价有利于统一建设工程的计量单位、计量规则，规范建设工程计价行为，促进工程造价管理改革的深入和管理体制的创新，最终建立政府宏观调控、市场有序竞争，从而形成工程造价的新机制，也将对工程招投标活动、工程施工、管理、监理等方方面面产生深远的影响。

5.1.1.5　工程量清单报价的特点

工程量清单报价在我国是一种全新的计价模式，与过去几十年来一直沿用的定额加费用计价办法相比，有着完全不同的内容。

（1）工程量清单报价均采用综合单价形式，综合单价中包含了工程直接费、工程间接费、利润和应上缴的各种税费等，有别于以往定额计价那样先计算定额直接费，再计算材料价差、独立费，最后再取费得到总造价。相比之下，工程量清单报价显得简单明了，更适合工程的招投标。

（2）采用工程量清单报价，投标人注重工程单价的分析确定及施工组织设计的编写，可避免各投标人因预算人员水平、素质的差异而造成同一份施工图纸计算出的工程量相差甚远的弊病。

（3）工程量清单报价要求投标人根据市场行情和自身实力报价，适用于推行最低价中标的办法。

（4）工程量清单报价具有合同化的法定性。中标的投标单价一经合同确认，竣工结算不能改变。

（5）采用工程量清单报价，便于施工合同单价的确定，有利于工程款的拨付以及工程变更价的确定和费用索赔的处理。

5.1.2　清单报价的编制原则依据

工程量清单计价活动应遵循客观、公平、公正的原则。

（1）工程量清单的编制要实事求是，不弄虚作假，要机会均等、公平地对待投标人。

（2）投标人要从本企业的实际情况出发，不能低于成本报价，不能串通报价。

（3）承发包双方应以诚实、信用的态度进行工程结算。

工程量清单计价规范是依据《中华人民共和国招标投标法》、建设部令第 107 号《建筑工程施工发包与承包管理办法》，按照我国工程造价管理改革的需要，本着国家宏观调控、市场竞争形成价格的原则制定的。工程量清单计价活动，除遵循本规范外，还应符合国家有关法律、法规及标准规范的规定。法律及标准规范包括：建筑法、合同法、价格法、招标投标法和建设部令第 107 号《建筑工程施工发包与承包计价管理办法》及直接涉及工程造价的工程质量、安全及环境保护等方面的工程建设强制性标准规范。清单计价规范中强制全部使用国有资金投资或国有资金投资为主的大中型建设工程应执行本规范。工程量清单中的 12 位编码的前 9 位应按附录中的编码确定。工程量清单中的项目名称应依据附录中的项目名称和项名特征设置。工程量清单中的计量单位应按附录中的计量单位确定，主要是按基本单位执行。工程量清单中的工程数量应依据附录中的计算规则计算确定。

由于清单报价是以招标人将整个发包工程按统一的计算规则分解成工程量为前提，因此，结合国际上的一般作法，较我国目前采用的预算报价而言，工程量清单报价具有以下优势：

（1）由于工程量清单报价明细地反映了工程的实物消耗和有关费用，因此，这种计价模式易于结合建设工程的具体情况，变现行以预算定额为基础的静态计价模式为将各种因素考虑在单价内的动态计价模式。

（2）采用工程量清单报价有利于实现风险的合理分担，明确承发包双方的责任。

（3）由于采用工程量清单报价模式，发包人不需要编制标底，所以，工程量清单报价有利于消除编制标底给招投标活动带来的负面影响，促使投标企业把主要精力放在加强企业内部管理和对市场各种因素的分析及建立企业内部价格体系中去。

工程量清单报价的特点决定了其报价固定。工程量清单在招投标阶段仅为投标人共同投标的基础，从合同法及招投标法的规定来看，由于招标行为本身属于要约邀请，因此，作为招标文件主要组成部分的工程量清单在招标阶段，即作为招标说明书或者投标邀请书的附件被招标人发出的阶段，并不具有法律效力；但一旦工程量清单经投标人填报价格后成为报价表，则填报价格的工程量清单即成为要约；如果招标人通过中标通知书的形式对有报价的工程量清单予以确认，则工程量清单中的报价即成为招投标双方未来订立的合同条款，当事人双方均不得随意变动。

需要说明的是：如果在工程量清单发出后直到招标文件规定的投标日之前，招标人发现工程量清单编制有误，则招标人有权对清单中的内容予以澄清、说明或者修改。招标人在对工程量清单中的个别内容予以澄清、说明或者修改时，招标人应当在招标文件要求提交投标文件的截止时间前，以书面形式将澄清、说明或者修改原内容通知全体投标人。未按法律规定的形式、时间通知的，招标人对工程量清单的澄清、说明或者修改无效。

再有，如果在合同履行过程中，出现建筑材料急剧涨增、投标人继续按清单报价履行合同势必造成严重亏损，这时会产生固定报价与情势变更的冲突问题。当事人双方是按报价处理？还是按情势变更处理？对此，我国合同法并无规定。由于合同法严格贯彻责任原则，以司法实践中按情势变更原则处理的结论，尚缺乏法律依据。由此可见，投标人在参照国家定额或者按照企业定额报价时，应当充分考虑建筑材料市场潜在的价格波动问题。

5.1.3 清单报价的编制步骤

1. 编制步骤

（1）分析、研究招标文件及工程量清单的要求。

（2）熟悉施工图纸，进行市场调查、图纸答疑。

（3）对招标文件提供的工程量清单，结合施工图纸进行工程量计算或复核。

（4）制订进度计划与施工方案。

（5）了解市场价格，对工程主要材料价格进行询价。

（6）结合企业情况，分摊费用计算及分项工程综合单价计算。

（7）工程量表合价计算与汇总。

（8）编制工程总说明（工程概况、招标范围、工程质量要求、工期、编制依据等）。

（9）审校、复核。

（10）签字、盖章、装订。

2. 编制清单报价中应注意的问题

在清单报价中，工程量清单计价包括了按招标文件规定完成工程量清单所需的全部费用，即分部分项：工程量清单费、措施清单项目费、其他清单费和规费、税金。由于工程量清单计价规范在工程造价的计价程序、项目的划分和具体的计量规则上与传统的计价方式有较大的区别，因此，投标单位应加强学习，及时转变观念，做好有关的准备工作。

（1）投标单位应深入了解清单计价规范的各项规定，明确各清单项目所包含的工作内容和要求、各项费用的组成，投标时仔细研究清单项目的描述，真正把自身的管理优势、技术优势、资源优势等落实到细微的清单项目报价中。

（2）注意建立企业内部定额，提高自主报价能力。企业定额是根据本企业施工技术和管理水平以及有关工程造价资料制定的，供本企业使用的人工、材料和机械台班的消耗量标准。通过制定企业定额，施工企业可以清楚地计算出完成项目所需耗费的成本与工期，从而可以在投标报价时做到心中有数，避免盲目报价导致最终亏损现象的发生。

（3）在投标报价中，没有填写单价和合价的项目将不予支付，因此投标企业应仔细填写每一单项的单价和合价，做到报价时不漏项、不缺项。

（4）若需编制技术标及相应报价，应避免技术标报价与商务标报价出现重复，尤其是技术标中已经包括的措施项目，投标时应注意区分。

（5）掌握一定的投标报价策略和技巧，根据各种影响因素和工程具体情况灵活机动地调整报价，提高企业的市场竞争力。

5.1.4 影响报价的因素

影响工程报价的因素有很多，主要有材料价格的准确性、项目特征的描述、工程变更。

5.1.4.1 材料价格

清单报价的准确性在很大程度上取决于材料价格的准确性。

而在新的计价规范每个编码清单列项中，既没有材料消耗量的标准，也没有材料的价格。材料消耗量可以取之于企业定额或是地方定额，而材料价格却完全服从于市场。这样一来，在纷繁复杂、瞬息万变的材料价格市场信息中，如何快速广泛地获取材料价格信息，准确判定报出材料价格，无疑成为清单报价中影响报价的因素。

在建筑材料中有普通材料和主要材料之分，主要材料有钢材、水泥、预拌混凝土、构件、门窗、防水材料等。在所有材料费用中，占材料种类 20% 的主要材料却占了材料总费用的 80%。在通常的住宅工程中，建筑工程有各种材料几十类，其中仅钢筋、现场搅拌混凝土两项的费用就占材料总价的 70% 多；装饰工程，有材料 113 项，仅门窗（包括人防门窗）、水泥、隔户条板和面砖四项材料的费用就占材料总费用的 60% 多。由此可见，主要材料种类虽少，而所占费用比例很大。

解决此类问题的途径如下。

1. 进行广泛的材料询价

询价的主要途径有二：一是参考地方定额中所编选的材料预算价格和当地造价管理部门按期发布的材料市场信息价格；二是通过有关网站和自我市场询价，取得信息价格。以上所获取的材料信息价格，有的还是不能直接套用的，还要对其进行梳理，使之成为符合报价要求的材料预算价格。

清单报价，首先要明确材料费用的准确概念及其所包含的全部内容。按照建设部、财政部发布的《关于印发〈建筑安装工程费用项目组成〉的通知》原则，材料费是指施工过程中耗费的构成工程实体的原材料、辅助材料、构配件、零件、半成品的费用，其中每项材料费用的内容包括：材料供应价格、材料运杂费、运输损耗费、采购及保管费、检验试验费。

在材料询价时，一定要弄清楚所得到的信息价格是属于什么性质的价格，是材料出厂价，还是包含运杂费的市场价？还是包括材料费用全部内容的预算价？清单报价时，组价中是否包括了材料的正常损耗和采购保管费？这些都是不可忽视的内容。

2. 重点分析主要材料并预测材料价格走势

在清单报价时，直接费用（清单报价中的分部分项工程费）占主要比例；在直接费用中，材料费用占主要比例；在材料费用中，主要材料费用占主要比例。为保证清单报价的准确性，一定要报准材料特别是主要材料的价格。

在清单报价的材料询价时，要用心进行材料价值排序，筛选主材，用 80% 的精力搞准占材料种类 20% 的主要材料价值，这样才能在询价工作中抓住重点，保证清单报价的准确性。

清单项目大多是国有资金投资的跨年度工程，对施工企业存在着风险因素，其风险就是"市场环境和生产要素价格变化对合同价的影响"。材料是工程建筑重要的生产要素，所以在清单报价时，一定要预测材料价格走势，规避风险。如钢筋混凝土用带肋钢筋，2006 年河南省其市场均价是每吨约 3500 元，此后一路上扬，一年以后已经升至 4000 元，涨幅达 14.3%，这一点如果没有预测到，风险是不可避免的。

3. 建立企业自有材料价格库

清单计价的原则是，价格由市场生成、消耗量由企业确定。大型企业应根据本企业的施工技术和管理水平来编制人工、材料和机械台班消耗量的企业定额。在编制企业定额的同时应该逐渐建立起企业自有的材料价格动态信息库，它应具备以下功能：

（1）具备一套完整的建筑材料分类编码体系，保障材料归类整理及查询功能的实现。

（2）能够接受、处理多渠道来源的价格信息，如：历史工程材料报价、企业真实的采购价格、厂商市场报价、各类市场公开的价格信息。

（3）能够动态地对各种渠道获取的价格信息进行系统的对比分析，生成满足造价人员需要的价格信息。以上功能的实现，必须利用计算机信息技术，并历经长时间的信息积累。一旦形成自有的材料价格信息库，企业在报价时可随时调取动态的信息资料，以充分发挥企业优势，实施成本控制，增强竞争实力。

4. 实施材料预招标

在前三个阶段，我们了解了如何及时把握市场动态，根据历史或现时的价格信息，预测将来的预期价格，但市场变动的风险始终是无法完全避免的。在市场化高度发达的西方建筑企业，普遍采用材料预招标的方式，在投标报价前与下游材料供应商、机械租赁商、劳务分包商进行预先招标，提前约定中标后的上限价格，一旦中标，建筑企业会与下游厂商再次谈判压价，取定最终价格，从而实现投标报价时，企业所承担的价格风险转嫁，最大化控制价格变动，为企业赢取利润。相信随着国内建筑市场改革的不断深化，施工企业以及材料供应商的信用体系逐渐完善，实施材料预招标必将成为造价人员控制材料价格市场变动风险的最佳选择。

5.1.4.2 项目特征

为了招标人能编制比较准确而又详细的工程量清单项目，在《计价规范》附录中列出了"项目特征"一栏，这一栏表示的项目特征也是影响价格的主要因素，但并非全部。《计价规范》附录中工程内容是指完成清单项目可能包括的工作内容，但并非全部。此内容可供招标人在编制工程量清单确定项目和投标人投标报价时参考，这一栏的内容也许全部发生，也许部分发生。

项目特征的描述，是投标人报价的依据之一；是有关信息系统进行项目综合单价分析、研究发布综合单价信息的基础；是工程量清单编制时，以附录中的项目名称为主体，考虑该项目的规格、型号、材质等特征要求，结合拟建工程的实际情况，使其工程量清单项目名称具体化、细化，能够反映影响工程造价的主要因素。

5.1.4.3 工程变更

还有建设单位、设计单位、监理单位、施工单位由于种种原因引起的工程变更。

1．工程变更的原因

一方面由于勘察设计工作不到位，以致在施工中发现许多招标文件中没有考虑或估算不准的工程量，不得不改变施工项目或增减工程量；另一方面由于发生不可预见事故，如自然或社会原因引起停工和工期拖延等。

变更通常涉及到费用变化和施工进度拖延，需调整合同价，施工单位也经常利用变更的契机进行合理或不合理的索赔。

2．工程变更的内容

（1）施工条件变更。招标文件与现场情况不符；在招标文件上表达不清（包括设计图纸和说明书互相矛盾以及发现设计文件出现遗漏或错误）；施工现场的地质、水文等情况使施工受到限制；招标文件指出的自然或人为的施工条件与实际情况不符；在招标文件中明确指出的施工条件，但却发生了未预料到的实际情况。

（2）工程内容变更。建设单位要求修改、变更的工程内容。

（3）延长工期。由于天气等客观条件的影响而使工程被迫暂时停工，需延长工期。

（4）缩短工期。建设单位因某些理由必须缩短工期，要求加快施工进度。

（5）因投资和物价发生较大变动而改变承包金额。

（6）发生天灾及其他不可抗拒力。如暴风、大雨、洪水、海潮、地震、沉陷、火灾等自然或人为事件，对已完工程、临时设施、已运进现场的施工材料、施工机械和工具等造成的重大损失。

3．工程变更的控制原则

工程变更无论是建设单位、施工单位或监理工程师提出，无论变更是何内容，均需书面发出工程变更指令，设计变更要建立严格的审批制度。施工单位按要求进行下列变更：

（1）更改工程有关部分的标高、基线、位置和尺寸。

（2）增减合同中约定的工程量。

（3）改变有关工程的施工时间和顺序。

（4）其他有关工程变更需要的附加工作。

4．工程变更价款的确定

（1）工程量清单漏项或由于设计变更引起新的工程量清单项目，其相应综合单价由承包方提出，经发包人确认后作为结算的依据。

（2）由于设计变更引起工程量增减部分，属合同约定幅度以内的，应执行原有的综合单价；增减的工程量属合同约定幅度以外的，其综合单价由承包人提出，经发包人确认后作为结算的依据。

（3）由于工程量的变更，且实际发生了除《计价规范》中工程量清单计价 4.0.9 条规定以外的费用损失，承包人可提出索赔要求，与发包人协商确认后，给予补偿。

5.2　工程量清单报价的内容

5.2.1　清单报价的编码与单位

清单报价的编码以 12 位阿拉伯数字表示。第一位至第九位为统一的项目编码，其中第一位至第二位为附录顺序码，第三位至第四位为专业工程顺序码，第五位至第六位为分部工程顺序码，第七位至第九位为分项工程项目名称顺序码，第十位至第十二位为清单项目名称顺序码。

清单报价的计量单位是以基本计量单位为标准的，如："吨"、"立方米"、"平方米"、"米"、"樘"、"套"、"个"等。

在清单报价综合单价分析中一定要注意计量单位的统一。

5.2.2　清单报价分项计量的有效位数

清单报价分项计量工程量的有效位数应按照我国颁布的《建设工程工程量清单计价规范》中的规定。

在工程量以"吨"为单位的清单项目中，应保留小数点后三位数字，第四位四舍五入。

在工程量以"立方米"、"平方米"、"米"为单位的清单项目中，应保留小数点后两位数字，第三位四舍五入。

在工程量以"个"、"项"等为单位的清单项目中，应保留整数。

5.2.3　清单报价的编制方法

在建设工程施工招标投标过程中，由具有编制招标文件的招标人或委托具有相应资质的中介单位编制拟建工程的工程量清单。清单作为招标文件的组成部分随招标文件发给投标人，投标人根据所列清单的项目、数量进行报价。因此我们必须全面了解清单报价所包括的内容和报价的编制方法。

工程量清单报价应包括清单所列项目的全部费用，包括分部分项工程费、措施项目费、其他项目费、规费、税金共五项内容。

招标文件应当包括招标项目的技术要求和投标报价要求。工程量清单体现了招标人要求投标人完成的工程项目及相应工程数量，全面反映了投标报价要求，是投标人进行报价的依据，工程量清单应是招标文件不可分割的一部分。

工程量清单应反映拟建工程的全部工程内容，并为实现这些工程内容而进行的其他工作。借鉴外国实行工程量清单计价的做法，结合我国当前实际情况，我国的工程量清单由分部分项工程量清单、措施项目清单和其他项目清单组成。

5.2.3.1　分部分项工程量清单的编制

（1）分部分项工程量清单应表明拟建工程的全部分项实体工程名称和相应数量，编制时应避免错项、漏项。

（2）分部分项工程量清单应做到四个统一，即项目编码统一、项目名称统一、计量单位统一、工程量计算规则统一。招标人必须按规定执行，不得因情况不同而变动。

（3）分部分项工程量清单编码按《计价规范》采用五级编码制。

第五级编码的设置应注意以下几个问题：

1）一个项目编码对应一个项目名称、一个计量单位、一个工程、一个单价、一个合价。

2）项目编码不设副码（如 010405001104－1），也不在第四级编码后和第五级编码前加横杠（如：010405001－104）。每个项目的第五级编码用 3 位阿拉伯数字表示，可包括

999 个项目，在具体工程上足够用了。

例如：实心粘土砖墙项目（项目编码 010302001），按其墙的类型分为：内墙、外墙、直形墙、弧形墙、双面混水墙、双面清水墙、单面清水墙八种；砌筑砂浆分为：水泥砂浆和混合砂浆两种，其砂浆强度又分 M1.0、M2.5、M5、M7.5、M10 五个等级。按砖强度等级分为 MU7.5、MU10、MU15、MU20、MU25、MU30 六种；理论组合有上千个项目，但工程中常用项目只有 10 多个项目，在一个具体工程上也只有几个项目，为此，大可不必再加副码。加副码和在四、五级编码间加横杠，都会增加计算机存储量，降低运算速度。

3）第五级项目编码，由工程量清单编制人自行设置，同一工程不允许出现重码，不同工程重码是不可避免的。

例如：某一工程中 010401001001 表示混凝土 C30 带形基础，同时 010401001001 也表示混凝土 C25 带形基础，上述项目编码是错误的；正确的应是 010401001001 表示混凝土 C30 带形基础，010401001002 表示混凝土 C25 带形基础。

某一工程中 010401001001 表示混凝土 C30 带形基础，另一工程中 010401001001 表示混凝土 C25 带形基础。上述项目编码在不同工程中重码是允许的。

4）《计价规范》第五级编码应根据具体工程项目特征，自行设置。在具体操作中，特别注意个别特征不同而多数特征相同的项目，必须慎重考虑并项，否则会影响投标人的报价质量，或给工程变更带来不必要的麻烦。

例如：某多层砖混住宅楼，240 厚双面混水墙体，砖强度 MU10，混合砂浆 M5 砌筑，工程量 462m³；工程内墙，240 厚双面混水墙体，砖强度 MU10，混合砂浆 M5 砌筑，工程量 325m³；工程外墙，240 厚单面清水墙体，砖强度 MU10，混合砂浆 M5 砌筑，工程量 284m³。上述墙体是否能并项，要谨慎考虑。

（4）分部分项工程量清单项目名称的设置，应考虑三个因素：

1）附录中的项目名称：《计价规范》规定项目名称应以工程实体命名。这里所指的工程实体，有些项目是可用适当的计量单位计算的简单完整的施工过程的分部分项工程，有些项目是分部分项工程的组合。不论是上述的哪一种，项目名称的命名应规范、准确、通俗，以避免投标人报价的失误。

2）附录中的项目特征：项目特征，是指分项工程的主要特征。该栏目是提示工程量清单编制人，应在工程量清单的"项目名称"栏目中描述的项目特征和包括的分项工程，如：砖基础项目不仅描述基础类型、埋设深度等，还包括基础垫层的厚度、宽度或面积，材料种类等。

3）拟建工程的实际情况：工程量清单编制时，以附录中的项目名称为主体，考虑该项目的规格、型号、材质等特征要求，结合拟建工程的实际情况，使其工程量清单项目名称具体化、细化，能够反映影响工程造价的主要因素。附录清单栏目中未列的项目特征，而拟建工程分项中具有的特征，应在工程量清单的"项目名称"栏内进行补充；附录清单"项目特征"栏目中已列的项目特征，而拟建工程分项中不具有的特征，在工程量清单"项目名称"栏目内，不应再列。

（5）凡附录中的缺项，工程量清单编制时，编制人可作补充。补充项目应填写在工程量清单相应分部工程项目之后，并在"项目编码"栏中以"补"字示之。

（6）计量单位：《计价规范》规定基本计量单位必须按附录规定统一设置，以利于经济技术资料的分析对比。

（7）工程量计算规则：是对分部分项工程实物量的计算规定。招标人必须按该规则计算工程实物量；投标人也应按同一规则校核工程实物量。

缺项的补充，必须在该补充项目清单本页的页角，对补充项的工程量计算规则进行描述。补充的工程量计算规则必须符合下述原则：

1）工程量计算规则要具有可计算性，不可出现类似于"竣工体积"、"实铺面积"等不可计算的规则。

2）计算结果要具有唯一性。

（8）工程内容：是工程施工和报价的主要内容，工程内容与项目特征有着对应的关系，如：地面项目，工程特征有：垫层种类、厚度，找平层材料种类、厚度，面层材料品种、规格、品牌、颜色，对应的工程内容有：垫层铺设，抹找平层和粘贴面层。

5.2.3.2 分部分项工程量清单计价表的填写与报价

分部分项工程量清单计价表的填写（表5.1），首先列出章的名称，如：A.1 土石方工程，以下不再列节的名称，直接排列项目，章名称与项目之间用空行进行分隔，项目与项目之间也使用空行分隔，不主张以横直线分隔。项目序号、项目编码、项目名称、计量单位、工程数量、综合单价、合价列为一行，以示一个项目的排列开始。不主张将项目序号、项目编码列在该项目描述的中部，此种操作方法，势必形成项目与项目之间必须以横线分隔，因各项目特征描述多少不一，横直线分隔距离不同影响美观。

表 5.1   **分部分项工程量清单计价表**

工程名称：××工程   第 页 共 页

序号	项目编码	项目名称	计量单位	工程数量	金额（元）	
					综合单价	合价
	A.1					
1	010101003001	土石方工程 挖基础土方 土壤类别：三类土 基础类型：砖大放脚 带形基础 垫层宽度：1200mm 挖土深度：1.5m 弃土运距：5km	m³	288.10	41.54	11967.67
2	010402001001	矩形柱 首层240外墙上GZ1 柱截面：240×370 混凝土强度等级：C30 混凝土拌和料要求：中砂碎石	m³	135.26	972.95	131601.22

分部分项工程量清单计价表中综合单价分析，将在本书第 6 章中详细讲解。

投标人报价，在有企业内部消耗量定额或综合单价表的情况下，最好使用企业内部成果报价，以反映本企业个别成本。在无企业内部消耗量定额或综合单价表的情况下，只有参考现行有关地方定额和相关资料进行报价。

分部分项工程量清单计价表编制中存在的现实问题有：

（1）参考现行消耗量定额报价。由于现行有关消耗定额编制过细，难以适应快速报价。

（2）参考现行预算定额报价。由于现行预算定额已经套价换算价格比较麻烦，要适应快速报价也有一定困难。

（3）参考综合单价表报价。据了解目前各地还没有一个地方真正编制出既反映主材消耗量，又带价格的综合单价表。

（4）计算各项目主材消耗量，并套上各主材价格，形成拟建工程主材费用，以主材费用乘以系数形成报价。该方法能够适应快速报价，但需要较长时间的资料积累才能实现。

5.2.3.3　附录编制的主要参考资料

（1）全国统一的预算定额、基础定额、消耗量定额。

（2）有关省、自治区、直辖市现行工程预算定额、消耗量定额。

（3）FIDIC 工程施工合同条件。

5.2.3.4　相关的设计、施工规范、标准

1. 措施项目清单的编制

（1）措施项目清单的编制，应考虑多种因素，除工程本身的因素外，还涉及施工企业的实际情况和水文、气象、环境、安全等。措施项目清单以"项"为计量单位，相应数量为"1"。

（2）影响措施项目设置的因素太多，因情况不同，工程量清单编制人可作补充。补充项目应列在清单项目最后，并在"序号"栏中以"补"字示之。

2. 其他项目清单的编制

（1）工程建设标准的高低、工程的复杂程度、工程的工期长短、工程的组成内容等直接影响其他项目清单中的具体内容。其中：预留金为主要考虑可能发生的工程量变更而预留的金额；总承包服务费包括配合协调招标人工程分包和材料采购所需的费用。

（2）为了准确的计价，零星工作项目表应详细列出人工、材料、机械名称和相应数量。人工应按工种列项，材料和机械应按规格、型号列项。

（3）其他项目清单中的预留金、材料购置费和零星工作项目费，均为估算、预测数量，虽在投标时计入投标人的报价中，不应视为投标人所有。竣工结算时，应按承包人实际完成的工作内容结算，剩余部分仍归招标人所有。

3. 综合单价计价

为了简化计价程序，实现与国际接轨，工程量清单计价采用综合单价计价，综合单价计价是有别于现行定额工料单价计价的另一种单价计价方式，应包括完成规定计量单位、合格产品所需的全部费用，考虑我国的现实情况，综合单价包括除规费、税金以外的全部费用。综合单价不但适用于分部分项工程量清单，也适用于措施项目清单、其他项目清单等。

建设工程计价方式与合同价的确定，在建设工程施工招标投标过程中，是一个非常重要的环节，也是招投标双方极其关切的焦点。从投资方来讲，体现着所投入的资金是否得到了充分的运用、是否最大地发挥了投资效益、是否存在投资浪费的问题。从施工企业来讲，是关乎着企业的运筹和努力能否得到回报、能否得到确认、是否存在利润空间的大问题。因此招投标双方对《建设工程工程量清单计价规范》所规定的计价方式，都必须有一个全面和细致的了解。

所谓规费，即国家或地方造价管理部门规定的、允许列入工程报价内容的费用，如定额测定费等。这一项费用各地没有统一规定，报价时根据招标文件的要求填报。关于税金，即是我们平时所说的两税一费（营业税、城市维护建设税和教育费附加），税额根据税务部门的统一规定计取。

税金一项，虽然列入清单报价内容，但却不是投标人的收入，而是收取以后需要上缴的费用，所以五项报价主要以前三项为主。

工程量清单报价表由以下几种表格组成：

- 工程量清单报价表
- 投标总价
- 工程项目总价表
- 单项工程费汇总表
- 单位工程费汇总表
- 分部分项工程量清单计价表
- 措施项目清单计价表
- 其他项目清单计价表
- 零星工作项目计价表
- 分部分项工程量清单综合单价分析表
- 措施项目费分析表
- 主要材料价格表

【例 5.1】 工程量清单报价表格式。

工 程 量 清 单 报 价 表

投　标　人：_____（单位签字盖章）

法定代表人：_____（签字盖章）

造价工程师
及注册证号：_____（签字盖执业专用章）

编 制 时 间：

投 标 总 价

建设单位：

工程名称：

投标总价(小写)：

（大写）：

投　标　人：_____（单位签字盖章）

法定代表人：_____（签字盖章）

编 制 时 间：

工 程 项 目 总 价 表

工程名称：　　　　　　　　　　　　　　　　　　　　　　第　页　共　页

序号	单项工程名称	金额（元）
合计		

单 项 工 程 费 汇 总 表

工程名称：　　　　　　　　　　　　　　　　　　　　　　第　页　共　页

序号	单项工程名称	金额（元）
合计		

单 位 工 程 费 汇 总 表

工程名称：　　　　　　　　　　　　　　　　　　　　　　第　页　共　页

序号	项　目　名　称	金额（元）
1	分部分项工程量清单计价合计	
2	措施项目清单计价合计	
3	其他项目清单计价合计	
4	规费	
5	税金	
合计		

分部分项工程量清单计价表

工程名称：   第 页 共 页

序号	项目编码	项目名称	计量单位	工程数量	金额（元）	
					综合单价	合价
		本页小计				
		合 计				

措 施 费 清 单 计 价 表

工程名称：   第 页 共 页

序号	项目名称	金额（元）
	合 计	

其他项目清单计价表

工程名称：   第 页 共 页

序号	项目名称	金额（元）
1	招标人部分	
	小 计	
2	投标人部分	
	小 计	
	合 计	

零星工作项目计价表

序号	名称	计量单位	数量	金额（元）	
				综合单价	合价
1	人工				
	小计				
2	材料				
	小计				
3	机械				
	小计				
	合计				

分部分项工程量清单综合单价分析表

序号	项目编码	项目名称	工作内容	综合单价组成					综合单价
				人工费	材料费	机械使用费	管理费	利润	

措 施 项 目 费 分 析 表

工程名称：   第 页 共 页

序号	措施项目名称	单位	数量	金 额（元）					
				人工费	材料费	机械使用费	管理费	利润	小计
	合计								

主 要 材 料 价 格 表

工程名称：   第 页 共 页

序号	名 称	计量单位	数量	金额（元）	
				综合单价	合价

工程量清单计价格式的填写应符合下列规定：

（1）工程量清单计价格式应由投标人填写。

（2）封面应按规定内容填写、签字、盖章。

（3）投标总价应按工程项目总价表合计金额填写。

（4）工程项目总价表的单项工程名称应按单项工程费汇总表的工程名称填写；表中金额应按单项工程费汇总表的合计金额填写。

（5）单项工程费汇总表的单位工程名称应按单位工程费汇总表的工程名称填写；表中金额应按单位工程费汇总表的合计金额填写。

（6）单位工程费汇总表中的金额应分别按照分部分项工程量清单计价表、措施项目清单计价表和其他项目清单计价表的合计金额和有关规定计算的规费、税金填写。

（7）分部分项工程量清单计价表中的序号、项目编码、项目名称、计量单位、工程量必须按分部分项工程量清单中的相应内容填写。

（8）措施项目清单计价表中的序号、项目名称必须按措施项目清单中的相应内容填写；投标人可根据施工组织设计采取的措施增加项目。

（9）其他项目清单计价表中的序号、项目名称必须按其他项目清单中的相应内容填写；投标人部分的金额必须按《建设工程工程量清单计价规范》5.1.3条中招标人提出的数额填写。

（10）零星工作项目计价表中的人工、材料、机械名称、计量单位和相应数量应按零星工作项目表中相应的内容填写，工程竣工后零星工作费应按实际完成的工作量所需费用结算。

（11）分部分项工程量清单综合单价分析表和措施项目费分析表，应由招标人根据需要提出要求后填写。

（12）招标人提供的主要材料价格表应包括详细的材料编码、材料名称、规格型号和计量单位等；所填写的单价必须与工程量清单计价中采用的相应材料的单价一致。

5.3　工程量清单计价分析

5.3.1　分部分项工程量清单计价及综合单价分析

清单报价的全部内容除去规费和税金以外，就是分部分项工程费、措施项目费和其他项目费。在这三项报价中占比例最大、也是最难报的应属分部分项工程费。

1. 分部分项工程费

随招标文件发放的工程量清单，主要的是由 12 位编码组成的分部分项工程量清单。分部分项工程费报价时采用的是综合单价法，即每个编码项目费用中包括完成工程量清单中一个规定计量单位项目所需要的人工费、材料费、机械使用费、管理费和利润，并考虑风险因素。

2. 人工费、材料费和机械使用费

每一项都是由"量"和"价"两个因素组成的，即一个规定计量单位中所需要消耗的人工数量、材料数量和机械台班数量以及人工单价、材料单价、机械台班单价所组成的费用。因此就这两项决定因素进行深入研究，即这两个因素的"值"是如何取定的，也就是"量"和"价"的标准是如何确定的问题。

（1）首先谈消耗量。每一个规定计量单位编码项目的人、材、机消耗量，在有企业定额的前提下，采用企业定额的消耗量标准。但在目前，大多数企业编制企业定额是不太现实的，没有企业定额可以采用地方定额。地方定额的消耗量标准是根据正常施工条件和合理的劳动组织条件、国家颁发的施工及验收规范、质量评定标准和安全操作规程为依据，并经多年的资料积累而编制的，带有普遍性和科学性。在目前，一般企业并没有企业定额，在报价时地方定额是完全可以信赖的标准。当然，在《清单规范》实施以后，各施工企业也必须根据已完工程积累资料，建立本企业的资料库，这样使用起来才能得心应手，更接近本企业的实际情况。

（2）其次，就是人、材、机市场价格的取向。人、材、机的市场价格可从多渠道获取，但是最直接、最快捷、最准确的还是本企业材料供应部门所掌握的信息。因为建筑材料根据市场供求关系价格变化快。另外即使是同一种建筑材料，在同一供货时期，如果是不同的进货渠道、不同的供应方式、不同的付款方式，其价格也不会相同。这些复杂的信息只能是自己掌握而不能求助于他人。因此企业要有自己的材料供应网，要有平时积累的大量价格信息资料，这样才能做到处变不惊，从容应对多变的形势。

3. 另外关于企业管理费和利润的确定

因为企业管理费和利润这两项也都包括在清单的报价中，企业应当根据自己的实力、竞争的要求、预期达到的目的并参考地方定额的标准来确定这两项的比率，或高或低，由企业自主决定。

4. 分部分项工程量清单分析中应注意的问题

（1）在《计价规范》附录 A、附录 B 项目编码中均有油漆工程，在此应注意，《计价规范》附录 A 的油漆工程是同门窗工程同时发包的，而《计价规范》附录 B 中的油漆工程是单独发包的油漆工程。

在《计价规范》附录 A 中防水、防潮工程是同墙、地面工程同时发包的，而《计价规范》附录 B 中的防水、防潮工程是单独发包的防水、防潮工程。

（2）另外还需注意，在综合单价中的主要材料价格一定要与主要材料价格表中的取值一致。因为在建设工程造价中建筑材料占较大的比例，一旦主要材料价格取值有偏差，就会造成建设工程造价的失实。

（3）《计价规范》附录 A.4.18 第 19 条：现浇构件中固定位置的支撑钢筋、双层钢筋用的"铁马"、伸出构件的锚固钢筋、预制构件的吊钩等，应并入钢筋工程量内。招标人在编制钢筋清单项目时，应根据工程的具体情况，可将不同种类、规格的钢筋分别编码列项；也可分 φ10 及以内和 φ10 以上编码列项。

（4）混凝土输送泵由施工单位提供，应将泵送费列入措施项目费内；混凝土输送泵由商品混凝土厂家提供，并包括在商品混凝土价格内，其泵送费列在分部分项工程量清单报价内。

（5）标底是指招标人或委托的工程造价咨询单位在工程量清单的基础上编制的一种预期价格，是招标人对建设工程预算的期望值，标底并不是决定投标能否中标的标准价，而只是对投标进行评审和比较时的一个参考价。因此，在编制标底时，招标人或中介咨询机构一定要依据项目的具体情况，考虑常用的、合理的施工方法、施工方案进行编制。

（6）同一分部分项工程项目招标方提供的工程量清单是按招标文件来确定描述工程特征，其表述的是工程实体的内容，它与施工方法、施工方案没有关系，采用何种施工方法、施工方案来完成实体的施工由投标方决定。实体的内容是不能做修改或补充的。

5.3.2 措施项目清单计价及项目费分析

措施项目清单中所列的措施项目均以"一项"为一个报价单位，即一项措施报一个总价。当然在总价中也要分解成人、材、机的费用及企业管理费和利润这五项内容。

《清单规范》所列通用项目 11 项、建筑工程 1 项的内容，在原定额中有的是属于直接费的项目，如大型机械设备进出场及垂直运输费用、模板及支架、脚手架、施工排降水等；有的是包含在各子目中，如二次搬运费、已完工程及设备保护费等；有的是属于现场管理费的内容，如临时设施等。而现在单独列项的文明施工、安全施工、环境保护原来都包含在临时设施中。以上项目除融入各子目中的内容以外，原来的计算方式或者按建筑平米，或按规定的比率，都是比较简捷的。现在每项都需要根据施工组织设计的要求以及现场的实际情况进行仔细拆分、详细计算才会有结果的。

比如"临时设施"这一项，概括起来包括以下几方面的内容。第一是临时建筑，如临时宿舍、办公室，临时仓库、加工厂，临时文化福利用房等；第二是临时设施，如临水、临电、小型临时设施等；第三是道路，包括施工道路的铺设、硬化及塔式起重机基础等。临时设施费包括了以上建设项目的搭设、租赁、摊销、维护以及拆除的全部费用。以上诸项都要单独计算出结果再进行综合，并且要详细分成人、材、机的费用进行报价，计算起来是非常复杂的。

措施项目清单计价及项目费分析措施项目中每一项都包括了很多具体内容，而且都要像临时设施一样进行分解计算，可见其计算量是非常大的。在任务紧急、时间不足、资料不充分的情况下，也可以参考地方定额采用简单的计算方法进行报价。如脚手架费用、垂直运输费、二次搬运费等按建筑平米计算；临时设施按直接费的一定比率计算，这也不失为一种简单的计算方法。

措施项目清单中，业主提供的措施清单有可能不是最优的方案，根据《计价规范》3.3.1 条，招标人在编制措施项目清单时只需列项目名称，而不提供具体施工方案，投标人可根据招标人所列项目和自身的施工方案进行报价。

在实际工程中预制混凝土构件的模板费，如果是施工单位购入的预制混凝土构件，则不再将价格中的模板费列入措施项目费；若非购入的预制混凝土构件及现场就位预制构件的模板费，应列入措施项目费。

投标人未填报单价的项目，工程量变更减少或实际工程量与发布量不同时，投标人未填报单价的项目，视为其费用已包含在其他项目中，与填表须知第 3 条相同。若工程量变更增减或实际量与招标清单量不同时，按《计价规范》4.0.9 条规定或按合同约定处理。

计价表格中的"措施项目分析表"，每一措施项目填表计量单位为"项"，数量为"1"。招标人可在招标文件中自行设计一个"附表"，要求投标人作详细分析（如外架子、内架子、满堂架子等工程量及综合单价各是多少）。招标人可以要求投标人对有关的措施项目按"措施项目分析表"进行分析，一般按《计价规范》所列表格执行即可。

5.3.3　其他项目清单计价

《清单规范》所列其他项目清单共四项，即预留金、材料购置费、总承包服务费、零星工作项目费等。

预留金，主要考虑可能发生的工程量变更而预留的金额。此处提出的工程量变更主要是指工程量清单漏项、有误引起工程量的增减和施工中的设计变更引起的标准提高或工程量的增加等。根据《计价规范》2.0.5 条，预留金应由招标方视工程情况进行编制。预留金是招标人为可能发生的工程量变更而预留的金额，投标时投标人按招标人提供的金额填写。结算时，按实际发生进行调整。

总承包服务费包括配合协调招标人进行的工程分包和材料采购所需要的费用。这里有两点需要说明：第一，此处提出的分包是指国家允许的分包工程，例如总包单位必须完成结构工程，其他专业工程方可分包；第二，必须是建设单位将装饰工程或其他专业工程指定发包给其他施工单位时，总包单位方可向建设单位计取因交叉作业而影响的经济补偿费，即总承包服务费。如果是总包单位自行将工程分包，则不得向建设单位计取总承包服务费。

以上四项中预留金、材料采购费属于招标人的费用，报价时均为估算，虽在投标时计入投标人的报价中，但不应视为投标人所有，到竣工结算时按承包人实际完成的工作量结算。

总承包服务费应根据招标人提出要求所发生的费用确定，零星工作项目费应根据招标文件中的"零星工作项目计划表"确定。其他项目费均按"项"报价，每一项报一个总价。

招标人视工程情况在零星工作项目计价表中列出有关内容，并标明暂定数量，这是招标人对未来可能发生的工程量清单项目以外的零星工作项目的预测。投标人根据表中内容响应报价，这里的"单价"是综合单价的概念，应考虑管理费、利润、风险等；招标人没有列出，而实际工作中出现了工程量清单项目以外的零星工作项目，可按合同规定或按《计价规范》4.0.9条进行调整。

费用计算规则中，不可竞争费用包括：

（1）现场安全文明施工措施费

（2）工程定额测定费

（3）安全生产监督

（4）建筑管理费

（5）劳动保险费

（6）税金

5.3.4 工程量清单报价表的整理

完成了上述工作以后，按照《计价规范》中工程量清单计价格式进行工程量清单报价表的整理，形成一个完整的工程量清单报价。

整理内容包括：封面、投标总价、工程项目总价表、单项工程汇总表、单位工程汇总表、分部分项工程量清单计价表、措施项目清单计价表、其他项目清单计价表、零星工作项目计价表、分部分项工程量清单综合单价分析表、措施项目费分析表、主要材料价格表。

通过整理进行表格之间的复核、审校，核对无误后，签字盖章，装订形成一个完整的工程量清单报价投标文件。

思 考 题

1. 试述工程量清单由哪几种分项清单组成。

2. 试述分部分项工程量清单的"四统一"原则。

3. 什么是分部分项工程量清单？

4. 项目规定统一编码有什么意义？采用12位数码表示工程量清单编码，其12位编码分别代表什么含义？

5. 若选定中标单位后，发现工程量清单中遗漏某分项工程内容，该分项工程该如何计价？

6. 实行工程工程量清单计价模式的费用构成？

7. 实行工程工程量清单计价对工程招投标有何现实意义？

8. 分部分项工程量清单综合单价计算表都由哪些内容组成？在实际计算中应注意的

问题有哪些？

9. 某工程有直形楼梯两部，其工程量分别为 35m²、50m²；弧形楼梯一部，其工程量为 32m²；经查《建设工程工程量清单计价规范》所给的编码分别为：010406001，直形楼梯；010406002，弧形楼梯；试根据《建设工程工程量清单计价规范》的要求，分别列出三部楼梯的项目编码。

第6章　工程量清单的费用构成与综合单价

1. 知识点和教学要求
（1）掌握综合单价编制程序和步骤。
（2）理解综合单价编制原则和编制依据。
（3）了解工程量清单的费用构成及影响综合单价确定的因素。
2. 能力培养要求
培养学生掌握利用定额编制综合单价的能力。

6.1　工程量清单计价模式下建筑安装工程费用构成

清单综合单价计价模式与定额计价模式费用构成具有相当大的差异。定额计价模式下的费用构成见图6.1。

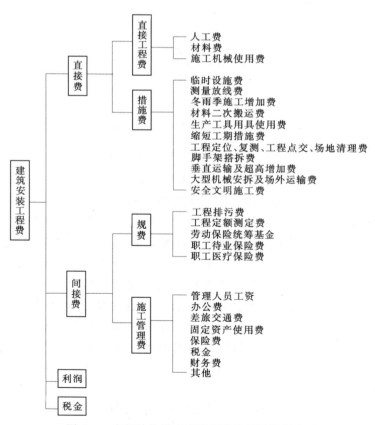

图 6.1　定额计价模式下建筑安装工程费用构成

工程量清单计价模式的费用构成包括分部分项工程费、措施项目费、其他项目费以及规费和税金。其费用构成见图 6.2。

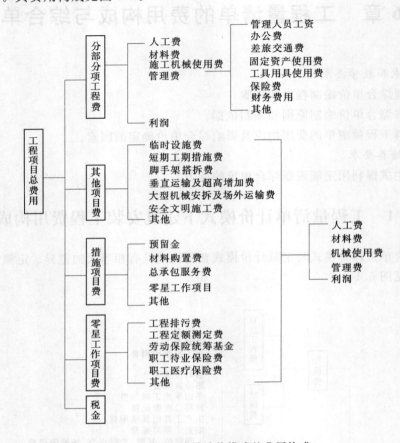

图 6.2　工程量清单计价模式的费用构成

　　可见清单综合单价计价模式下的费用构成与定额计价模式下的费用构成是不同的。定额计价模式下的费用构成包括直接费、间接费、利润、税金。综合单价计价模式下的费用构成包括分部分项工程费、措施项目费、其他项目费。与传统定额预算法有着根本的区别，它包括了定额计价预算中的直接费，还增加了管理费和利润两部分，同时考虑风险因素最终形成单价，是有别于现行定额工料单价计价的另一种单价计价方式。传统的定额预算法中的直接费是指直接凝固到建筑产品中的人工费、材料费、机械使用费，而管理费属于间接费的范畴。综合单价计价法是包括完成规定计量单位、合格产品所需的全部费用，它以完整的建筑产品的全部直接费为基数，乘以管理费费率得到管理费金额，它按照建筑产品形成过程中的分部分项工程产品来构成建筑产品价格。分部分项工程类似于一台机器的零部件，构成它自身相对完整的产品价格，这样更便于工程造价的管理、核算和结算。

　　单价计价模式下的费用构成与定额计价模式下的费用构成的不同具体体现在以下几个方面。

1. 编制工程量的单位不同

采用传统定额预算计价办法的建设工程的工程量分别由招标单位、投标单位分别按图计算。而工程量清单计价则是工程量由招标单位统一计算或委托有工程造价咨询资质的单位统一计算，工程量清单是招标文件的重要组成部分，各投标单位根据招标人提供的工程量清单，根据自身的技术装备、施工经验、企业成本、企业定额、管理水平自主填写报价。

2. 编制工程量清单的时间不同

传统的定额预算计价法是在发出招标文件后编制（招标人与投标人同时编制或投标人编制在前，招标人编制在后），工程量清单报价法必须在发出招标文件前编制。

3. 表现形式不同

采用传统的定额预算计价法一般是总价形式，工程量清单报价法采用综合单价形式，综合单价包括人工费、材料费、机械使用费、管理费、利润，并考虑风险因素，工程量清单报价具有直观、单价相对固定的特点，工程量发生变化时，单价一般不作调整。

4. 编制的依据不同

传统的定额预算计价法工程量依据施工图纸；人工、材料、机械台班消耗量依据建设行政主管部门颁发的预算定额计算；人工、材料、机械台班单价依据工程造价管理部门发布的价格信息进行计算。工程量清单报价法，根据建设部第107号令规定，标底的编制根据招标文件中的工程量清单和有关要求、施工现场情况、合理的施工方法以及建设行政主管部门制定的有关工程造价计价办法编制。企业的投标报价则根据企业定额和市场价格信息，或参照建设行政主管部门发布的社会平均消耗量定额编制。

5. 费用组成不同

传统预算定额计价法的工程造价由直接工程费、现场经费、间接费、利润、税金组成。工程量清单计价法工程造价包括分部分项工程费、措施项目费、其他项目费、规费、税金；包括完成每项工程所包含的全部工程内容的费用；包括完成每项工程内容所需的费用（规费、税金除外）；包括工程量清单中没有体现的，施工中又必须发生的工程内容所需费用，包括风险因素而增加的费用。

6. 评标采用的办法不同

传统预算定额计价投标一般采用百分制评分法。工程量清单计价法投标，一般采用合理低报价中标法，既要对总价进行评分，还要对综合单价进行分析评分。

7. 项目编码不同

传统的预算定额项目编码，全国各省自治区、直辖市采用不同的定额子目；采用工程量清单计价，全国实行统一编码，项目编码用12位阿拉伯数字表示。一到九位为统一编码，其中，一、二位为附录顺序码，三、四位为专业工程顺序码，五、六位为分部工程顺序码，七、八、九位为分项工程项目名称顺序码，十到十二位为清单项目名称顺序码。前九位码不能变动，后三位码由清单编制人根据设置的清单项目编制。

8. 合同价调整方式不同

传统的定额预算计价合同价调整方式有：变更签证、定额解释、政策性调整。工程量清单计价法合同价调整方式主要是索赔。工程量清单的综合单价一般通过招标中报价的形式，一旦中标，报价作为签订施工合同的依据相对固定下来，工程结算按承包商实际完成工程量乘以清单中相应的单价计算，减少了调整活口。采用传统的预算定额，经常有这个定额解释那个定额规定，结算中又有政策性文件调整。工程量清单计价单价不能随意调整。

9. 计算工程量时间前置

工程量清单，在招标前由招标人编制。也可能业主为了缩短建设周期，通常在初步设计完成后就开始施工招标，在不影响施工进度的前提下陆续发放施工图纸，因此承包商据以报价的工程量清单中各项工作内容下的工程量一般为概算工程量。

10. 达到了投标计算口径统一

因为各投标单位都根据统一的工程量清单报价，达到了投标计算口径统一。不再是传统预算定额招标，各投标单位各自计算工程量，各投标单位计算的工程量均不一致。

11. 索赔事件增加

因承包商对工程量清单单价包含的工作内容一目了然，故凡建设方不按清单内容施工的，任意要求修改清单的，都会增加施工索赔的因素。

6.2　影响综合单价确定的因素

在第 5 章中我们介绍了工程量清单的编制方法，其中一个内容就是分部分项工程量清单综合单价分析表，在《计价规范》中分别对综合单价与清单计价给出了定义："综合单价是完成一个规定计量单位工程所需的人工费、材料费、机械使用费、管理费和利润，并考虑风险因素。""工程量清单计价应包括招标文件规定完成工程量清单所需的全部费用，包括分部分项工程费、措施项目费、其他措施项目费、规费和税金。"在《计价规范》中还规定：工程量清单应采用综合单价计价。

6.2.1　采用综合单价计价法的内涵和意义

（1）它宣告我国的计价方式开始与国际接轨，我国传统的定额计价办法被逐步取代。当然我国现行的综合单价还没有构成像国际上通行的完整的分部分项产品价格，即还不是完全的综合单价法。它是沿用我国积累多年经验的定额直接费的思路，加上管理费和利润，目前更符合国情，有利于工程量清单计价模式的推广与运用，为真正意义上的工程量清单计价的形成探索和积累经验。

（2）由于工程量清单计价模式要求的是企业自主报价，那么企业定额将成为工程量清单计价的一个重要特征，在《计价规范》中给出了企业定额的定义："施工企业根据本企业施工技术和管理水平以及有关工程造价资料制定的，并供本企业使用的人工、材料和机械台班消耗量标准。"这样更有利于将施工企业推向市场，获得真正的源动力。企业定额的编制将以分部分项产品为基础形成费用，反映了分部分项工程的真实价值。

（3）任何工程建设都存在着风险，对业主或承包商都是如此，在定义综合单价时，规范强调了"考虑风险因素"，这是一个很大的突破，从根本上反映了市场经济的规律。提倡企业强化风险意识，加强风险预测和决策，加强风险防范和风险管理，从而对促进我国工程建设经济体制改革有着极其重要的意义。

6.2.2 影响综合单价确定因素的分析

影响综合单价的因素是复杂多变的，有宏观和微观两大方面。在做综合单价分析前要对投标须知及附录、技术规范、图纸和工程量清单等方面对招标文件进行充分的研究与分析；工程所在地的经济与文化的发展状况以及社会环境等因素的影响，要对竞争对手的情况进行调查；市场的价格因素与社会需求的影响；新材料、新技术等相关产业的发展状况和企业自身的改革与发展因素的影响；并要充分考虑施工总进度计划、施工方法、分包计划、资源安排等因素对综合单价分析的影响；不同的业主及其不同的投资心态、不同的设计水平、不同的承包企业及其施工水平以及工程建设的地理位置，都会对综合单价的确定产生不同方面的影响。无论是业主还是承包商均需对不同方面进行分析和研究。

6.2.2.1 从宏观上讲存在着以下几项影响因素

1. 市场因素

政府宏观控制、市场形成价格是《计价规范》的一条重要原则，工程产品的价格受市场波动的影响呈现动态变化之势。市场需求的变化，技术、资金、人工、材料、设备、能源要素市场的变化，均反映在费用价格信息中，这些都是影响综合单价分析的决定性因素。

2. 业主因素

业主是工程的投资方，是工程建设市场的主体，也是影响工程价格的重要因素，特别是在买方市场中起着极其重要的作用。业主的投资实力、投资心态，决策的正确与否，都是决定工程综合单价分析的重要因素。

3. 设计、咨询、监理与施工因素

设计、咨询、监理与施工承包商对综合单价确定的影响因素集中体现在这些企业的技术素质、服务水平，及其相应工程技术人员的职业素质和技术水平等方面。设计图纸是决定工程造价的直接因素，设计上的浪费远远大于施工中的浪费，设计质量不仅对工程造价产生直接的影响，而且会对产品质量、工程造价的形成过程和施工管理过程产生重大的影响；造价咨询、监理都应当节约投资，对降低工程造价要有高度的责任感，对设计提出合理化的修改建议，从根本上对投资进行控制。

4. 施工现场条件与环境因素

工程所在地的自然环境与周边社会环境等，如施工现场的水文、地质、平面布置、环保、安全、能源、交通，也会造成相应的造价风险因素，这些都与分部分项工程项目、措施项目和其他项目的费用直接或间接相关，对这些要做好充分的了解，以免给承发包双方带来直接和间接的损失。

5. 项目负责人的影响因素

我们国家的基本建设实行的是项目法人责任制，一个健全和高素质的项目管理班子其作为施工现场的第一指挥者对项目的质量、进度、成本、安全等目标的实现，对工程成本与造价的影响作用起着极其重要的作用。

6. 企业定额及其控制水平的因素

企业定额及其控制水平，是承包企业综合实力和发展水平的标志，是影响企业投标报价和实现承诺的决定性因素。而且，市场形成价格的竞争就是企业人才、技术和生产效率

的竞争，这些都会在企业定额中体现出来。

7. 行业之间的协作因素

主要指建筑行业与其他相关行业之间的协调发展，将促使工程技术与工程造价管理水平的不断提高，对综合单价的确定起着间接的影响因素。

8. 政策法规因素

各级政府及造价管理部门均制订了相应的政策法规、规范及其相应的行业管理体制和发展策略，这些因素将直接影响市场行为的规范与否。

6.2.2.2 从微观的角度分析，对综合单价的影响因素主要来源于企业的内部成本要素管理方面

1. 对用工批量的有效管理

人工费支出约占建筑产品成本的17%，且随市场价格波动而不断变化。对人工单价在整个施工期间作出切合实际的预测，是确定人工费的前提条件。

（1）根据施工进度，依据工序合理确定用工数量，结合市场人工单价计算出控制指标。

（2）在施工过程中，依据分部分项工程，对每天用工数量连续记录，在完成一个分项工程后，就同工程量清单报价中的用工数量对比，进行横评找出存在问题，办理相应手续以便对控制指标加以修正。每月完成几个工程分项后各自同工程量清单报价中的用工数量对比，考核控制指标完成情况。通过这种控制节约用工数量，就意味着降低人工费支出，即增加了相应的效益。这种对用工数量控制的方法，最大优势在于不受任何工程结构形式的影响，分阶段加以控制，有很强的实用性。积累各类结构形式下实际用工数量的原始资料，以便形成企业定额体系。

2. 对材料费用的管理

材料费用开支约占建筑产品成本的63%，是成本要素控制的重点。

材料费用因工程量清单报价形式、材料供应方式不同而有所不同。如业主限价的材料价格，其主要问题可从施工企业采购过程中降低材料单价来把握。首先对本月施工分项所需材料用量下发给采购部门，在保证材料质量前提下货比三家。采购过程以工程清单报价中的材料价格为控制指标，确保采购过程产生收益。对业主供材供料，确保足斤足两，严把验收入库环节。其次在施工过程中，严格执行质量方面的程序文件，做到材料堆放合理，减少二次搬运。具体操作依据工程进度实行限额领料，完成一个分项后，考核控制效果。最后是杜绝没有收入的支出，把返工损失降到最低限度。月末应把控制用量和价格同实际数量横向对比，考核实际效果，对超用材料数量落实清楚，是在哪个工程子项造成的？原因是什么？是否存在同业主计取材料差价的问题等。

3. 机械费用的管理

机械费的开支约占建筑产品成本的7%，其控制指标，主要是根据工程量清单计算出使用的机械控制台班数。在施工过程中，每天做详细台班记录，是否存在维修、待班的台班。如存在现场停电超过合同规定时间，应在当天同业主作好待班现场签证记录，月末将实际使用台班同控制台班的绝对数进行对比，分析量差发生的原因。对机械费价格一般采取租赁协议，合同一般在结算期内不变动，所以，控制实际用量是关键。依据现场情况做到设备合理布局，充分利用，特别是要合理安排大型设备进出场时间，以降低费用。

4. 施工过程中水电费的管理

水电费的管理在以往工程施工中一直被忽视。水作为人类赖以生存的宝贵资源，越来越短缺，正在给人类敲响警钟。这对加强施工过程中水电费管理的重要性不言而喻。为便于施工过程支出的控制管理，应把控制用量计算到施工子项，以便于水电费用控制。月末依据完成子项所需水电用量同实际用量对比，找出差距的出处，以便制定改正措施。总之对水电用量控制不仅仅是一个经济效益的问题，更重要的是一个合理利用宝贵资源的问题。

5. 对设计变更和工程签证的管理

在施工过程中，时常会遇到一些原设计未预料的实际情况，或业主单位提出要求改变某些施工做法、材料代用等，引发设计变更；同样对施工图以外的内容及停水、停电，或因材料供应不及时造成停工、窝工等都需要办理工程签证。以上两部分工作，首先应由负责现场施工的技术人员做好工程量的确认，如存在工程量清单不包括的施工内容，应及时通知技术人员，将需要办理工程签证的内容落实清楚；其次工程造价人员审核变更或签证内容是否清楚完整、手续是否齐全。如手续不齐全，应在当天督促施工人员补办手续，变更或签证的资料应连续编号；最后工程造价人员还应特别注意在施工方案中涉及的工程造价问题。在投标时工程量清单是依据以往的经验计价，建立在既定的施工方案基础上的。施工方案的改变便是对工程量清单造价的修正。变更或签证是工程量清单工程造价中所不包括的内容，但在施工过程中费用已经发生，工程造价人员应及时地编制变更及签证后的变动价值。加强设计变更和工程签证工作是施工企业经济活动中的一个重要组成部分，它可防止应得效益的流失，反映工程真实造价构成，对施工企业各级管理者来说更显得重要。

6. 对其他成本要素的管理

成本要素除工料单价法包含的以外，还有管理费用、利润、临设费、税金、保险费等。这部分收入已分散在工程量清单的子项之中，中标后已成既定的数，因而，在施工过程中应注意以下几点：

(1) 节约管理费用是重点，制定切实的预算指标，对每笔开支严格依据预算执行审批手续；提高管理人员的综合素质，做到高效精干，提倡一专多能。对办公费用的管理，从节约一张纸、减少每次通话时间等方面着手，精打细算，控制费用支出。

(2) 利润作为工程量清单子项收入的一部分，在成本不亏损的情况下，就是企业既定利润。

(3) 临设费管理的重点是，依据施工的工期及现场情况合理布局临设。尽可能就地取材搭建临时设施，工程接近竣工时及时减少临设的占用。对购买的彩板房每次安、拆要高抬轻放，延长使用次数。日常使用时应及时维护易损部位，延长使用寿命。

(4) 对税金、保险费的管理重点是一个资金问题，依据施工进度及时拨付工程款，确保按国家规定的税金及时上缴。

以上六个方面是施工企业的成本管理要素，针对工程量清单形式带来的风险性，施工企业要从加强过程控制的管理入手，才能将风险降到最低点。积累各种结构形式下成本要

167

素的资料，逐步形成科学、合理的，具有代表人力、财力、技术力量的企业定额体系。通过企业定额，使综合单价的确定不再盲目，避免了一味过低或过高报价所形成的亏损、废标，以应付复杂、激烈的市场竞争。

6.3 综合单价的编制

6.3.1 综合单价编制原则

综合单价计价法是有别于现行定额工料单价计价的另一种单价计价方式，应包括完成规定计量单位、合格产品所需的全部费用。考虑我国的实际情况，综合单价包括除规费、税金以外的全部费用。各地区都制定了具体办法，统一综合单价的计算和编制。

编制综合单价应遵循下列原则。

1. 质量效益原则

施工企业在市场经济条件下既要提高经济效益又要保证建筑产品的质量，这是企业发展的目标和动力。质量与效益是矛盾的统一体，要找到它们最佳的结合点，工程建设的决策者与工程造价的决策者必须坚持运用和实施科学的管理办法与施工经验，有效地将质量与效益统一起来而求得长期的发展。

2. 竞争原则

我国的工程造价初步建立了适应我国社会主义市场经济体制，与国际市场接轨，"在国家宏观控制下，以市场形成工程造价为主的价格机制"，形成了"宏观调控、市场竞争、合同定价、依法结算"的市场环境和氛围，通过市场竞争予以定价。企业充分考虑自身的优势、可竞争的现场费用、技术措施费用及所承担的风险，最终确定综合单价。竞争是市场经济的一个重要规律，这里讲竞争原则，就是要求造价编制人员在考虑合理因素的同时，使确定的综合单价具有竞争性，提高中标的可能性与可靠度。

3. 不低于成本原则

提倡坚持竞争原则与合理低价中标的同时，必须认真坚持不低于成本的原则。我国的招标投标法规定"投标人不得以低于成本的报价竞标"，因而，坚持不低于成本的原则有利于促进建筑业加强科学管理和技术进步，促进企业从长计议，坚持可持续发展，杜绝建筑市场的恶性竞争状况。

4. 优势原则

具有竞争性的价格来源于企业优势，包括品牌、诚信、管理、营销、技术、专利、质量、价格优势，每家企业都有自己的优势与长处，在确定综合单价时要善于扬长避短，运用价值工程的观念与方法，采用多种施工方案和技术措施比价体现报价的优势，不断提高市场份额。

6.3.2 综合单价的编制依据

综合单价的编制依据主要有：

（1）《建筑工程施工发包与承包计价管理办法》、《建筑工程工程量清单计价规范》及相关政策、法规、标准、规范，以及操作规程等。

（2）招标文件和施工图纸。

（3）当地的市场价格信息。

（4）施工企业消耗定额和费用标准。

（5）施工企业的技术与质量标准。

（6）工程所在地的综合单价定额及相关费用标准。

6.3.3 综合单价编制程序和步骤

综合单价分析是每一个工程量清单计价过程的核心内容，它是清单计价人员填列清单进行投标报价的依据，《计价规范》对分部分项工程量清单综合单价分析表规定了统一的表述格式（见表 6.1），并对计算、统计、归纳和整理都有相应规定，必须严格执行。

表 6.1 　　　　　　　　　　　分部分项工程量清单综合单价分析表

工程名称：　　　　　　　　　　　　　　　　　　　　　　　　　　　　　第　页　共　页

序号	项目编码	项目名称	工程内容	综合单价组成					综合单价
				人工费	材料费	机械使用费	管理费	利润	

综合单价分析是承包商响应和承诺业主的核心工作，是能否中标的关键环节，综合单价的编制步骤见图 6.3。

（1）做好编制工作的技术条件准备，编制人员应非常熟悉国家的《计价规范》及相关的法规、政策等文件的规定及编制步骤和方法，对施工技术和施工过程等具有丰富的知识和经验。

（2）在综合单价编制之前应分项核实工程量清单给出的工程量清单分项及其工作内容，计算与核实工程量时，应参照《计价规范》计算规则逐项核实，除核实计算数量外，还应对项目名称、项目编码、计量单位进行核对，看是否有大的出入。

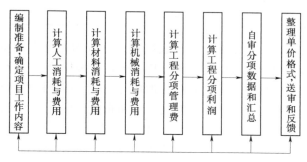

图 6.3　综合单价编制步骤示意图

（3）确定使用的企业定额。由于工程量清单在我国才实施不久，在目前许多企业定额还没有到位的情况下，应选择工程所在地的定额或综合基价表为依据进行编制。我国各地区的预算定额积累了 50 多年的经验，有较强的应用价值。在编制综合单价时需根据定额计算出分项工程计价所需的人工、材料、施工机械台班的消耗量的标准。定额中的人工、材料、施工机械台班的消耗量是在正常施工状态下的社会平均消耗标准。另外，综合单价分项计算中还需要根据甲方提供的清单，依据项目特征进行分项计算，定额为我们提供了相应的计算规则和计量单位。

（4）根据甲方提供的分部分项工程量清单，依据《计价规范》要求，在《计价规范》附录中查找相对应的内容，对分部分项工程量清单综合单价分析表所列内容的序号、项目编码、项目名称、工程内容等，逐项填写。

（5）根据确定的工作内容，进一步查找相应的定额（或综合基价）分项。例如表 6.2 为人工挖地槽的综合基价子目表，从表中可以看到子目编号为 1-29、1-30、1-31、1-32 的项目表述了编制综合单价所需的资源消耗与费用等信息。

表 6.2　　　　　　　　　　人 工 挖 地 槽　　　　　　　　　　单位：100m³

定额编号			1-29	1-30	1-31	1-32
项目			人工挖地槽普通土			
			深度（m 以内）			
			1.5	2	3	4
基价（元）			767.16	844.39	913.60	1097.08
其中		人工费（元）	460.95	507.36	548.94	659.19
		材料费（元）	—	—	—	—
		机械费（元）	—	—	—	—
		综合费用（元）	169.02	186.03	201.28	241.70
		人工费附加（元）	137.19	151.00	163.38	196.19
名称	单位	单价（元）	数　　量			
综合工日	工日	21.00	(21.95)	(24.16)	(26.14)	(31.39)
定额工日	工日	21.00	21.95	24.16	26.14	31.39

（6）根据综合基价表统计、分析和计算人工费、材料费、机械使用费、管理费、税金，逐项填入综合单价分析表中，并按规定调整价差，而不能直接用定额上的基价值作为取值使用。计算利润和管理费时，要参照地区费用定额进行调整与计算。利润应当根据本行业平均收益水平、发展趋势和企业目标成本、目标利润来确定。

1）人工费调整计算。以河南省 2003 版的综合基价为例，在综合基价子目中人工费为 21.00 元/工日，人工费附加为 6.25 元/工日，河南省造价信息给出了各工程类别现行的人工费标准，如表 6.3 所示。

表 6.3　河南省建筑工程人工费标准

单位：元/工日

工程类别	一类工程	二类工程	三类工程	四类工程
人工费标准	38	36	34	32

如果拟建工程为三类工程，则人工费调整值为 34 元/工日，人工费调增值为 34-21-6.25＝6.75 元/工日。

2）材料费调整计算。在综合单价分析时由定额中查出的各项材料费均为预算价，而清单报价中的材料需使用市场价，这就要求我们进行材料费的价差计算调整。在计算时先由定额查出单位工程所需的材料定额含量，再用该定额含量乘市场价与预算价的差值，得出材料费的调整值。

【例 6.1】　某二类工程一段外墙砖砌体，用 MU7.5 标准砖、M5 水泥砂浆砌筑，工程量为 7.0m³，试分析人工、材料用量及价差计算。

【解】 人工、材料分析。根据定额基价表查出定额工日为 11.69 个，水泥砂浆用量为 2.58m³/（10m³ 砖砌体），机砖含量 5.12 千块/（10m³ 砖砌体），再根据定额附录查出 M5 水泥砂浆 32.5 级的水泥用量为 0.247t/（m³ 砂浆），M5 水泥砂浆中的中砂用量为 1.02m³/（m³ 砂浆）。

人工工日数＝定额工日×工程量
　　　　　＝11.69×0.7（10m³）＝8.183 工日

32.5 级水泥用量＝0.247×2.58×0.7＝0.446t

中砂用量＝1.02×2.58×0.7＝1.84m³

机砖用量＝5.12×0.7＝3.58 千块

人工、材料价差计算。人工费调整值为 36 元/工日，人工费调增值为 36－21－6.25 ＝8.75 元/工日。

人工价差＝8.75×8.183＝71.6 元

由当地造价信息查出人工及各种材料的市场价，由定额查出各种材料的预算价，列表计算，见表 6.4。

表 6.4　　　　　　　　　　　　　人工、材料差价计算表

编号	名称	单位	数量	单价			金额
				预算单价	实际单价	差价	
1	32.5♯水泥	t	0.446	230	260	30	13.38
2	中砂	m³	1.84	70	120	50	92
3	机砖	千块	3.58	140	220	80	286.4
	小计						391.78

（7）最后进行复核整理。

6.3.4 综合单价分析编制案例

【例 6.2】 平整场地编码为 010101001，业主提供的清单为 1300m²，求该场地平整的报价（即求每 m² 的综合单价）。人工费单价为：34 元/工日，依据定额计算的工程量为 1593m²。

分析：根据《计价规范》的计算规则，平整场地是按建筑物首层面积计算清单工程量 1300m²，根据预算定额计算规则为周边各加 2 米计算工程量，因为工程量计算方法不同，不能直接借用定额预算单价，需用预算定额的方法再计算一次工程量（依据定额计算规则计算的工程量为 1593m²）。

【解】 （1）定额预算单价分析（工程量 1593m²），场地平整子目 1－56。

综合基价合计＝15.93×218.44 元/100m²（基价值）＝3479.75 元

其中：人工费＝工程量×（基价中人工费＋人工费附加）
　　　　　　＝15.93×（131.25＋39.06）
　　　　　　＝2713.03 元

管理费＝工程量×基价中的管理费

$$=15.93 \times 48.13 元/100m^2$$
$$=766.71 元$$

利润＝（综合基价合计）×（7％）
　　　＝3479.75×7％＝243.58 元

人工费调差＝工程量×综合工日×（34－21－6.25）
　　　　　　＝15.93×6.25×6.75
　　　　　　＝672.05 元

（本题若有材料，还要分析材料差价）

（2）清单计价综合单价分析（清单工程量 1300m²）。前面是按定额计算的，要转化为清单计价形式。

综合单价＝（综合基价合计＋利润＋人工费调差）/清单工程量
　　　　　＝（3479.75＋672.05＋243.58）/1300
　　　　　＝3.38 元/m²

其中：人工费＝（2713.03＋672.05）/1300＝2.60 元/m²
管理费＝767.71/1300＝0.59 元/m²
利润＝243.58/1300＝0.19 元/m²

最后将计算结果填在综合单价分析表中，见表 6.5。

表 6.5　　　　　　　　　　分部分项工程量清单综合单价分析表

工程名称：　　　　　　　　　　　　　　　　　　　　　　　　　　　第　页　共　页

序号	项目编码	项目名称	工程内容	综合单价组成					综合单价
				人工费	材料费	机械使用费	管理费	利润	
1	010101001001	平整场地	就地挖、填找平	2.60	—	—	0.59	0.19	3.38

【例 6.3】　挖条形基础土方编码为 010101003，求其报价。普通土，基坑深 2m，弃土 5m 以内，业主提供的工程量清单为 2561m³。投标人按定额计算工程量 2945.15m³，要求进行工程量清单综合单价分析。

分析：由《计价规范》知道，2561m³ 是按垫层底面积乘挖深计算的。而综合基价（定额）中需有工作面和放坡的考虑，在报价时按预算定额工程量计算规则计算，按图纸加工作面和放坡计算。投标人按综合基价（定额）计算规则计算的工程量为 2945.15m³。

【解】　（1）定额预算单价分析（按综合基价计算的工程量为 2945.15m³＝29.4515×100m³）。

①挖土子目 1-30，挖深 2m，人工挖地槽。
综合基价值＝29.4515×844.39 元/100m³
　　　　　　＝24868.55 元

②运土子目 1-57，运距 50m 以内。
综合基价值＝29.4515×911.36 元/100m³
　　　　　　＝26840.92 元

以上两项中：

人工费＝工程量×（基价中人工费＋人工费附加）

    ＝29.4515×（507.36＋151＋539.91＋160.69）

    ＝40023.41 元

材料费＝工程量×基价中材料费

    ＝29.4515×12.79＝376.68 元（若有材差，要加上）

管理费＝工程量×基价中的管理费

    ＝29.4515×（186.03＋197.97）＝11309.38 元

利润＝挖土、运土综合基价合计×7%

    ＝（26868.55＋26840.92）×7%＝3759.66 元

③人工费调差＝工程量×综合工日×（34－21－6.25）

    ＝29.4515×（24.16＋25.71）×6.75

    ＝9914.04 元

④因为材料是零星材料，不调差。

（2）综合单价分析。

①综合单价合计＝（挖土综合基价值＋运土综合基价值＋利润＋人工费调整）/清单工程量

    ＝（24868.55＋26840.92＋3759.66＋9914.04）/2561

    ＝25.53 元/m³

②其中：人工费＝（40023.41＋9914.04）/2561

    ＝19.5 元/m³

材料费＝376.68/2561

    ＝0.15 元/m³

管理费＝11309.38/2561

    ＝4.42 元/m³

利润＝3759.66/2561

    ＝1.47 元/m³

最后将计算结果填在综合单价分析表中，见表6.6。

表 6.6　　　　　　　　　**分部分项工程量清单综合单价分析表**

工程名称：　　　　　　　　　　　　　　　　　　　　　　　　　　　　　第　页　共　页

序号	项目编码	项目名称	工程内容	综合单价组成（元）					综合单价
				人工费	材料费	机械使用费	管理费	利润	
1	010101003001	挖基础土方	挖土、运弃土	19.5	0.15	—	4.42	1.47	25.54

注意：以上两题比较简单，除了考虑综合单价，还应该考虑风险因素，各种材料的市场价格，预测是涨是落，台班在市场上可能的台班差价与定额台班差价，包括人工的差价。这些差价不但要加到单价上，而且总价上也应加上。市场价是不确定的，要会预测市场行情。

【例 6.4】　预应力空心板项目编码为 010402002001，预应力混凝土 C30（40），板长

4m 以内，运输距离 5km。业主提供工程量清单 120m³（按《计价规范》计算规则计算实铺体积），投标人按定额规则计算制作实体积 100m³，加上施工损耗率＝100×（1＋1%）＝101m³。混凝土主要材料差价（分析出数量，考虑风险后的市场价格）为 1478.26 元，试进行综合单价分析。

（套取定额时，只套用相应子目的第三部分混凝土工程，模板在措施费中，钢筋单独列项。）

【解】 （1）投标人计算。

制作工程量＝100（1＋1%）

$\qquad$ ＝101m³（实体积）

运输工程量＝制作工程量

$\qquad$ ＝101m³

安装工程量＝实铺体积

$\qquad$ ＝120m³

（2）板的制作子目 5－123。

综合基价＝10.1×3082.01＝31128.3 元

人工费＝10.1×（331.8＋113.69）

$\qquad$ ＝10.1×445.49

$\qquad$ ＝4499.45 元

人工费调差＝工程量×（混凝土人工工日＋机械台班）×（34－21－6.25）

$\qquad$ ＝10.1×（15.8＋2.26）×6.75

$\qquad$ ＝1231.24 元

材料费＝10.1×1961.68＝19812.97 元

材料差价＝1478.26 元

机械费＝10.1×320.31＝3235.13 元

管理费＝10.1×354.52＝3580.65 元

利润＝10.1×7%×3082.01＝2178.98 元

（3）预应力空心板的运输基价：4m 以内的板属于一类构件，运距 5km 以内，6－2 子目。

综合基价＝10.1×518.84＝5240.28 元

人工费＝10.1×（55.44＋25.50）

$\qquad$ ＝10.1×80.94

$\qquad$ ＝817.49 元

人工费调差＝工程量×综合工日合计×（34－21－6.25）

$\qquad$ ＝10.1×4.08×6.75＝278.15 元

机械费＝10.1×394.33＝3982.73 元

材料费＝10.1×5.59＝56.46 元

管理费＝10.1×37.98＝383.60 元

利润＝10.1×7%×518.84＝366.82 元

（4）板的安装、灌缝 6－132H（安装中的垂直机械费列为措施项目，应扣除）。

综合基价＝12×（1338.97－0.386×331.25－0.387×102）

           ＝12×1171.63

           ＝14059.6 元

人工费＝12×（416.85＋131.43）

         ＝12×548.28

         ＝6579.36 元

机械费＝12×（175.45－167.34）

         ＝12×8.11

         ＝97.32 元

（安装中的垂直机械费列为措施项目，应扣除 0.386×331.25＋0.387×102＝167.34）

材料费＝12×419.46＝5033.52 元（若有材差，要加上）

管理费＝12×195.78＝2349.36 元

人工费调差＝工程量×综合工日合计×（34－21－6.25）

              ＝12×21.03×6.75

              ＝1703.43 元

利润＝12×7%×1171.63＝984.17 元

（5）综合单价分析。

综合单价＝（综合基价＋人工费调整＋利润＋材差）/清单工程量

      ＝[（31128.3＋5240.28＋14059.6）＋（1231.24＋278.15＋1703.43）＋3533.45＋1478.26]/120

      ＝488.77 元/m³

其中：人工费＝∑（人工费＋人工费差价）/清单工程量

           ＝（4499.45＋817.49＋6579.36＋1231.24＋278.15＋1703.43）/100

           ＝125.91 元/m³

机械费＝∑（机械费＋差价）/清单工程量

       ＝（3235.13＋3982.73＋97.32）/120

       ＝60.96 元/m³

（若有差价，要加上）

材料费＝∑（机械费＋差价）/清单工程量

       ＝（1478.26＋19812.97＋56.46＋5033.52）/120

       ＝219.84 元/m³

管理费＝∑（管理费）/清单工程量

       ＝（3580.65＋383.60＋2349.36）/120

       ＝52.61 元/m³

利润＝∑利润/清单工程量

     ＝3533.45/120

     ＝29.45 元/m³

利用综合单价分析表计算方法见表 6.7。

表 6.7

分部分项工程量清单综合单价分析表

工程名称:×××工程

序号	项目编码	项目名称	定额编号	工程内容	单位	数量	综合单价组成					合价	综合单价
							人工费	材料费	机械使用费	管理费	利润		
1	010402002001	预应力空心板			m³	120						58652.71	488.77
			5 – 123	YKB 制作	10m³	10.1	445.49	1961.68	320.31	354.52	215.74	33307.17	
				调差			1231.24	1478.26				2709.5	
			6 – 2	YKB 运输	10m³	10.1	80.94	5.59	394.33	37.98	36.32	5607.12	
				调差			278.15					278.15	
			6 – 132H	YKB 安装	10m³	12.0	548.30	419.46	8.11	195.80	82.01	15044.16	
				调差			1703.43					1703.43	

思　考　题

1. 清单综合单价计价模式下的费用构成与定额计价模式下的费用构成有何不同？
2. 综合单价计价与预算定额计价有何区别？
3. 如何制定适合自己企业的综合单价？
4. 影响综合单价确定的因素有哪些？
5. 企业的内部成本管理为何直接影响综合单价的确定？
6. 为何要进行人工费调整计算？
7. 为何要进行材料费调整计算？
8. 在综合单价分析时定额计算规则与《计价规范》计价规则不一致，如何进行计算？

第 7 章　工程量清单及报价编制实例

7.1　工程量清单编制

×××土建工程

工 程 量 清 单

招　标　人：＿＿＿（略）＿＿＿　（单位盖章）

法定代表人：＿＿＿（略）＿＿＿　（签字盖章）

造价工程师

及注册证号：＿＿＿（略）＿＿＿　（签字盖执业专用章）

编 制 时 间：＿＿×年×月×日＿＿

填 表 须 知

1. 工程量清单及其计价格式中所有要求签字、盖章的地方，必须由规定的单位和人员签字、盖章。

2. 工程量清单及其计价格式中的任何内容不得随意删除或涂改。

3. 工程量清单计价格式中列明的所有需要填报的单价和合价，投标人均应填报，未填报的单价和合价，视为此项费用已包含在工程量清单的其他单价和合价中。

4. 金额（价格）均应以人民币表示。

5. 投标报价必须与工程项目总价一致。

6. 投标报价文件一式三份。

总 说 明

工程名称：×××土建工程　　　　　　　　　　　　　　　　第　页　共　页

1. 工程概况：本工程建筑面积为 2252.5m²。本工程共三层，一层设有两个活动单元、音体活动室、厨房等。二、三层有两个活动单元及部分办公用房。三层顶及音体室顶为室外活动平台。音体活动室结构形式为框架结构，其余部分结构形式为砖混结构。

2. 招标范围：全部建筑工程。

3. 清单编制依据：建设工程工程量清单计价规范、施工设计图文件、施工组织设计等。

4. 工程质量应达到优良标准。

5. 考虑施工中可能发生的设计变更或清单有误，预留金额 10 万元。

分部分项工程量清单

工程名称：×××土建工程 　　　　　　　　　　　　　　　第 1 页　共 20 页

序号	项目编码	项 目 名 称	计量单位	工程数量
1	010101001001	平整场地； 土壤类别：三类土； 弃土运距：400m 以内	m²	872.82
2	010101003001	J-1 挖基础土方； 土壤类别：三类土； 基础类型：独立； 挖土深度：2m 内，N=6	m³ m³	99.87 44.93 11.60 4.21
3	010101003002	J-2 挖基础土方； 土壤类别：三类土； 基础类型：独立； 挖土深度：2m 内，N=1	m³ m³	40.51 13.31 30.38 9.98
4	010101003003	J-3 挖基础土方； 土壤类别：三类土； 基础类型：独立； 挖土深度：2m 内，N=4	m³ m³	526.39 389.10 220.15 170.88
5	010101003004	J-4 挖基础土方； 土壤类别：三类土； 基础类型：独立； 挖土深度：2m 内，N=3	m³ m³	88.25 62.73 51.84 32.60
6	010101003005	1-1 挖基础土方； 土壤类别：三类土； 基础类型：条形； 挖土深度：2m 内； 弃土运距：400m 以内，L=90.71m	m³ m³	23.77 16.15 47.17 41.65
7	010101003006	2-2 挖基础土方； 土壤类别：三类土； 基础类型：条形； 挖土深度：2m 内； 弃土运距：400m，L=32.06m	m³ m³	49.98 44.46 180.82 157.74

分部分项工程量清单

工程名称：×××土建工程　　　　　　　　　　　　第 2 页　共 20 页

序号	项目编码	项目名称	计量单位	工程数量
8	010101003007	3-3 挖基础土方； 土壤类别：三类土； 基础类型：条形； 挖土深度：2m 内； 弃土运距：400m 以内，$L=16.64$m	m^3 m^3	69.89 57.91 69.89 57.91
9	010101003008	4-4 挖基础土方； 土壤类别：三类土； 基础类型：条形； 挖土深度：2m 内； 弃土运距：400m 以内，$L=12.54$m	m^3 m^3	39.12 30.10 39.12 30.10
10	010101003009	5-5 挖基础土方； 土壤类别：三类土； 基础类型：条形； 挖土深度：2m 内； 弃土运距：400m 以内，$L=4.97$m	m^3 m^3	18.5 14.91 18.5 14.91
11	010101003010	6-6 挖基础土方； 土壤类别：三类土； 基础类型：条形； 挖土深度：2m	m^3 m^3	215.14 199.59 215.14 199.59
12	010101003011	7-7 挖基础土方； 土壤类别：三类土； 基础类型：条形； 挖土深度：2m 内； 弃土运距：400m 以内，$L=3.6$m	m^3 m^3	41.04 38.45 41.04 38.45
13	010101003012	7定-7定挖基础土方； 土壤类别：三类土； 基础类型：条形； 挖土深度：2m 内； 弃土运距：400m 以内，$L=3.6$m	m^3 m^3	43.63 41.04 43.63 41.04

分部分项工程量清单

工程名称：×××土建工程　　　　　　　　　　　　　　　　　　　　　第 3 页　共 20 页

序号	项目编码	项 目 名 称	计量单位	工程数量
14	010103001001	土（石）方回填	m³	1156.92
				751.46
15	010301001001	1-1 砖基础； 砖品种、规格、强度等级：烧结多孔砖； 基础类型：条形； 基础深度：1500mm； 水泥砂浆强度等级：M10，$L=90.71m$	m³	30.14
16	010301001002	2-2 砖基础； 砖品种、规格、强度等级：烧结多孔砖； 基础类型：条形； 基础深度：1500mm； 水泥砂浆强度等级：M10，$L=32.06m$	m³	8.88
17	010301001003	3-3 砖基础； 砖品种、规格、强度等级：烧结多孔砖； 基础类型：条形； 基础深度：1500mm； 水泥砂浆强度等级：M10，$L=16.64m$	m³	4.47
18	010301001004	4-4 砖基础； 砖品种、规格、强度等级：烧结多孔砖； 基础类型：条形； 基础深度：1500mm； 水泥砂浆强度等级：M10，$L=12.54m$	m³	4.75
19	010301001005	5-5 砖基础； 砖品种、规格、强度等级：烧结多孔砖； 基础类型：条形； 基础深度：1500mm； 水泥砂浆强度等级：M10，$L=4.97m$	m³	3.10
20	010301001006	6-6 砖基础； 砖品种、规格、强度等级：烧结多孔砖； 基础类型：条形； 基础深度：1500mm； 水泥砂浆强度等级：M10，$L=21.60m$	m³	16.17
21	010301001007	7-7 砖基础； 砖品种、规格、强度等级：烧结多孔砖； 基础类型：条形； 基础深度：1500mm； 水泥砂浆强度等级：M10，$L=3.60m$	m³	13.03
22	010301001008	7定-7定砖基础； 砖品种、规格、强度等级：烧结多孔砖； 基础类型：条形； 基础深度：1500mm； 水泥砂浆强度等级：M10，$L=3.60m$	m³	25.97

分部分项工程量清单

工程名称：×××土建工程 　　　　　　　　　　　　　　　　　　

序号	项目编码	项 目 名 称	计量单位	工程数量
23	010302006001	零星砌砖； 零星砌体名称、部位：卫生间蹲台； 砂浆强度等级、配合比：混合 M5.0	m³	1.30
24	010302006002	零星砌砖； 零星砌体名称、部位：池槽腿； 砂浆强度等级、配合比：混合 M5.0	m³	4.03
25	010302006003	零星砌砖； 零星砌体名称、部位：砖墩； 砂浆强度等级、配合比：混合 M5.0	m³	0.21
26	010304001001	空心砖墙； 墙体类型：首层及二层外墙厚 490； 空心砖强度等级：MU10； 砂浆强度等级：混合 M10	m³	19.44
27	010304001002	空心砖墙； 墙体类型：首层及二层外墙厚 365； 空心砖、砌块品种、规格、强度等级：MU10； 砂浆强度等级：混合 M10	m³	201.66
28	010304001003	空心砖墙； 墙体类型：首层及二层外墙，240； 空心砖、砌块品种、规格、强度等级：MU10； 砂浆强度等级：混合 M10	m³	7.84
29	010304001004	加气混凝土砌块墙； 墙体类型：首层外墙厚 250； 砌块强度等级：MU3	m³	283.46
30	010304001005	空心砖墙； 墙体类型：三层及四层外墙厚 365； 空心砖、砌块品种、规格、强度等级：MU10； 砂浆强度等级：混合 M7.5	m³	258.35
31	010304001006	空心砖墙； 墙体类型：三层及四层外墙，240； 空心砖、砌块品种、规格、强度等级：MU10； 砂浆强度等级：混合 M7.5	m³	39.26
32	010304001007	空心砖墙； 墙体类型：首层及二层内墙厚 240； 空心砖、砌块品种、规格、强度等级：MU10； 砂浆强度等级：混合 M10	m³	1181.72
				1223.43
		首层 240 配筋砖墙	m³	4.38
				4.54

分部分项工程量清单

工程名称：×××土建工程

序号	项目编码	项 目 名 称	计量单位	工程数量
33	010304001009	空心砖墙； 墙体类型：三层及四层内墙；240； 空心砖、砌块品种、规格、强度等级：MU10； 砂浆强度等级：混合 M7.5	m³	130.88 135.86
34	010304001010	空心砖墙； 墙体类型：三层及四层女儿墙；240； 空心砖、砌块品种、规格、强度等级：MU10； 砂浆强度等级：混合 M7.5	m³	39.33
35	010401001001	1−1 带形基础； 垫层混凝土强度等级：C10； 带形基础混凝土强度等级：C20； 骨料：细砂，$L=90.71$m	m³	113.96
36	010401001002	2−2 带形基础； 垫层材料种类、厚度：混凝土； 混凝土强度等级：C10； 混凝土拌和料要求：细砂，$L=32.06$m	m³	55.64
37	010401001003	3−3 带形基础； 垫层材料种类、厚度：混凝土； 混凝土强度等级：C10； 混凝土拌和料要求：细砂，$L=16.64$m	m³	151.05
38	010401001004	4−4 带形基础； 垫层材料种类、厚度：混凝土； 混凝土强度等级：C10； 混凝土拌和料要求：细砂，$L=12.54$m	m³	7.50
39	010401001005	5−5 带形基础； 垫层材料种类、厚度：混凝土；混凝土强度等级：C10； 混凝土拌和料要求：细砂，$L=4.97$m	m³	5.83
40	010401001006	6−6 带形基础； 垫层材料种类、厚度：混凝土； 混凝土强度等级：C10； 混凝土拌和料要求：细砂，$L=21.60$m	m³	57.17
41	010401001007	7−7 带形基础； 垫层材料种类、厚度：混凝土； 混凝土强度等级：C10； 混凝土拌和料要求：细砂，$L=3.60$m	m³	5.24

分部分项工程量清单

工程名称：×××土建工程 　　　　　　　　　　　　　　　　　　第6页　共20页

序号	项目编码	项 目 名 称	计量单位	工程数量
42	010401001008	7定-7定带形基础； 垫层材料种类、厚度：混凝土； 混凝土强度等级：C10； 混凝土拌和料要求：细砂，$L=3.60\text{m}$	m^3	11.17
43	010401002001	J-1独立基础； 混凝土强度等级：C25； 混凝土拌和料要求：碎石，$N=6$	m^3	12.42
44	010401002002	J-2独立基础； 混凝土强度等级：C25； 混凝土拌和料要求：碎石，$N=1$	m^3	1.13
45	010401002003	J-3独立基础； 混凝土强度等级：C25； 混凝土拌和料要求：碎石，$N=4$	m^3	5.46
46	010401002004	J-4独立基础； 混凝土强度等级：C25； 混凝土拌和料要求：碎石，$N=3$	m^3	2.31
47	010402001001	矩形柱； 首层490外墙上GZ3； 柱截面：370×490； 混凝土强度等级：C25； 混凝土拌和料要求：中砂碎石，$N=3$	m^3	3.00
48	010402001002	矩形柱； 首层365外墙上GZ6； 柱截面：200×370； 混凝土强度等级：C25； 混凝土拌和料要求：中砂碎石，$N=16$	m^3	4.85
49	010402001003	矩形柱； 首层365外墙上GZ2； 柱截面：370×370； 混凝土强度等级：C25； 混凝土拌和料要求：中砂碎石，$N=7$	m^3	4.21
50	010402001004	矩形柱； 首层365外墙上GZ5； 柱截面：240×370； 混凝土强度等级：C25； 混凝土拌和料要求：中砂碎石	m^3	0.84

分部分项工程量清单

工程名称：×××土建工程

序号	项目编码	项 目 名 称	计量单位	工程数量
51	010402001005	矩形柱； 首层365外墙上 GZ7； 柱截面：300×300； 混凝土强度等级：C25； 混凝土拌和料要求：中砂碎石	m³	0.78
52	010402001006	矩形柱； 首层365外墙上 GZ1，带马牙茬； 柱截面：240×240； 混凝土强度等级：C25； 混凝土拌和料要求：中砂碎石	m³	2.46
53	010402001007	矩形柱； 首层240内墙上 GZ1，带马牙茬； 柱截面：240×240； 混凝土强度等级：C25； 混凝土拌和料要求：中砂碎石	m³	8.26
54	010402001008	矩形柱； 首层框架外墙上 Z1； 柱截面：350×370； 混凝土强度等级：C25； 混凝土拌和料要求：中砂碎石	m³	1.17
55	010402001009	矩形柱； 首层框架外墙上 Z2； 柱截面：350×370； 混凝土强度等级：C25； 混凝土拌和料要求：中砂碎石	m³	1.17
56	010402001010	矩形柱； 首层框架外墙上 Z3； 柱截面：350×370； 混凝土强度等级：C25； 混凝土拌和料要求：中砂碎石	m³	1.17
57	010402001011	矩形柱； 首层框架外墙上 Z4； 柱截面：350×370； 混凝土强度等级：C25； 混凝土拌和料要求：中砂碎石	m³	2.91
58	010402001012	矩形柱； 二层490外墙上 GZ3； 柱截面：370×490； 混凝土强度等级：C25； 混凝土拌和料要求：中砂碎石	m³	3.00

分部分项工程量清单

工程名称：×××土建工程　　　　　　　　　　　　　　　　　　第 8 页　共 20 页

序号	项目编码	项 目 名 称	计量单位	工程数量
59	010402001013	矩形柱； 二层 365 外墙上 GZ6； 柱截面：200×370； 混凝土强度等级：C25； 混凝土拌和料要求：中砂碎石	m³	4.85
60	010402001014	矩形柱； 二层 365 外墙上 GZ2； 柱截面：370×370； 混凝土强度等级：C25； 混凝土拌和料要求：中砂碎石	m³	4.16
61	010402001015	矩形柱； 二层 365 外墙上 GZ5； 柱截面：240×370； 混凝土强度等级：C25； 混凝土拌和料要求：中砂碎石	m³	0.86
62	010402001016	矩形柱； 二层 365 外墙上 GZ7； 柱截面：300×300； 混凝土强度等级：C25； 混凝土拌和料要求：中砂碎石	m³	0.78
63	010402001017	矩形柱； 二层 365 外墙上 GZ1，带马牙茬； 柱截面：240×240； 混凝土强度等级：C25； 混凝土拌和料要求：中砂碎石	m³	2.46
64	010402001018	矩形柱； 二层 240 内墙上 GZ1，带马牙茬； 柱截面：240×240； 混凝土强度等级：C25； 混凝土拌和料要求：中砂碎石	m³	8.26
65	010402001019	矩形柱； 三层 240 外墙上 GZ3； 柱截面：370×490； 混凝土强度等级：C25； 混凝土拌和料要求：中砂碎石	m³	2.87
66	010402001020	矩形柱； 三层 365 外墙上 GZ6； 柱截面：200×370； 混凝土强度等级：C25； 混凝土拌和料要求：中砂碎石	m³	4.85

分部分项工程量清单

工程名称：×××土建工程　　　　　　　　　　　　　　　　第 9 页　共 20 页

序号	项目编码	项 目 名 称	计量单位	工程数量
67	010402001021	矩形柱； 三层 365 外墙上 GZ2； 柱截面：370×370； 混凝土强度等级：C25； 混凝土拌和料要求：中砂碎石	m³	8.52
68	010402001022	矩形柱； 三层 365 外墙上 GZ5； 柱截面：240×370； 混凝土强度等级：C25； 混凝土拌和料要求：中砂碎石	m³	0.80
69	010402001023	矩形柱； 三层 365 外墙上 GZ7； 柱截面：300×300； 混凝土强度等级：C25； 混凝土拌和料要求：中砂碎石	m³	0.78
70	010402001024	矩形柱； 三层 365 外墙上 GZ1，带马牙茬； 柱截面：240×240； 混凝土强度等级：C25； 混凝土拌和料要求：中砂碎石	m³	2.46
71	010402001025	矩形柱； 三层 240 内墙上 GZ1，带马牙茬； 柱截面：240×240； 混凝土强度等级：C25； 混凝土拌和料要求：中砂碎石	m³	8.26
72	010402001026	矩形柱； 四层 490 外墙上 GZ3； 柱截面：370×490； 混凝土强度等级：C25； 混凝土拌和料要求：中砂碎石	m³	0.80
73	010402001027	矩形柱； 四层外墙上 GZ； 柱截面：250×250； 混凝土强度等级：C25； 混凝土拌和料要求：中砂碎石	m³	4.06
74	010402001028	矩形柱； 屋顶走廊柱 Z； 柱截面：300×300； 混凝土强度等级：C25； 混凝土拌和料要求：中砂碎石	m³	2.27

分部分项工程量清单

工程名称：×××土建工程　　　　　　　　　　　　　　　　

序号	项目编码	项　目　名　称	计量单位	工程数量
75	010402001029	矩形柱； 三层女儿墙上 GZ； 柱截面：250×250； 混凝土强度等级：C25； 混凝土拌和料要求：中砂碎石	m³	3.35
76	010402001030	矩形柱； 四层女儿墙上 GZ； 柱截面：250×250； 混凝土强度等级：C25； 混凝土拌和料要求：中砂碎石	m³	1.67
77	010403002001	矩形梁； 首层 L−1； 混凝土强度等级：C25； 梁截面：240×450	m³	0.79
78	010403002002	矩形梁； 首层 L−2； 混凝土强度等级：C25； 梁截面：240×250	m³	0.30
79	010403002003	矩形梁； 首层 L−3； 混凝土强度等级：C25； 梁截面：240×450	m³	0.36
80	010403002004	矩形梁； 首层 L−4； 混凝土强度等级：C25； 梁截面：250×600	m³	1.65
81	010403002005	矩形梁； 首层 L−5； 混凝土强度等级：C25； 梁截面：240×450	m³	0.35
82	010403002006	矩形梁； 首层 LL−1； 混凝土强度等级：C25； 梁截面：240×600	m³	0.82
83	010403002007	矩形梁； 首层 LL； 混凝土强度等级：C25； 梁截面：240×450	m³	0.89
84	010403002008	矩形梁； 首层 LL； 混凝土强度等级：C25； 梁截面：240×450	m³	1.24
85	010403002009	矩形梁； 首层 L； 混凝土强度等级：C25； 梁截面：240×450	m³	0.36
86	010403002010	矩形梁； 首层框架 WL（1）； 混凝土强度等级：C25； 梁截面：250×（700−130）	m³	4.69

分部分项工程量清单

工程名称：×××土建工程　　　　　　　　　　　　　　　　　　第 11 页　共 20 页

序号	项目编码	项 目 名 称	计量单位	工程数量
87	010403002011	矩形梁； 首层框架 WL（4）； 混凝土强度等级：C25； 梁截面：250×（450−130）	m³	1.10
88	010403002012	矩形梁； 首层框架 KL（6）； 混凝土强度等级：C25； 梁截面：370×（450−130）	m³	8.68
89	010403002013	矩形梁； 首层框架 KL（1）； 混凝土强度等级：C25； 梁截面：370×（450−130）	m³	0.91
90	010403002014	矩形梁； 首层框架 KL； 混凝土强度等级：C25； 梁截面：370×（600−130）	m³	3.09
91	010403002015	矩形梁； 二层 L−1； 混凝土强度等级：C25； 梁截面：240×（450−110）	m³	1.19
92	010403002016	矩形梁； 二层 L−2； 混凝土强度等级：C25； 梁截面：240×（250−80）	m³	0.30
93	010403002017	矩形梁； 二层 L−3； 混凝土强度等级：C25； 梁截面：240×（450−150）	m³	0.36
94	010403002018	矩形梁； 二层 L−4； 混凝土强度等级：C25； 梁截面：250×（600−110）	m³	1.65
95	010403002019	矩形梁； 二层 L−5； 混凝土强度等级：C25； 梁截面：240×（450−150）	m³	0.17
96	010403002020	矩形梁； 二层 YL1； 混凝土强度等级：C25； 梁截面：240×120	m³	0.2
97	010403002021	矩形梁； 二层 LL−1； 混凝土强度等级：C25； 梁截面：240×600	m³	3.27
98	010403002022	矩形梁； 三层 WL−1； 混凝土强度等级：C25； 梁截面：240×450	m³	1.21
99	010403002023	矩形梁； 三层 L−2； 混凝土强度等级：C25； 梁截面：240×250	m³	0.36

分部分项工程量清单

工程名称：×××土建工程　　　　　　　　　　　　　　　　第 12 页　共 20 页

序号	项目编码	项 目 名 称	计量单位	工程数量
100	010403002024	矩形梁； 三层 WL4； 混凝土强度等级：C25； 梁截面：250×600	m³	1.65
101	010403002025	矩形梁； 三层 WLL1； 混凝土强度等级：C25； 梁截面：250×600	m³	3.27
102	010403002026	矩形梁； 四层 YL1； 混凝土强度等级：C25； 梁截面：240×120	m³	4.72
103	010403004002	首层 365 外墙圈梁 QL2； 混凝土强度等级：C25； 梁截面：240×120	m³	6.372
104	010403004003	首层 240 内墙圈梁 QL1； 混凝土强度等级：C25； 混凝土拌和料要求：中砂碎石； 梁截面：240×180	m³	6.64
105	010403004005	二层 365 外墙圈梁 QL2； 混凝土强度等级：C25； 混凝土拌和料要求：中砂碎石； 梁截面：370×180	m³	7.36
106	010403004006	二层 240 内墙圈梁 QL1； 混凝土强度等级：C25； 混凝土拌和料要求：中砂碎石； 梁截面：240×180	m³	6.64
107	010403004008	三层 365 外墙圈梁 QL2； 混凝土强度等级：C25； 混凝土拌和料要求：中砂碎石； 梁截面：370×180	m³	7.36
108	010403004009	三层 240 内墙圈梁 QL1； 混凝土强度等级：C25； 混凝土拌和料要求：中砂碎石； 梁截面：240×180	m³	6.80
109	010403005001	过梁； 首层 365 外墙过梁 GL-1； 单件体积：2m³ 内； 安装高度：3.6m 内； 混凝土强度等级：C25； 梁截面：370×500	m³	2.40

分部分项工程量清单

工程名称：×××土建工程   第 13 页　共 20 页

序号	项目编码	项目名称	计量单位	工程数量
110	010403005002	过梁； 首层 365 外墙过梁 GL－2； 单件体积：2m³ 内； 安装高度：3.6m 内； 混凝土强度等级：C25； 梁截面：370×450	m³	0.96
111	010403005003	首层 365 外墙过梁 GL－3； 单件体积：2m³ 内； 安装高度：3.6m 内； 混凝土强度等级：C25； 梁截面：370×350	m³	0.81
112	010403005004	首层 365 外墙过梁 GL－4； 单件体积：2m³ 内； 安装高度：3.6m 内； 混凝土强度等级：C25； 梁截面：370×300	m³	0.39
113	010403005005	首层 240 外墙过梁 GL－5； 单件体积：2m³ 内； 安装高度：3.6m 内； 混凝土强度等级：C25； 梁截面：240×300	m³	0.23
114	010403005006	首层 365 外墙过梁 GL－6； 单件体积：2m³ 内； 安装高度：3.6m 内； 混凝土强度等级：C25； 梁截面：370×350	m³	1.06
115	010403005007	二层 365 外墙过梁 GL－1； 单件体积：2m³ 内； 安装高度：3.6m 内； 混凝土强度等级：C25； 梁截面：370×500	m³	2.40
116	010403005008	二层 365 外墙过梁 GL－2； 单件体积：2m³ 内； 安装高度：3.6m 内； 混凝土强度等级：C25； 梁截面：370×450	m³	0.98

分部分项工程量清单

工程名称：×××土建工程　　　　　　　　　　　

序号	项目编码	项 目 名 称	计量单位	工程数量
117	010403005009	二层 365 外墙过梁 GL-3； 单件体积：2m³ 内； 安装高度：3.6m 内； 混凝土强度等级：C25； 梁截面：370×350	m³	0.57
118	010403005010	二层 365 外墙过梁 GL-4； 单件体积：2m³ 内； 安装高度：3.6m 内； 混凝土强度等级：C25； 梁截面：370×300	m³	0.39
119	010403005011	二层 240 外墙过梁 GL-5； 单件体积：2m³ 内； 安装高度：3.6m 内； 混凝土强度等级：C25； 梁截面：240×300	m³	0.23
120	010403005012	二层 365 外墙过梁 GL-6； 单件体积：2m³ 内； 安装高度：3.6m 内； 混凝土强度等级：C25； 梁截面：370×350	m³	1.06
121	010403005013	三层 365 外墙过梁 GL-1； 单件体积：2m³ 内； 安装高度：3.6m 内； 混凝土强度等级：C25； 梁截面：370×500	m³	2.40
122	010403005014	三层 365 外墙过梁 GL-2； 单件体积：2m³ 内； 安装高度：3.6m 内； 混凝土强度等级：C25； 梁截面：370×370	m³	0.98
123	010403005015	三层 365 外墙过梁 GL-3； 单件体积：2m³ 内； 安装高度：3.6m 内； 混凝土强度等级：C25； 梁截面：370×350	m³	0.57
124	010403005016	三层 365 外墙过梁 GL-4； 单件体积：2m³ 内； 安装高度：3.6m 内； 混凝土强度等级：C25； 梁截面：370×300	m³	0.39

分部分项工程量清单

工程名称：×××土建工程

序号	项目编码	项 目 名 称	计量单位	工程数量
125	010403005017	三层 240 外墙过梁 WL-5； 单件体积：2m³ 内； 安装高度：3.6m 内； 混凝土强度等级：C25； 梁截面：240×450	m³	0.60
126	010403005018	三层 365 外墙过梁 SGL-1； 单件体积：2m³ 内； 安装高度：3.6m 内； 混凝土强度等级：C25； 梁截面：370×500	m³	1.96
127	010403005019	三层 365 外墙过梁 SGL-2； 单件体积：2m³ 内； 安装高度：3.6m 内； 混凝土强度等级：C25； 梁截面：370×450	m³	2.69
128	010405003001	平板； 首层现浇楼板 XB1； 混凝土强度等级：C25	m³	7.00
129	010405003002	平板； 首层现浇楼板 XB2； 混凝土强度等级：C25； 板厚 80	m³	4.84
130	010405003003	平板； 首层现浇楼板 XB3； 混凝土强度等级：C25； 板厚 80	m³	1.31
131	010405003004	平板； 首层现浇楼板 XB4 混凝土强度等级：C25； 板厚 110	m³	5.65
132	010405003005	平板； 首层现浇楼板 XB5； 混凝土强度等级：C25； 板厚 110	m³	22.23
133	010405003006	平板； 首层现浇楼板 XB6； 混凝土强度等级：C25； 板厚 110	m³	3.90
134	010405003007	平板； 首层现浇楼板 XB7； 混凝土强度等级：C25； 板厚 150	m³	13.10
135	010405003008	平板； 首层现浇楼板 XB8； 混凝土强度等级：C25； 板厚 130	m³	10.86

分部分项工程量清单

工程名称：×××土建工程　　　　　　　　　　　　　　

序号	项目编码	项 目 名 称	计量单位	工程数量
136	010405003009	平板； 首层现浇楼板 XB9； 混凝土强度等级：C25； 板厚 130	m³	3.86
137	010405003010	平板； 首层现浇楼板 XB10； 混凝土强度等级：C25； 板厚 110； 板厚 90	m³	5.39
138	010405003011	平板； 二层现浇楼板 XB1； 混凝土强度等级：C25； 板厚 90	m³	61.64
139	010405003012	平板； 二层现浇楼板 XB2； 混凝土强度等级：C25； 板厚 80	m³	4.29
140	010405003013	平板； 二层现浇楼板 XB3； 混凝土强度等级：C25； 板厚 80	m³	1.31
141	010405003014	平板； 二层现浇楼板 XB4； 混凝土强度等级：C25； 板厚 110	m³	5.65
142	010405003015	平板； 二层现浇楼板 XB5； 混凝土强度等级：C25； 板厚 110	m³	22.23
143	010405003016	平板； 二层现浇楼板 XB6； 混凝土强度等级：C25； 板厚 110	m³	3.90
144	010405003017	平板； 二层现浇楼板 XB7； 混凝土强度等级：C25； 板厚 150	m³	13.10
145	010405003018	平板； 二层现浇楼板 XB10； 混凝土强度等级：C25；	m³	5.52
146	010405003019	平板； 三层现浇楼板 XB11； 混凝土强度等级：C25； 板厚 150	m³	9.17
147	010405003020	平板； 三层现浇楼板 XB12； 混凝土强度等级：C25； 板厚 110	m³	5.52
148	010405003021	平板； 三层现浇楼板 XB13； 混凝土强度等级：C25； 板厚 90	m³	1.65

分部分项工程量清单

工程名称：×××土建工程　　　　　　　　　　　　　　　　　　　第 17 页　共 20 页

序号	项目编码	项 目 名 称	计量单位	工程数量
149	010405003022	平板； 三层现浇楼板 XB14； 混凝土强度等级：C25； 板厚 110	m³	6.06
150	010405003023	平板； 三层现浇楼板 XB15； 混凝土强度等级：C25； 板厚 90	m³	7.00
151	010405003024	平板； 三层现浇楼板 XB16； 混凝土强度等级：C25； 板厚 110	m³	22.77
152	010405003025	平板； 三层现浇楼板 XB17； 混凝土强度等级：C25； 板厚 110	m³	2.09
153	010405003026	平板； 四层现浇楼板 XB18； 混凝土强度等级：C25； 板厚 100	m³	3.02
154	010405003027	平板； 四层现浇楼板 XB19； 混凝土强度等级：C25； 板厚 100	m³	16.21
155	010405008001	雨篷； 混凝土强度等级：C25	m³	1.19
156	010406001001	1#直形楼梯； 混凝土强度等级：C25	m²	58.32
157	010406001002	2#直形楼梯； 混凝土强度等级：C25	m²	58.32
158	010407002001	散水、坡道	m²	158.12
159	010410003001	首层 240 内墙预制过梁 GL 09 - 12； 单件体积：2m³ 内； 安装高度：3.6m 内； 混凝土强度等级：C30	m³ m³ m³	0.34 0.35 0.35
160	010410003002	首层 240 内墙预制过梁 GL 12 - 12； 单件体积：2m³ 内； 安装高度：3.6m 内； 混凝土强度等级：C30	m³ m³ m³	0.35 0.36 0.36

分部分项工程量清单

工程名称：×××土建工程　　　　　　　　　　　　　　　　　第 18 页　共 20 页

序号	项目编码	项 目 名 称	计量单位	工程数量
161	010410003003	首层 240 内墙预制过梁 GL 20 - 12； 单件体积：2m³ 内； 安装高度：3.6m 内； 混凝土强度等级：C30	m³ m³ m³	0.22 0.223 0.223
162	010410003004	首层 240 内墙预制过梁 GL 18 - 12； 单件体积：2m³ 内； 安装高度：3.6m 内； 混凝土强度等级：C30	m³ m³ m³	0.10 0.102 0.102
163	010410003005	二层 240 内墙预制过梁 GL 09 - 12； 单件体积：2m³ 内； 安装高度：3.6m 内； 混凝土强度等级：C30	m³ m³ m³	0.52 0.53 0.53
164	010410003006	二层 240 内墙预制过梁 GL 12 - 12； 单件体积：2m³ 内； 安装高度：3.6m 内； 混凝土强度等级：C30	m³ m³ m³	0.40 0.41 0.41
165	010410003007	二层 240 内墙预制过梁 GL 20 - 12； 单件体积：2m³ 内； 安装高度：3.6m 内； 混凝土强度等级：C30	m³ m³ m³	0.22 0.223 0.223
166	010410003008	二层 240 内墙预制过梁 GL 18 - 12； 单件体积：2m³ 内； 安装高度：3.6m 内； 混凝土强度等级：C30	m³ m³ m³	0.10 0.102 0.102
167	010410003009	三层 240 内墙预制过梁 GL 09 - 12； 单件体积：2m³ 内； 安装高度：3.6m 内； 混凝土强度等级：C30	m³ m³ m³	0.52 0.53 0.53

分部分项工程量清单

工程名称：×××土建工程

序号	项目编码	项 目 名 称	计量单位	工程数量
168	010410003010	三层 240 内墙预制过梁 GL 2 - 12； 单件体积：2m³ 内； 安装高度：3.6m 内； 混凝土强度等级：C30	m³ m³ m³	0.40 0.41 0.41
169	010410003011	三层 240 内墙预制过梁 GL 18 - 12； 单件体积：2m³ 内； 安装高度：3.6m 内； 混凝土强度等级：C30	m³ m³ m³	0.2 0.203 0.203
170	010410003012	三层 240 内墙预制过梁 GL 20 - 12； 单件体积：2m³ 内； 安装高度：3.6m 内； 混凝土强度等级：C30	m³ m³ m³	0.12 0.122 0.122
171	010410003013	四层 240 外墙预制过梁 GL 15 - 12； 单件体积：2m³ 内； 安装高度：3.6m 内； 混凝土强度等级：C30	m³ m³ m³	0.38 0.38 0.36
172	010410003014	四层 240 外墙预制过梁 GL 18 - 12； 单件体积：2m³ 内； 安装高度：3.6m 内； 混凝土强度等级：C30	m³ m³ m³	0.10 0.102 0.102
173	010416001001	现浇混凝土钢筋	t t t	31.16 30.5 22.56 21.90 3.45 3.35

分部分项工程量清单

工程名称：×××土建工程　　　　　　　　　　　　　　　　　　　第 20 页　共 20 页

序号	项目编码	项 目 名 称	计量单位	工程数量
174	010416002001	预制过梁钢筋	t	1.57
				1.54
175	010417002001	预埋铁件	t	0.16
176	010702001001	屋面卷材防水	m²	123.38
			m²	20.56
			m²	13.71
			m²	720.32
177	010702004001	屋面排水管	m	41.20
178	010803003002	保温隔热墙； 保温隔热部位：靠外墙的圈梁外侧； 保温隔热方式：外保温； 保温材料品种、规格：30 厚苯板	m³	55.27
179	010803003003	保温隔热墙； 保温隔热部位：靠外墙的过梁外侧； 保温隔热方式：外保温； 保温材料品种、规格：30 厚苯板	m³	1.60
180	010803005001	隔热楼地面：首层地面周边 2m 宽铺设炉渣保温	m³	7.07

措 施 项 目 清 单

工程名称：×××土建工程　　　　　　　　　　　　　　　　　　　第 页 共 页

序号	项目名称	序号	项目名称
1	临时设施	5	混凝土、钢筋混凝土模板及支架
2	大型机械设备进出场及安拆	6	环境保护
3	垂直运输机械	7	其他（略）
4	脚手架		

其 他 项 目 清 单

工程名称：×××土建工程   第 页 共 页

序号	项目名称	
1	招标人部分 预留金	100000
	小计	100000
2	投标人部分 零星工作项目费	
	小计	
	合计	

零 星 工 作 项 目 清 单

工程名称：×××土建工程   第 页 共 页

序号	名 称	计量单位	数量
1	人工 （1）木工 （2）搬运工 （3）（以下略）	工日 工日	20 30
	小计		
2	材料 （1）镀锌铁皮 20 号 （2）（以下略）	m²	10
	小计		
3	机械 （1）载重汽车 4t （2）点焊机 100kV·A （3）（以下略）	台班 台班	10 5
	小计		
	合计		

7.2 工程量清单报价的编制

<u>×××工程</u>
工 程 量 清 单 报 价 表

投 标 人：××市××房地产开发公司（单位签字盖章）

法定代表人： <u>　　　　王××　　　　</u> （签字盖章）

造价工程师
及注册证号： <u>　　　　张××　　　　</u> （签字盖执业专用章）

编 制 时 间： <u>　　　　　　　　　　</u>

投 标 总 价

建 设 单 位： ××市××房地产开发公司

工 程 名 称： ×××工程

投 标 总 价 （小写）：￥2510411元整
　　　　　　 （大写）：贰佰伍拾壹万零肆佰壹拾壹元整

投 标 人： （单位签字盖章）

法定代表人： （签字盖章）

编 制 时 间：

总 说 明

工程名称：×××工程　　　　　　　　　　　　　　　　　　　第 页 共 页

> 1. 工程概况：
> 2. 招标范围：土建工程
> 3. 工程质量要求：优良工程
> 4. 工期：
> 5. 编制依据：
> 5.1　××市××建筑设计研究院有限公司设计的×××工程施工图1套。
> 5.2　××市××房地产开发公司编制的《×××工程招标书》；×××工程招标答疑纪要。
> 5.3　工程量清单计价依据国标《建筑工程工程量清单计价规范》。
> 5.4　工程量清单计价中的工、料、机数量参考当地建筑工程定额，其中工、料、机的价格参考省、市建筑工程造价管理部门有关部门文件或近期发布的工程造价信息，并通过调查市场价格后取定。
> 5.5　工程量清单计费按照省、市建筑工程造价管理部门有关部门文件执行。
> 5.6　税金按照3.413％计取。
> 5.7　人工工资按照34元/工日计。
> 5.8　脚手架采用钢制脚手架。

工 程 项 目 总 价 表

工程名称：×××工程　　　　　　　　　　　　　　　　　　　　　第1页　共1页

序号	单项工程名称	金额（元）
a	×××工程	2510410.87
合计		2510410.87

单 项 工 程 费 汇 总 表

工程名称：×××工程　　　　　　　　　　　　　　　　　　　　　第1页　共1页

序号	单位工程名称	金额（元）
01	建筑工程	2510410.87
合计		2510410.87

单 位 工 程 费 汇 总 表

工程名称：×××工程

序号	项目名称	金额（元）
1	分部分项工程量清单计价合计	2288304.21
2	措施项目清单计价合计	135167.24
3	其他项目清单计价合计	
4	规费	5331.64
5	税金	81607.78
	合计	2510410.87

分部分项工程量清单计价表

工程名称：×××建筑工程　　　　　　　　　　　　　　　　第 1 页　共 13 页

序号	项目编码	项 目 名 称	计量单位	工程数量	金额（元）	
					综合单价	合价
	A.1	土石方工程				
1	010101001001	平整场地；土壤类别：三类土；弃土运距：400m 以内	m²	872.82	3.25	2836.67
2	010101003001	J-1挖基础土方；土壤类别：三类土；基础类型：独立；挖土深度：2m内；$N=6$	m³	160.61	13.83	2221.24
3	010101003002	J-2挖基础土方；土壤类别：三类土；基础类型：独立；挖土深度：2m内；$N=1$	m³	94.18	13.74	1294.03
4	010101003003	J-4挖基础土方；土壤类别：三类土；基础类型：独立；挖土深度：2m内；$N=3$	m³	235.42	13.78	3244.09
5	010101003004	1-1挖基础土方；土壤类别：三类土；基础类型：条形；挖土深度：2m内；弃土运距：400m 以内；$L=90.71m$	m³	128.74	24.17	3111.65
6	010101003005	2-2挖基础土方；土壤类别：三类土；基础类型：条形；挖土深度：2m内；弃土运距：400m；$L=32.06m$	m³	433.00	24.20	10478.60
7	010101003006	3-3挖基础土方；土壤类别：三类土；基础类型：条形；挖土深度：2m内；弃土运距：400m 以内；$L=16.64m$	m³	255.60	24.23	6193.19
8	010101003007	4-4挖基础土方；土壤类别：三类土；基础类型：条形；挖土深度：2m内；弃土运距：400m 以内；$L=12.54m$	m³	138.44	24.17	3346.09
9	010101003008	5-5挖基础土方；土壤类别：三类土；基础类型：条形；挖土深度：2m内；弃土运距：400m 以内；$L=4.97m$	m³	66.82	22.01	1470.71
10	010101003009	6-6挖基础土方；土壤类别：三类土；基础类型：条形；挖土深度：2m	m³	829.46	24.21	20081.23
11	010101003010	7-7挖基础土方；土壤类别：三类土；基础类型：条形；挖土深度：2m内；弃土运距：400m 以内；$L=3.6m$	m³	158.98	25.88	4114.40
12	010101003011	7-7定挖基础土方；土壤类别：三类土；基础类型：条形；挖土深度：2m内；弃土运距：400m 以内；$L=3.6m$	m³	169.34	24.25	4106.50
		本页小计				62498.40

分部分项工程量清单计价表

工程名称：×××工程　　　　　　　　　　　　　　　　　　　第 2 页　共 13 页

序号	项目编码	项 目 名 称	计量单位	工程数量	金额（元）	
					综合单价	合价
13	010103001001	土（石）方回填	m³	1908.36	9.88	18854.60
	A.3	砌筑工程				
14	010301001001	1－1 砖基础；砖品种、强度：烧结多孔砖；基础类型：条形；基础深度：1500mm；水泥砂浆强度等级：M10；L＝90.71m	m³	30.14	361.49	10895.31
15	010301001002	2－2 砖基础；砖品种、强度：烧结多孔砖；基础类型：条形；基础深度：1500mm；水泥砂浆强度等级：M10；L＝32.06m	m³	8.88	328.31	2915.39
16	010301001003	3－3 砖基础；砖品种、强度：烧结多孔砖；基础类型：条形；基础深度：1500mm；水泥砂浆强度等级：M10；L＝16.64m	m³	4.47	332.17	1484.80
17	010301001004	4－4 砖基础；砖品种、强度：烧结多孔砖；基础类型：条形；基础深度：1500mm；水泥砂浆强度等级：M10；L＝12.54m	m³	4.75	294.43	1398.54
18	010301001005	5－5 砖基础；砖品种、强度：烧结多孔砖；基础类型：条形；基础深度：1500mm；水泥砂浆强度等级：M10；L＝4.97m	m³	3.10	257.84	799.30
19	010301001006	6－6 砖基础；砖品种、强度：烧结多孔砖；基础类型：条形；基础深度：1500mm；水泥砂浆强度等级：M10；L＝21.60m	m³	16.17	249.60	4036.03
20	010301001007	7－7 砖基础；砖品种、强度：烧结多孔砖；基础类型：条形；基础深度：1500mm；水泥砂浆强度等级：M10；L＝3.60m	m³	13.03	213.38	2780.34
21	010302006001	零星砌体名称、部位：卫生间蹲台；砂浆强度等级、配合比：混合 M5.0	m³	1.30	246.89	320.96
22	010302006002	零星砌体名称、部位：池槽腿；砂浆强度等级、配合比：混合 M5.0	m³	4.03	1170.62	4717.60
23	010302006003	零星砌体名称、部位：砖墩；砂浆强度等级、配合比：混合 M5.0	m³	0.21	451.43	94.80
24	010304001001	空心砖墙；首层及二层外墙；365；空心砖强度等级：MU10；砂浆强度等级：混合 M10	m³	201.66	295.50	59590.53
		本页小计				107888.20

分部分项工程量清单计价表

工程名称：×××工程　　　　　　　　　　　　　　　　　　　　　　第 3 页　共 13 页

序号	项目编码	项　目　名　称	计量单位	工程数量	综合单价	合价
25	010304001002	空心砖墙；墙体类型：一、二层外墙；240； 空心砖强度等级：MU10； 砂浆强度等级：混合 M10	m³	7.84	337.62	2646.94
26	010304001003	加气混凝土砌块墙；首层外墙；250； 砌块强度等级：MU3	m³	283.46	324.18	91892.06
27	010304001004	空心砖墙；墙体类型：三、四层外墙；365； 空心砖强度等级：MU10； 砂浆强度等级：混合 M7.5	m³	258.35	298.24	77050.30
28	010304001005	空心砖墙；墙体类型：三、四层外墙；240； 空心砖强度等级：MU10； 砂浆强度等级：混合 M7.5	m³	39.26	382.83	15029.91
29	010304001006	空心砖墙；墙体类型：一、二层内墙；240； 空心砖强度等级：MU10； 砂浆强度等级：混合 M10	m³	2405.15	352.07	846781.16
30	010304001007	首层 240 配筋砖墙	m³	8.92	606.20	5407.30
31	010304001008	空心砖墙；墙体类型：三、四层内墙；240； 空心砖强度等级：MU10； 砂浆强度等级：混合 M7.5	m³	266.74	306.25	81689.13
32	010304001009	空心砖墙；三、四层女儿墙；240； 空心砖强度等级：MU10； 砂浆强度等级：混合 M7.5	m³	39.33	261.10	10269.06
	A.4	混凝土及钢筋混凝土工程				
33	010401001001	1－1 带形基础；垫层混凝土强度：C10； 带形基础混凝土强度等级：C20； 骨料：细砂；L＝90.71m	m³	113.96	541.13	61667.17
34	010401001002	2－2 带形基础；垫层混凝土强度：C10； 混凝土拌和料要求：细砂；L＝32.06m	m³	55.64	666.02	37057.35
35	010401001003	3－3 带形基础；垫层混凝土强度：C10； 混凝土拌和料要求：细砂；L＝16.64m	m³	151.05	554.31	83728.53
36	010401001004	4－4 带形基础；垫层混凝土强度等级：C10； 混凝土拌和料要求：细砂；L＝12.54m	m³	7.50	554.73	4160.48
		本页小计				1317379.39

分部分项工程量清单计价表

工程名称：×××工程　　　　　　　　　　　　　　　　　　第 4 页　共 13 页

序号	项目编码	项目名称	计量单位	工程数量	综合单价	合价
37	010401001005	5−5带形基础；垫层混凝土强度：C10；混凝土拌和料要求：细砂；$L=4.97$m	m³	5.83	734.87	4284.29
38	010401001006	6−6带形基础；垫层混凝土强度：C10；混凝土拌和料要求：细砂；$L=21.60$m	m³	57.17	803.20	45918.94
39	010401002001	J−1独立基础；混凝土强度：C25；混凝土拌和料要求：碎石；$N=6$	m³	12.42	634.07	7875.15
40	010401002002	J−2独立基础；混凝土强度等级：C25；混凝土拌和料要求：碎石；$N=1$	m³	1.13	1957.02	2211.43
41	010401002003	J−3独立基础；混凝土强度等级：C25；混凝土拌和料要求：碎石；$N=4$	m³	5.46	485.01	2648.15
42	010401002004	J−4独立基础；混凝土强度等级：C25；混凝土拌和料要求：碎石；$N=3$	m³	2.31	486.24	1123.21
43	010402001001	矩形柱；首层490外墙上GZ3；柱截面：370×490；混凝土强度：C25；混凝土拌和料要求：中砂碎石；$N=3$	m³	3.00	972.95	2918.85
44	010402001002	矩形柱；首层365外墙上GZ6；柱截面：200×370；混凝土强度：C25；混凝土拌和料要求：中砂碎石；$N=16$	m³	4.85	972.95	4718.81
45	010402001003	矩形柱；首层365外墙上GZ2；柱截面：370×370；混凝土强度：C25；混凝土拌和料要求：中砂碎石；$N=7$	m³	4.21	972.95	4096.12
46	010402001004	矩形柱；首层365外墙上GZ5；柱截面：240×370；混凝土强度：C25；混凝土拌和料要求：中砂碎石	m³	0.84	972.95	817.28
47	010402001005	矩形柱；首层365外墙上GZ7；柱截面：300×300；混凝土强度：C25；混凝土拌和料要求：中砂碎石	m³	0.78	972.95	758.90
48	010402001006	矩形柱；首层365外墙上GZ1，带马牙茬；柱截面：240×240；混凝土强度：C25；混凝土拌和料要求：中砂碎石	m³	2.46	972.95	2393.46
49	010402001007	矩形柱；首层240内墙上GZ1，带马牙茬；柱截面：240×240；混凝土强度：C25；混凝土拌和料要求：中砂碎石	m³	8.26	972.95	8036.57
		本页小计				87801.16

分部分项工程量清单计价表

工程名称：×××工程　　　　　　　　　　　　　　　　　　　　第 5 页　共 13 页

序号	项目编码	项 目 名 称	计量单位	工程数量	金额（元）	
					综合单价	合价
50	010402001008	矩形柱；首层框架外墙上 Z1； 柱截面：350×370；混凝土强度：C25； 混凝土拌和料要求：中砂碎石	m³	1.17	1243.75	1455.19
51	010402001009	矩形柱；首层框架外墙上 Z2； 柱截面：350×370；混凝土强度：C25； 混凝土拌和料要求：中砂碎石	m³	1.17	1243.75	1455.19
52	010402001010	矩形柱；首层框架外墙上 Z3； 柱截面：350×370；混凝土强度：C25； 混凝土拌和料要求：中砂碎石	m³	1.17	1243.75	1455.19
53	010402001011	矩形柱；首层框架外墙上 Z4； 柱截面：350×370；混凝土强度：C25； 混凝土拌和料要求：中砂碎石	m³	2.91	500.06	1455.17
54	010402001012	矩形柱；二层 490 外墙上 GZ3； 柱截面：370×490；混凝土强度：C25； 混凝土拌和料要求：中砂碎石	m³	3.00	972.95	2918.85
55	010402001013	矩形柱；二层 365 外墙上 GZ6； 柱截面：200×370；混凝土强度：C25； 混凝土拌和料要求：中砂碎石	m³	4.85	972.95	4718.81
56	010402001014	矩形柱；二层 365 外墙上 GZ2； 柱截面：370×370；混凝土强度：C25； 混凝土拌和料要求：中砂碎石	m³	4.16	972.95	4047.47
57	010402001015	矩形柱；二层 365 外墙上 GZ5； 柱截面：240×370；混凝土强度：C25； 混凝土拌和料要求：中砂碎石	m³	0.86	972.95	836.74
58	010402001016	矩形柱；二层 365 外墙上 GZ7； 柱截面：300×300；混凝土强度：C25； 混凝土拌和料要求：中砂碎石	m³	0.78	972.95	758.90
59	010402001017	矩形柱；二层 365 外墙上 GZ1，带马牙茬； 柱截面：240×240；混凝土强度：C25； 混凝土拌和料要求：中砂碎石	m³	2.46	972.95	2393.46
60	010402001018	矩形柱；二层 240 内墙上 GZ1，带马牙茬； 柱截面：240×240；混凝土强度：C25； 混凝土拌和料要求：中砂碎石	m³	8.26	972.95	8036.57
		本页小计				29531.54

分部分项工程量清单计价表

工程名称：×××工程　　　　　　　　　　　　　　　　　　　　　第 6 页　共 13 页

序号	项目编码	项目名称	计量单位	工程数量	综合单价	合价
					金额（元）	
61	010402001019	矩形柱；三层 240 外墙上 GZ3； 柱截面：370×490；混凝土强度：C25； 混凝土拌和料要求：中砂碎石	m³	2.87	972.95	2792.37
62	010402001020	矩形柱；三层 365 外墙上 GZ6； 柱截面：200×370；混凝土强度：C25； 混凝土拌和料要求：中砂碎石	m³	4.85	972.95	4718.81
63	010402001021	矩形柱；三层 365 外墙上 GZ2； 柱截面：370×370；混凝土强度：C25； 混凝土拌和料要求：中砂碎石	m³	8.52	972.95	8289.53
64	010402001022	矩形柱；三层 365 外墙上 GZ5； 柱截面：240×370；混凝土强度：C25； 混凝土拌和料要求：中砂碎石	m³	0.80	972.95	
65	010402001023	矩形柱；三层 365 外墙上 GZ7； 柱截面：300×300；混凝土强度：C25； 混凝土拌和料要求：中砂碎石	m³	0.78	972.95	758.90
66	010402001024	矩形柱；三层 365 外墙上 GZ1，带马牙茬； 柱截面：240×240；混凝土强度：C25； 混凝土拌和料要求：中砂碎石	m³	2.46	972.95	2393.46
67	010402001025	矩形柱；三层 240 内墙上 GZ1，带马牙茬； 柱截面：240×240；混凝土强度：C25； 混凝土拌和料要求：中砂碎石	m³	8.26	972.95	8036.57
68	010402001026	矩形柱；四层 490 外墙上 GZ3； 柱截面：370×490；混凝土强度：C25； 混凝土拌和料要求：中砂碎石	m³	0.80	972.95	778.36
69	010402001027	矩形柱；四层外墙上 GZ； 柱截面：250×250；混凝土强度：C25； 混凝土拌和料要求：中砂碎石	m³	4.06	972.95	3950.18
70	010402001028	矩形柱；屋顶走廊柱 Z； 柱截面：300×300；混凝土强度：C25； 混凝土拌和料要求：中砂碎石	m³	2.27	972.95	2208.60
71	010402001029	矩形柱；三层女儿墙上 GZ； 柱截面：250×250；混凝土强度：C25； 混凝土拌和料要求：中砂碎石	m³	3.35	972.95	3259.38
		本页小计				37186.16

分部分项工程量清单计价表

序号	项目编码	项 目 名 称	计量单位	工程数量	综合单价	合价
					金额（元）	
72	010402001030	矩形柱；四层女儿墙上 GZ；柱截面：250×250；混凝土强度：C25；混凝土拌和料要求：中砂碎石	m³	1.67	972.95	1624.83
73	010403002001	矩形梁；首层 L−1；混凝土强度：C25；梁截面：240×450	m³	0.79	1050.15	829.62
74	010403002002	矩形梁；首层 L−2；混凝土强度：C25；梁截面：240×250	m³	0.30	1040.37	312.11
75	010403002003	矩形梁；首层 L−3；混凝土强度：C25；梁截面：240×450	m³	0.36	1040.39	374.54
76	010403002004	矩形梁；首层 L−4；混凝土强度：C25；梁截面：250×600	m³	1.65	1040.38	1716.63
77	010403002005	矩形梁；首层 L−5；混凝土强度：C25；梁截面：240×450	m³	0.35	1040.37	364.13
78	010403002006	矩形梁；首层 LL−1；混凝土强度：C25；梁截面：240×600	m³	0.82	1040.38	853.11
79	010403002007	矩形梁；首层 LL；混凝土强度：C25；梁截面：240×450	m³	0.89	1040.38	925.94
80	010403002008	矩形梁；首层 LL；混凝土强度：C25；梁截面：240×450	m³	1.24	1040.38	1290.07
81	010403002009	矩形梁；首层 L；混凝土强度：C25；梁截面：240×450	m³	0.36	1040.39	374.54
82	010403002010	矩形梁；首层框架 WL（1）；混凝土强度：C25；梁截面：250×（700−130）	m³	4.69	1040.38	4879.38
83	010403002011	矩形梁；首层框架 WL（4）；混凝土强度：C25；梁截面：250×（450−130）	m³	1.10	1040.38	1144.42
84	010403002012	矩形梁；首层框架 KL（6）；混凝土强度：C25；梁截面：370×（450−130）	m³	8.68	1040.38	9030.50
85	010403002013	矩形梁；首层框架 KL（1）；混凝土强度：C25；梁截面：370×（450−130）	m³	0.91	1040.38	946.75
86	010403002014	矩形梁；首层框架 KL（2）；混凝土强度：C25；梁截面：370×（600−130）	m³	3.09	1040.38	3214.77
87	010403002015	矩形梁；二层 L−1；混凝土强度：C25；梁截面：240×（450−110）	m³	1.19	1040.38	1238.05
88	010403002016	矩形梁；二层 L−2；混凝土强度：C25；梁截面：240×（250−80）	m³	0.30	1040.37	312.11
		本页小计				29431.50

分部分项工程量清单计价表

工程名称：×××工程

序号	项目编码	项 目 名 称	计量单位	工程数量	金额（元）	
					综合单价	合价
89	010403002017	矩形梁；二层 L-3；混凝土强度：C25；梁截面：240×（450-150）	m³	0.36	1040.39	374.54
90	010403002018	矩形梁；二层 L-4；混凝土强度：C25；梁截面：250×（600-110）	m³	1.65	1040.38	1716.63
91	010403002019	矩形梁；二层 L-5；混凝土强度：C25；梁截面：240×（450-150）	m³	0.17	1040.35	176.86
92	010403002020	矩形梁；二层 YL1；混凝土强度：C25；梁截面：240×600	m³	0.20	1040.40	208.08
93	010403002021	矩形梁；二层 LL-1；混凝土强度：C25；梁截面：240×600	m³	3.27	1040.38	3402.04
94	010403002022	矩形梁；三层 WL-1；混凝土强度：C25；梁截面：240×450	m³	1.21	1040.38	1258.86
95	010403002023	矩形梁；三层 L-2；混凝土强度：C25；梁截面：240×250	m³	0.36	1040.39	374.54
96	010403002024	矩形梁；三层 WL4；混凝土强度：C25；梁截面：250×600	m³	1.65	1040.38	1716.63
97	010403002025	矩形梁；三层 WLL1；混凝土强度：C25；梁截面：250×600	m³	3.27	1040.38	3402.04
98	010403002026	矩形梁；四层 YL1；混凝土强度：C25；梁截面：240×120	m³	4.72	1040.38	4910.59
99	010403004001	首层 365 外墙圈梁 QL2；混凝土强度：C25；梁截面：240×120	m³	6.37	729.46	4646.66
100	010403004002	首层 240 内墙圈梁 QL1；混凝土强度：C25；混凝土拌和料要求：中砂碎石；梁截面：240×180	m³	6.64	729.46	4843.61
101	010403004003	二层 365 外墙圈梁 QL2；混凝土强度：C25；混凝土拌和料要求：中砂碎石；梁截面：370×180	m³	7.36	729.46	5368.83
102	010403004004	二层 240 内墙圈梁 QL1；混凝土强度：C25；混凝土拌和料要求：中砂碎石；梁截面：240×180	m³	6.64	729.46	4843.61
103	010403004005	三层 365 外墙圈梁 QL2；混凝土强度：C25；混凝土拌和料要求：中砂碎石；梁截面：370×180	m³	7.36	729.46	5368.83
104	010403004006	三层 240 内墙圈梁 QL1；混凝土强度：C25；混凝土拌和料要求：中砂碎石；梁截面：240×180	m³	6.80	729.46	4960.33
		本页小计				47572.68

分部分项工程量清单计价表

工程名称：×××工程

序号	项目编码	项 目 名 称	计量单位	工程数量	金额（元）综合单价	合价
105	010403005001	过梁；首层 365 外墙过梁 GL－1；单件体积：2m³ 内；安装高度：3.6m 内；混凝土强度：C25；梁截面：370×500	m³	2.40	1137.77	2730.65
106	010403005002	过梁；首层 365 外墙过梁 GL－2；单件体积：2m³ 内；安装高度：3.6m 内；混凝土强度：C25；梁截面：370×450	m³	0.96	1137.77	1092.26
107	010403005003	首层 365 外墙过梁 GL－3；单件体积：2m³ 内；安装高度：3.6m 内；混凝土强度：C25；梁截面：370×350	m³	0.81	1137.77	921.59
108	010403005004	首层 365 外墙过梁 GL－4；单件体积：2m³ 内；安装高度：3.6m 内；混凝土强度：C25；梁截面：370×300	m³	0.39	1137.77	443.73
109	010403005005	首层 240 外墙过梁 GL－5；单件体积：2m³ 内；安装高度：3.6m 内；混凝土强度：C25；梁截面：240×300	m³	0.23	1137.78	261.69
110	010403005006	首层 365 外墙过梁 GL－6；单件体积：2m³ 内；安装高度：3.6m 内；混凝土强度：C25；梁截面：370×350	m³	1.06	1137.77	1206.04
111	010403005007	二层 365 外墙过梁 GL－1；单件体积：2m³ 内；安装高度：3.6m 内；混凝土强度：C25；梁截面：370×500	m³	2.40	1137.77	2730.65
112	010403005008	二层 365 外墙过梁 GL－2；单件体积：2m³ 内；安装高度：3.6m 内；混凝土强度：C25；梁截面：370×450	m³	0.98	1137.77	1115.01
113	010403005009	二层 365 外墙过梁 GL－3；单件体积：2m³ 内；安装高度：3.6m 内；混凝土强度：C25；梁截面：370×350	m³	0.57	1137.77	648.53
114	010403005010	二层 365 外墙过梁 GL－4；单件体积：2m³ 内；安装高度：3.6m 内；混凝土强度：C25；梁截面：370×300	m³	0.39	1137.77	443.73
		本页小计				11593.88

分部分项工程量清单计价表

工程名称：×××工程　　　　　　　　　　　　　　　　　　第 10 页　共 13 页

序号	项目编码	项 目 名 称	计量单位	工程数量	金额（元）	
					综合单价	合价
115	010403005011	二层 240 外墙过梁 GL-5； 单件体积：2m³ 内；安装高度：3.6m 内； 混凝土强度：C25；梁截面：240×300	m³	0.23	1137.78	261.69
116	010403005012	二层 365 外墙过梁 GL-6； 单件体积：2m³ 内；安装高度：3.6m 内； 混凝土强度：C25；梁截面：370×350	m³	1.06	1137.77	1206.04
117	010403005013	三层 365 外墙过梁 GL-1； 单件体积：2m³ 内；安装高度：3.6m 内； 混凝土强度：C25；梁截面：370×500	m³	2.40	1137.77	2730.65
118	010403005014	三层 365 外墙过梁 GL-2； 单件体积：2m³ 内；安装高度：3.6m 内； 混凝土强度：C25；	m³	0.98	1137.77	1115.01
119	010403005015	三层 365 外墙过梁 GL-3； 单件体积：2m³ 内；安装高度：3.6m 内； 混凝土强度：C25；梁截面：370×350	m³	0.57	1137.77	648.53
120	010403005016	三层 365 外墙过梁 GL-4； 单件体积：2m³ 内；安装高度：3.6m 内； 混凝土强度：C25；梁截面：370×300	m³	0.39	1137.77	443.73
121	010403005017	三层 240 外墙过梁 WL-5； 单件体积：2m³ 内；安装高度：3.6m 内； 混凝土强度：C25；梁截面：240×450	m³	0.60	784.33	470.60
122	010403005018	三层 365 外墙过梁 SGL-1； 单件体积：2m³ 内；安装高度：3.6m 内； 混凝土强度：C25；梁截面：370×500	m³	1.96	1137.77	2230.03
123	010403005019	三层 365 外墙过梁 SGL-2； 单件体积：2m³ 内；安装高度：3.6m 内； 混凝土强度：C25；梁截面：370×450	m³	2.69	784.34	2109.87
124	010405003001	平板，首层现浇楼板 XB1； 混凝土强度：C25	m³	7.00	582.77	4079.39
125	010405003002	平板，首层现浇楼板 XB2； 混凝土强度：C25；板厚 80	m³	4.84	850.44	4116.13
126	010405003003	平板，首层现浇楼板 XB3； 混凝土强度：C25；板厚 80	m³	1.31	584.39	765.55
		本页小计				20177.22

分部分项工程量清单计价表

工程名称：×××工程

序号	项目编码	项 目 名 称	计量单位	工程数量	金额（元）综合单价	合价
127	010405003004	平板；首层现浇楼板 XB4；混凝土强度：C25；板厚110	m³	5.65	707.00	3994.55
128	010405003005	平板；首层现浇楼板 XB5；混凝土强度：C25；板厚110	m³	22.23	529.76	11776.56
129	010405003006	平板；首层现浇楼板 XB6；混凝土强度：C25；板厚110	m³	3.90	707.00	2757.30
130	010405003007	平板；首层现浇楼板 XB7；混凝土强度：C25；板厚150	m³	13.10	707.00	9261.70
131	010405003008	平板；首层现浇楼板 XB8；混凝土强度：C25；板厚130	m³	10.86	707.00	7678.02
132	010405003009	平板；首层现浇楼板 XB9；混凝土强度：C25；板厚130	m³	3.86	707.00	2729.02
133	010405003010	平板；首层现浇楼板 XB10；混凝土强度：C25；板厚110	m³	5.39	850.44	4583.87
134	010405003011	平板；二层现浇楼板 XB1；混凝土强度：C25；板厚90	m³	61.64	850.44	52421.12
135	010405003012	平板；二层现浇楼板 XB2；混凝土强度：C25；板厚80	m³	4.29	850.44	3648.39
136	010405003013	平板；二层现浇楼板 XB3；混凝土强度：C25；板厚80	m³	1.31	850.44	1114.08
137	010405003014	平板；二层现浇楼板 XB4；混凝土强度：C25；板厚110	m³	5.65	529.76	2993.14
138	010405003015	平板；二层现浇楼板 XB5；混凝土强度：C25；板厚110	m³	22.23	707.00	15716.61
139	010405003016	平板；二层现浇楼板 XB6；混凝土强度：C25；板厚110	m³	3.90	707.00	2757.30
140	010405003017	平板；二层现浇楼板 XB7；混凝土强度：C25；板厚150	m³	13.10	707.00	9261.70
141	010405003018	平板；二层现浇楼板 XB10；混凝土强度：C25	m³	5.52	850.44	4694.43
142	010405003019	平板；三层现浇楼板 XB11；混凝土强度：C25；板厚150	m³	9.17	707.00	6483.19
143	010405003020	平板；三层现浇楼板 XB12；混凝土强度：C25；板厚110	m³	5.52	707.00	3902.64
		本页小计				145773.62

分部分项工程量清单计价表

工程名称：×××工程   第12页　共13页

序号	项目编码	项目名称	计量单位	工程数量	综合单价	合价
144	010405003021	平板；三层现浇楼板 XB13；混凝土强度：C25；板厚90	m³	1.65	850.44	1403.23
145	010405003022	平板；三层现浇楼板 XB14；混凝土强度：C25；板厚110	m³	6.06	707.00	4284.42
146	010405003023	平板；三层现浇楼板 XB15；混凝土强度：C25；板厚90	m³	7.00	850.44	5953.08
147	010405003024	平板；三层现浇楼板 XB16；混凝土强度：C25；板厚110	m³	22.77	707.00	16098.39
148	010405003025	平板；三层现浇楼板 XB17；混凝土强度：C25；板厚110	m³	2.09	850.44	1777.42
149	010405003026	平板；四层现浇楼板 XB18；混凝土强度：C25；板厚100	m³	3.02	850.44	2568.33
150	010405003027	平板；四层现浇楼板 XB19；混凝土强度：C25；板厚100	m³	16.21	850.44	13785.63
151	010405008001	雨篷；混凝土强度：C25	m³	1.19	1492.70	1776.31
152	010406001001	1♯直形楼梯；混凝土强度：C25	m²	58.32	189.62	11058.64
153	010406001002	2♯直形楼梯；混凝土强度：C25	m²	58.32	189.62	11058.64
154	010407002001	散水、坡道	m²	158.12	56.84	8987.54
155	010410003001	首层240内墙预制过梁 GL 09－12；单件体积：2m³内；安装高度：3.6m内；混凝土强度：C30	m³	1.04	1186.70	1234.17
156	010410003002	首层240内墙预制过梁 GL 12－12；单件体积：2m³内；安装高度：3.6m内；混凝土强度：C30	m³	1.07	1186.78	1269.85
157	010410003003	首层240内墙预制过梁 GL 20－12；单件体积：2m³内；安装高度：3.6m内；混凝土强度：C30	m³	0.67	1187.40	790.81
158	010410003004	首层240内墙预制过梁 GL 18－12；单件体积：2m³内；安装高度：3.6m内；混凝土强度：C30	m³	0.30	1187.70	361.06
159	010410003005	二层240内墙预制过梁 GL 09－12；单件体积：2m³内；安装高度：3.6m内；混凝土强度：C30	m³	1.58	1187.77	1876.68
		本页小计				84284.20

分部分项工程量清单计价表

工程名称：×××工程

序号	项目编码	项 目 名 称	计量单位	工程数量	综合单价	合价
					金额（元）	
160	010410003006	二层 240 内墙预制过梁 GL 12－12；单件体积：2m³ 内；安装高度：3.6m 内；混凝土强度：C30	m³	1.22	1187.17	1448.35
161	010410003007	二层 240 内墙预制过梁 GL 20－12；单件体积：2m³ 内；安装高度：3.6m 内；混凝土强度：C30	m³	0.67	1187.40	790.81
162	010410003008	二层 240 内墙预制过梁 GL 18－12；单件体积：2m³ 内；安装高度：3.6m 内；混凝土强度：C30	m³	0.30	1187.70	361.06
163	010410003009	三层 240 内墙预制过梁 GL 09－12；单件体积：2m³ 内；安装高度：3.6m 内；混凝土强度：C30	m³	1.58	1187.77	1876.68
164	010410003010	三层 240 内墙预制过梁 GL 2－12；单件体积：2m³ 内；安装高度：3.6m 内；混凝土强度：C30	m³	1.22	1187.17	1448.35
165	010410003011	三层 240 内墙预制过梁 GL 18－12；单件体积：2m³ 内；安装高度：3.6m 内；混凝土强度：C30	m³	0.61	1203.47	729.30
166	010410003012	三层 240 内墙预制过梁 GL 20－12；单件体积：2m³ 内；安装高度：3.6m 内；混凝土强度：C30	m³	0.36	1187.58	432.28
167	010410003013	四层 240 外墙预制过梁 GL 15－12；单件体积：2m³ 内；安装高度：3.6m 内；混凝土强度：C30	m³	1.12	1189.85	1332.63
168	010410003014	四层 240 外墙预制过梁 GL 18－12；单件体积：2m³ 内；安装高度：3.6m 内；混凝土强度：C30	m³	0.30	1189.84	361.71
169	010416001001	现浇混凝土钢筋	t	57.17	4134.92	236393.38
170	010416002001	预制构件钢筋	t	1.57	5870.04	9215.96
171	010417002001	预埋铁件	t	0.160		
	A.7	屋面及防水工程				
172	010702001001	屋面卷材防水	m²	877.97	58.30	51185.65
173	010702004001	屋面排水管	m	41.20	39.08	1610.10
		本页小计				307186.26
		合计				2288304.21

措施项目清单计价表

工程名称：×××工程　　　　　　　　　　　　　　　　第 1 页　共 1 页

序号	单 项 名 称	金额（元）
1	大型机械设备进出场及安拆	3470.40
2	混凝土、钢筋混凝土模板及支架	128359.13
3	脚手架	1064.49
4	垂直运输机械	2273.22
	合　计	135167.24

其他项目清单计价表

工程名称：×××工程　　　　　　　　　　　　　　　　　第 1 页　共 1 页

序号	项　目　名　称	金额（元）
1	招标人部分	
	小　计	
2	投标人部分	
	小　计	
	合　计	

零星工作项目计价表

工程名称：×××工程　　　　　　　　　　　　　　　　　　第 1 页　共 1 页

序号	名　称	计量单位	数量	金额（元）	
				综合单价	合价
1	【人工】				
	小　计				
2	【材料】				
	小　计				
3	【机械】				
	小　计				
	合　计				

分部分项工程量清单综合单价计算表（部分）

工程名称：×××工程

序号	编号	名称	单位	数量	综合单价组成（元）					合价	综合单价（元）
					人工费	材料费	机械使用费	管理费	利润		
1	010101001001	平整场地;土壤类别:三类土;弃土运距:400m以内	m²	872.82	1492.52			1012.47	331.67	2836.66	3.25
	1-56	场地平整	100m²	8.74	1488.20					1488.20	0.59
2	010101003001	J-1挖基础土方;土壤类别:三类土;基础类型:独立;挖土深度:2m以内;N=6	m³	160.61	1206.18		8.03	740.41	266.61	2221.23	13.83
	1-42	人工挖地坑,普通土 h≤2m	100m³	1.61	1175.12					1175.12	7.30
	1-55	原土打夯	100m²	1.15	30.01		7.48			37.49	0.33
3	010101003002	J-2挖基础土方;土壤类别:三类土;基础类型:独立;挖土深度:2m以内;N=1	m³	94.18	703.52		3.77	431.34	155.40	1294.03	13.74
	1-55	原土打夯	100m²	0.56	14.60		3.64			18.24	0.32
	1-42	人工挖地坑,普通土 h≤2m	100m³	0.94	689.08					689.08	7.33
4	010101003003	J-4挖基础土方;土壤类别:三类土;基础类型:独立;挖土深度:2m以内;N=3	m³	235.42	1763.30		9.42	1080.58	390.80	3244.10	13.78
	1-55	原土打夯	100m²	1.57	41.06		10.23			51.29	32.67

分部分项工程量清单综合单价计算表（部分）

工程名称：×××工程

| 序号 | 编号 | 名　称 | 单位 | 数量 | 综　合　单　价　组　成（元） | | | | | 合价 | 综合单价（元） |
					人工费	材料费	机械使用费	管理费	利润		
5	1-42	人工挖地坑；普通土 h≤2m	100m³	2.35	1722.47					1722.47	7.32
	010101003004	1-1挖基础土方；条形；土壤类别：三类土；基础类型：条形；挖土深度：2m内；弃土运距：400m以内；L＝90.71m	m³	128.74	1687.78	14.16	5.15	1032.49	372.06	3111.64	24.17
	1-30	人工挖地槽；普通土 h≤2m	100m³	1.29	847.57					847.57	6.58
	1-57	运土；50m以内	100m³	0.64	450.98	8.23				459.21	3.57
	1-58*7	运土；400m以内，每增加50m	100m³	0.64	368.53	6.99				375.52	2.92
	1-55	原土打夯	100m²	0.86	22.45		5.60			28.05	0.22
6	010101003005	2-2挖基础土方；条形；土壤类别：三类土；基础类型：条形；挖土深度：2m内；弃土运距：400m；L＝32.06m	m³	433.00	5680.96	47.63	17.32	3476.99	1255.70	10478.60	24.20
	1-30	人工挖地槽；普通土 h≤2m	100m³	4.33	2850.70					2850.70	6.58
	1-57	运土；50m以内	100m³	2.17	1516.80	27.69				1544.49	3.57
	1-58*7	运土；400m以内，每增加50m	100m³	2.17	1238.92	23.49				1262.41	2.92
	1-55	原土打夯	100m²	2.95	77.17		19.23			96.40	0.22

工程名称：×××工程

分部分项工程量清单综合单价计算表（部分）

| 序号 | 编号 | 名称 | 单位 | 数量 | 综合单价组成（元） | | | | | 合价 | 综合单价（元） |
					人工费	材料费	机械使用费	管理费	利润		
7	010101003006	3-3挖基础土方；土壤类别：三类土；基础类型：条形；挖土深度：2m以内；弃土运距：400m以内；L=16.64m	m³	255.60	3356.03	28.12	12.78	2055.02	741.24	6193.19	24.23
	1-30	人工挖地槽；普通土 h≤2m	100m³	2.56	1682.77					1682.77	6.58
	1-57	运土；50m以内	100m³	1.28	895.37	16.35				911.72	3.57
	1-58*7	运土；400m以内，每增加50m	100m³	1.28	731.34	13.87				745.21	2.92
	1-55	原土打夯	100m²	1.85	48.40		12.06			60.46	0.24
8	010101003007	4-4挖基础土方；土壤类别：三类土；基础类型：条形；挖土深度：2m以内；弃土运距：400m以内；L=12.54m	m³	138.44	1814.95	15.23	5.54	1110.29	400.09	3346.10	24.17
	1-30	人工挖地槽；普通土 h≤2m	100m³	1.38	911.43					911.43	6.58
	1-57	运土；50m以内	100m³	0.69	484.96	8.85				493.81	3.57
	1-58*7	运土；400m以内，每增加50m	100m³	0.69	396.00	7.51				403.51	2.91
	1-55	原土打夯	100m²	0.92	23.94		5.97			29.91	0.22

工程名称：×××工程

分部分项工程量清单综合单价计算表（部分）

序号	编号	名称	单位	数量	综合单价组成（元）					合价	综合单价（元）
					人工费	材料费	机械使用费	管理费	利润		
18	010301001005	5-5 砖基础；砖品种、强度等级；烧结多孔砖；基础类型：条形；基础深度：1500mm；水泥砂浆强度等级：M10；L=4.97m	m³	3.10	125.21	553.38	9.18	81.96	29.57	799.30	257.84
	3-1换	砖基础；M5 水泥砂浆	10m³	0.31	99.37	442.62	3.87			545.86	176.08
	3-4	墙基防潮层；1：2 防水砂浆（5% 防水粉）	100m²	0.01	2.68	6.24	0.13			9.05	2.92
	5-30-2换	现浇钢筋混凝土圈梁（无模板）现C20 碎 40 号石 32.5	10m³	0.03	23.12	104.53	5.17			132.82	42.85
19	010301001006	6-6 砖基础；砖品种、规格、强度等级；烧结多孔砖；基础类型：条形；基础深度：1500mm；水泥砂浆强度等级：M10；L=21.60m	m³	16.17	632.41	2798.87	43.66	412.34	148.76	4036.04	249.60
	3-1换	砖基础；M5 水泥砂浆	10m³	1.62	518.33	2308.75	20.16			2847.24	176.08
	3-4	墙基防潮层；1：2 防水砂浆（5% 防水粉）	100m²	0.05	11.68	27.16	0.57			39.41	2.44
	5-30-2换	现浇钢筋混凝土圈梁（无模板）现C20 碎 40 号石 32.5	10m³	0.12	102.39	462.94	22.91			588.24	36.38

分部分项工程量清单综合单价计算表（部分）

工程名称：×××工程

| 序号 | 编号 | 名 称 | 单位 | 数量 | 综 合 单 价 组 成（元） | | | | | 合价 | 综合单价（元） |
					人工费	材料费	机械使用费	管理费	利润		
171	010417002001	预埋铁件	t	0.16							
	5-223	铁件调整	t								
172	010702001001	屋面卷材、防水	m²	877.97	7831.49	36497.21	193.15	4899.07	1764.72	51185.64	58.30
	8-94换	1:3水泥砂浆找平层；在填充料上2cm厚	100m²	8.78	1795.19	4272.64	109.48			6177.31	7.04
	8-95换	1:3水泥砂浆找平层；在混凝土或硬基层上2cm厚	100m²	8.78	1556.90	3424.52	85.60			5067.02	5.77
	9-5	1:8水泥炉（矿）渣屋面保温层	10m³	10.54	3180.83	5991.57				9172.40	10.45
	9-47	高聚物改性沥青卷材屋面（热熔）3m厚	100m²	8.78	1306.33	22811.86				24118.19	27.47
173	010702004001	屋面排水管	m	41.20	259.97	1134.24		158.62	57.27	1610.10	39.08
	9-123	塑料落水口；φ100	10个	0.60	52.81	109.13				161.94	3.93
	9-119	硬聚氯乙烯水斗矩形 3"	10个	0.60	21.91	96.42				118.33	2.87
	9-121	塑料落水管；φ100	10m	4.12	185.24	928.61				1113.85	27.03

措 施 项 目 费 分 析 表

工程名称：×××工程

序号	项目名称	单位	数量	金额（元）					
				人工费	材料费	机械使用费	管理费	利润	小计
1	大型机械设备进出场及安拆	项	1.00	735.75	1775.60	154.59	429.23	375.23	3470.40
2	混凝土、钢筋混凝土模板及支架	项	1.00	38162.86	43236.04	3032.54	24464.63	19463.06	128359.13
3	脚手架	项	1.00	371.27	299.62	.103.15	101.10	189.35	1064.49
4	垂直运输机械	项	1.00	99.26		1844.54	278.80	50.62	2273.22

主要材料价格表及费用

工程名称：×××工程　　　　　　　　　　　　　　　　　　　　　　　　　　第1页　共2页

序号	材料编码	材　料　名　称	规格、型号等特殊要求	单位	数量	单价（元）	合价（元）
1	c00166	铁件		t	0.01	4200.00	25.20
2	TJ_c00134	钢筋，Ⅰ级钢φ10以内		t	31.69	3750.00	118822.50
3	TJ_c00135	钢筋，Ⅰ级钢φ10以上		t	25.02	3500.00	87566.50
4	TJ_c00137	钢筋，Ⅱ、Ⅲ级钢φ10以上		t	72.11	3600.00	259603.20
5	TJ_c00138	冷拔丝		t	0.25	3950.00	995.40
6	TJ_c00139	预应力钢筋φ10内		t	1.57	3950.00	6201.50
7	TJ_c00157	钢管脚手，φ48×3.5		t	0.03	3150.00	103.95
8	TJ_c00158	钢管扣件直角		个	3.08	4.00	12.32
9	TJ_c00159	钢管扣件对接		个	0.36	5.00	1.80
10	TJ_c00160	钢管扣件迴转		个	0.17	4.30	0.73
11	TJ_c00161	钢管底座		个	0.38	4.00	1.52
12	TJ_c00162	钢模板		t	6.56	4200.00	27534.36
13	TJ_c00175	钢支撑		kg	3994.85	3.00	11984.54
14	TJ_c00188	钢轨，38kg/m		kg	0.40	3.90	1.54
15	TJ_c00206	钢丝绳，φ8		kg	0.53	4.60	2.44
16	TJ_c00198	铅丝，8号镀锌铁丝		kg	1.35	4.30	5.78
17	TJ_c00200	铅丝，12号镀锌铁丝		kg	35.63	4.30	153.23
18	TJ_c00203	铅丝，22号镀锌铁丝		kg	621.96	5.60	3482.96
19	TJ_c0032	白水泥		kg	11.56	0.43	4.97
20	TJ_c0065	加气混凝土块		m³	286.86	145.00	41594.99
21	TJ_c00120	模板料		m³	9.51	1757.31	16703.23
22	TJ_c00120.1	模板料		m³	10.04	1500.00	15064.50
23	TJ_c00131	竹脚手板，3000×330×50		m²	6.41	16.00	102.56
24	TJ_c001	机砖，240×115×53		千块	44.26	210.00	9295.02
25	TJ_c002	多孔砖，240×115×90		千块	1073.38	330.00	354216.72
26	TJ_c00275	防水粉		kg	33.62	1.50	50.43
27	TJ_c0033	生石灰		t	1.84	74.00	136.16
28	TJ_c0034	中粗砂		m³	5.82	70.00	407.12
29	TJ_c00391	石膏粉		kg	464.85	0.58	269.61

主要材料价格表及费用

工程名称：×××工程　　　　　　　　　　　　　　　　　　　　第 2 页　共 2 页

序号	材料编码	材 料 名 称	规格、型号等特殊要求	单位	数量	单价（元）	合价（元）
30	TJ _ c0042	碎石，2～4cm		m³	9.20	43.00	395.60
31	TJ _ c0050	滑石粉		kg	3140.58	0.38	1193.42
32	TJ _ c007	瓷砖，150×150×5，白色		千块	3.10	300.00	929.40
33	TJ _ c00258	电焊条		kg	179.76	4.70	844.88
34	TJ _ c00348	乳胶漆，室内		kg	6306.10	10.70	67475.26
35	TJ _ c001107	改性沥青基层处理剂		kg	351.19	4.20	1474.99
36	TJ _ c00376	107胶		kg	44.44	1.27	56.44
37	TJ _ c00378	聚醋酸乙烯乳胶，白乳胶		kg	385.49	5.81	2239.67
38	TJ _ c00397	羧甲基纤维素，化学浆糊		kg	77.10	5.50	424.03
39	TJ _ c001104	高聚物改性沥青卷材，2mm		m²	96.58	16.50	1593.52
40	TJ _ c00568	高聚物改性沥青卷材，3mm		m²	978.94	18.50	18110.33
41	TJ _ c001073	硬聚氯乙烯水落管，φ110×3×4000		m	43.26	19.00	821.94
42	TJ _ c001077	硬聚氯乙烯落水口，φ100		个	6.06	15.83	95.93
43	TJ _ c00323	硬聚氯乙烯水斗，3″		个	6.06	8.10	49.09

建筑设计总说明

一、工程概况
1. 本工程为××幼儿园,其址位于××住宅小区幼儿园位于住宅小区入口商侧,物业综合楼为三层,某体位置详见总平面图所示。建筑物活动单元、厨房等。
2. 本工程有两个小活动室分办公用房,一、二层设有幼儿活动单元。三层顶设有教室活动室,某层顶为平屋顶,某顶结构形式为现浇。
3. 建筑物室外地坪标高相对于住宅小区±0.000为12.70m,此为绝对标高。
4. 建筑耐火等级为二级。
5. 建筑物抗震设防烈度为7度。
6. 建筑物防火等级为二级,其耐火极限达到现行规范要求。
7. 建筑设计合理使用年限为50年。
8. 建筑物屋面防水等级为Ⅲ级,屋面防水做法为10年一遇防水设防。

二、设计依据
1. 规划部门、建设单位提供的地质资料及有关批文。
2. 现行的建筑、结构、给排水、暖通、电气设计规范、规程等。
3. 甲方提供的有关设计任务书及本工程有关资料。
4. 采用图集:98J1《住宅建筑》J03J101。

三、设计说明
1. 所注尺寸以mm为单位,标高以m为单位。
2. 本图所注尺寸、标高及技术要求以J03J101为准。
3. 设计中未标注做法者,均按国家现行标准、规程等。
4. 本工程与其他各专业图纸密切配合施工。
5. 施工时应与各专业图纸核对无误方可进行。

四、墙体定位及标高
1. 本设计平面图所注尺寸均为轴线。
2. 本设计标高除另有注明者外,均为建筑完成面标高。

五、墙体工程
1. 内隔墙为250mm厚,外墙为370mm厚。
2. 屋顶、层面采用混凝土,墙体厚180mm,另注明者除外。
3. 墙身防水250厚,另详见结构说明。

六、门窗工程
1. 本工程门窗型号、尺寸、数量详见门窗表。
2. 门窗立面分格、开启方式详见门窗表及相关图集。

七、建筑热工设计说明
1. 本工程为一类建筑,住宅小区幼儿园相对于标高12.70m。
2. 建筑热工设计见本工程各层平面图所示。
3. 防火设计见本工程各层平面图所示。
4. 采暖为集中热力管网供给。

八、屋面工程
1. 本工程正立面设计为玻璃幕墙。
2. 幕墙立面设计见立面图。
3. 幕墙设计由专业公司负责。

九、其他工程
1. 雨水管做法:9815(四)2/19。
2. 室内外排水及坡度:9818(二)38/13。
3. 门窗台做法:9813(四)4/10。
4. 楼梯扶手做法参照:9815(四)1/8。
5. 屋面变形缝做法参照:9813(四)1/14。
6. 女儿墙做法参照:9813(四)8/21。
7. 外墙面做法参照:9813(四)10/73。
8. 三层坡屋面做法参照:9818(四)15/34。

十、幼儿活动单元建筑构造做法说明
(一)在室内0.60~1.20m不应设置挂件。
(二)楼梯踏步宽度、高度应符合规范。
(三)所有窗台低于1.30m时应设防护栏杆。
(四)幼儿经常出入的通道应有防滑措施。

工程做法表(选用BJ)

项目	做法名称	编号	适用范围	备注
立面装修	彩色喷涂墙面	外22.24.14.16		颜色及部位详见立面图
	高级铰色涂料面各青色防水层面星面	星12C.14C	星面	
台阶	水磨石台阶	岩3-C		
坡道	铺地砖坡道	波4-C		复900
散水	混凝土散水	微3-C		
地面	铺地砖地面	地13-C	厕所、盥洗、淋浴间及以外各处	
	铺地砖地面	地14-C	厕所、盥洗、淋浴间、厨房	
楼面	铺地砖楼面	楼12	厕所、盥洗、淋浴间以外各处	
	铺地砖楼面	楼14	厨房	
项目	板木楼面大洒漏	内7及10		内设乳胶料
内墙面	纸筋灰墙面	内7及8		
墙裙	陶瓷砖墙裙	第7墙8		
踢脚	地砖踢脚	踢8-B	所有木材类	
油漆	调和漆(二)木材面	油6		内外均为米色白色
	调和漆(金属面)	油22		

说明:1. 本表所注做法均以B选用,如本表中未注者均以J03J101为准。
2. 室内地面、墙位处、标高以本表位置已注为准适当调整。
3. 室内用于墙身灰刀水泥墙面。

门窗统计表

类别	设计编号	洞口尺寸(mm) 宽	高	数量 首层	二层	三层	四层合计	洋图索引 图集号	页次	编号	采用图集	备注
门	M1	3900	3000	1							半截玻璃门	颜色及开启方式甲方自定
	M2	1200	2400	1				9814(一)	49	1PM4-48	半截木墙门	颜色及开启方式甲方自定
	M3	1500	2400	1				9814(一)	49	1PM4-58	半截木墙门	颜色及开启方式甲方自定
	M4	3300	3000	1							半截玻璃门	颜色及开启方式甲方自定
	M5	1200	2400	8	8	8	24	9814(二)	7	1M4.48	木夹板门	
	M6	1200	2400	2	8	8	24	9814(二)	7	1M48	木夹板门	
	M7	900	2400	4	7	7	18	9814(二)	6	1M38	木夹板门	
	M8	900	2400	2	6	6	18	9814(二)	6	1M38	木夹板门	
	M9	750	2400	1				9814(二)	6	1M18	木夹板门	
	M10	3000	1800								铁及玻璃门	
窗	M11	2700	3000	2							单樘半玻璃门或甲方自定	
	C1	6000	2100	2							单樘三玻璃推拉窗钢窗扇开启下页面方面自定	
	C2	3600	2100	6							单樘三玻璃推拉窗钢窗扇开启方面自定	
	C3	3600	2100	7	7	7	21	9814(二)	39	1TC-33	单樘双玻璃钢推拉窗	
	C4	5400	1800	7							洋窗玻璃大样	
	C5	3000	1800	2							洋窗玻璃大样	
	C6	1500	600	5	5	5	15	9814(一)	38	1TC-53	单樘双玻璃钢推拉窗	
	C7	1200	600	5				9814(一)	38	1TC-53	单樘双玻璃钢推拉窗	
	C8	1500	600	2				9814(一)	38	1TC-43	单樘双玻璃钢推拉窗	
	C9	900	600	2				9814(一)	38	1TC-33	单樘双玻璃钢推拉窗	
	C10	1800	2100	2				9814(一)	39	1TC-66	单樘双玻璃钢推拉窗	
	C11	1978	2100	6				9814(一)	39	1PC-56	单樘双玻璃钢推拉窗	
	C12	1800	9000	6						31	1PC-66	单樘双玻璃钢推拉窗平开窗下页面方面自定
	C13	1800	9000								洋窗玻璃大样	
	C14	1200	1800	2				9814(一)	39		单樘双玻璃钢推拉窗	
	C15	3900	1800	2							单樘双玻璃钢推拉窗	
	C16	2700	2100	2							单樘双玻璃钢推拉窗	
	C17	1800	1800	2				9814(一)	39	1TC-66	单樘双玻璃钢推拉窗开启方面自定	

说明:1. 表中门窗立面分格参见图集9814。
2. 墙身门窗洞口做法见图集9814(一)中1TC墨钢窗立窗系列。
3. 门窗立面中所示尺寸及分格参见图9814。
4. 门窗型号及规格由厂家自定。

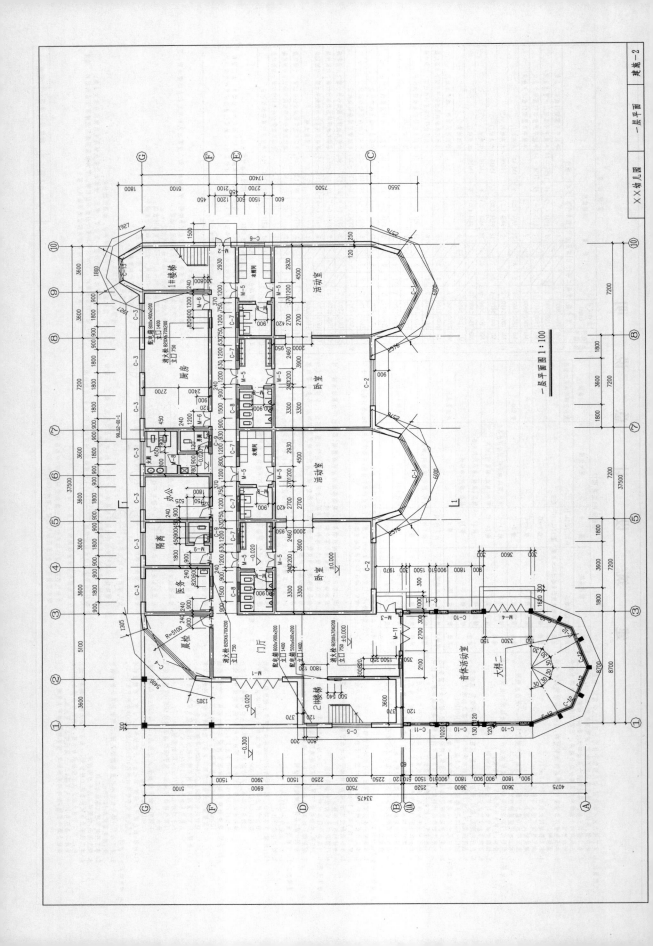

一层平面图 1:100

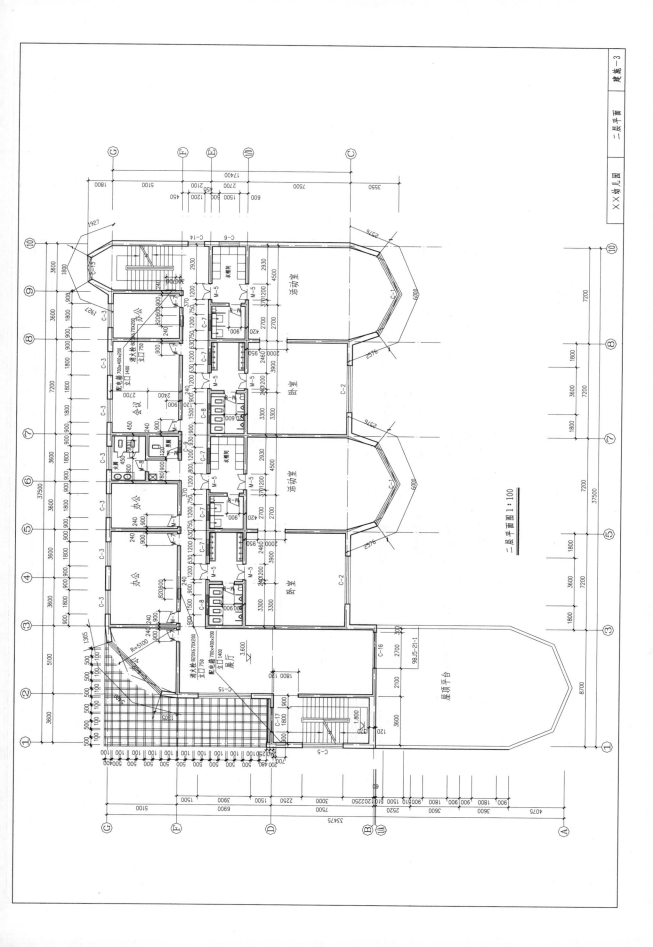

二层平面图 1:100

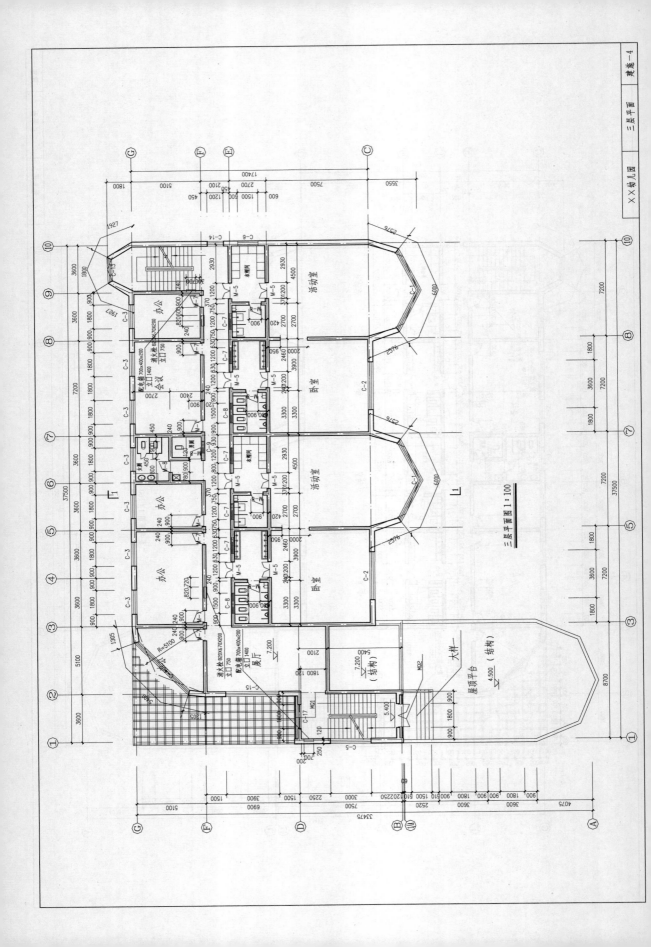

三层平面图 1:100

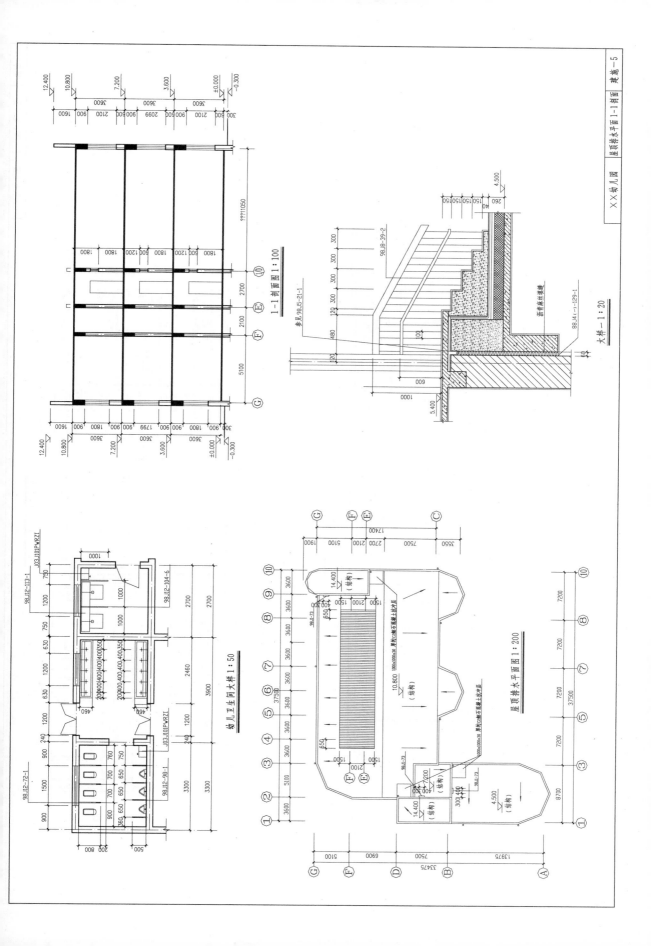

1—1 剖面图 1 : 100

参见 98LJ5-21-1

大样—1 : 20

幼儿卫生间大样 1 : 50

屋顶排水平面图 1 : 200

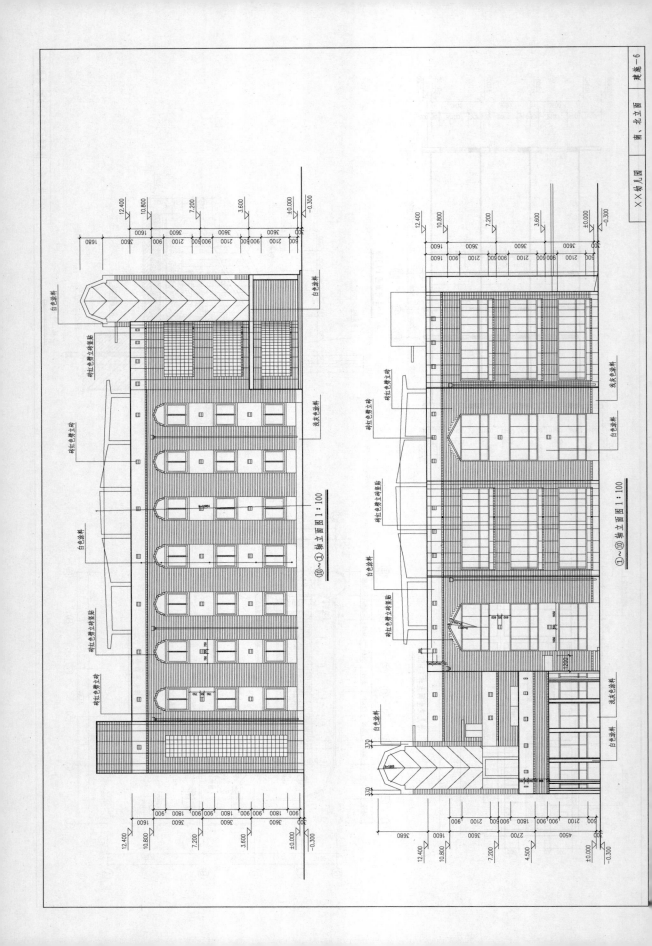

⑩～①轴立面图 1：100

①～⑩轴立面图 1：100

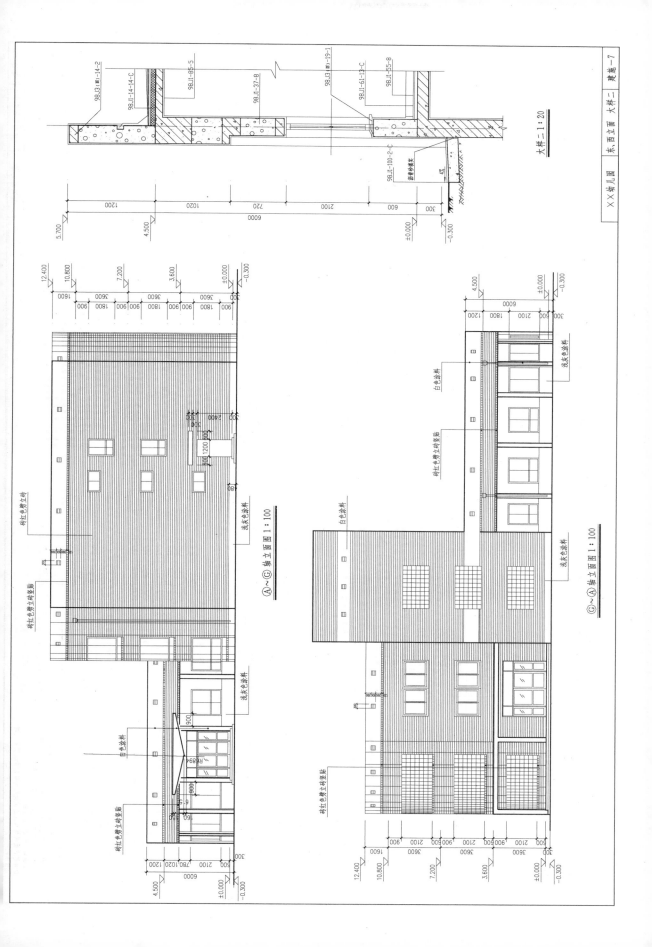

大样二 1:20

98.3(苏)附-14-2

98.J1-14-14-C

98.J1-85-5

98.J1-37-8

98.3(苏)附-19-1

98.J1-61-13-C

98.J1-55-8

98.J1-100-2-C

沥青砂浆束

浅灰色涂料

白色涂料

砖红色瓷身立砖套贴

砖红色瓷身立砖

G~Ⓐ轴立面图 1:100

白色涂料

浅灰色涂料

砖红色瓷身立砖套贴

浅灰色涂料

砖红色瓷身立砖套贴

白色涂料

砖红色瓷身立砖套贴

Ⓐ~Ⓖ轴立面图 1:100

结 构 设 计 总 说 明

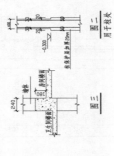

配筋砖墙构造示意图1

配筋砖墙构造示意图2

沉降观测点详图

用户允许布置荷载值：

序号	房间或用途类别	标准值 kN/m²	准永久值系数
1	活动室	2.0	0.5
2	办公室、照看室	2.0	0.5
3	卧室、寝室	2.0	0.5
4	衣帽间卫生间	2.0	0.4
5	上人屋面	2.0	0.5
6	不上人屋面	0.5	0

Ⅰ、Ⅱ级钢筋的最小搭接长度 Lae（纵向钢筋搭接接头面积百分率(%)≤50时）：

钢种种类	灌注桩基础梁	C20	C25	C30	C35	C40
Ⅰ级(φ)	一、二级	51d	45d	40d	37d	33d
	三级	47d	41d	37d	34d	30d
Ⅱ级(φ)	一、二级	63d	56d	49d	45d	41d
	三级	58d	51d	45d	41d	38d

注：本表仅用于 d≤25 钢筋。

受拉钢筋的最小锚固长度 La：

钢种种类	灌注桩基础梁	C20	C25	C30	C35	C40
Ⅰ级(φ)	一、二级	36d	32d	28d	26d	23d
	三级	33d	29d	26d	24d	21d
Ⅱ级(φ)	一、二级	45d	40d	35d	32d	29d
	三级	41d	36d	32d	29d	27d

Ⅰ、Ⅱ级钢筋的最小搭接长度 Lae（纵向钢筋搭接接头面积百分率(%)≤25时）：

钢种种类	灌注桩基础梁	C20	C25	C30	C35	C40
Ⅰ级(φ)	一、二级	44d	39d	34d	32d	28d
	三级	40d	35d	32d	29d	26d
Ⅱ级(φ)	一、二级	54d	48d	42d	39d	35d
	三级	50d	44d	39d	35d	33d

注：本表仅用于 d≤25 钢筋。

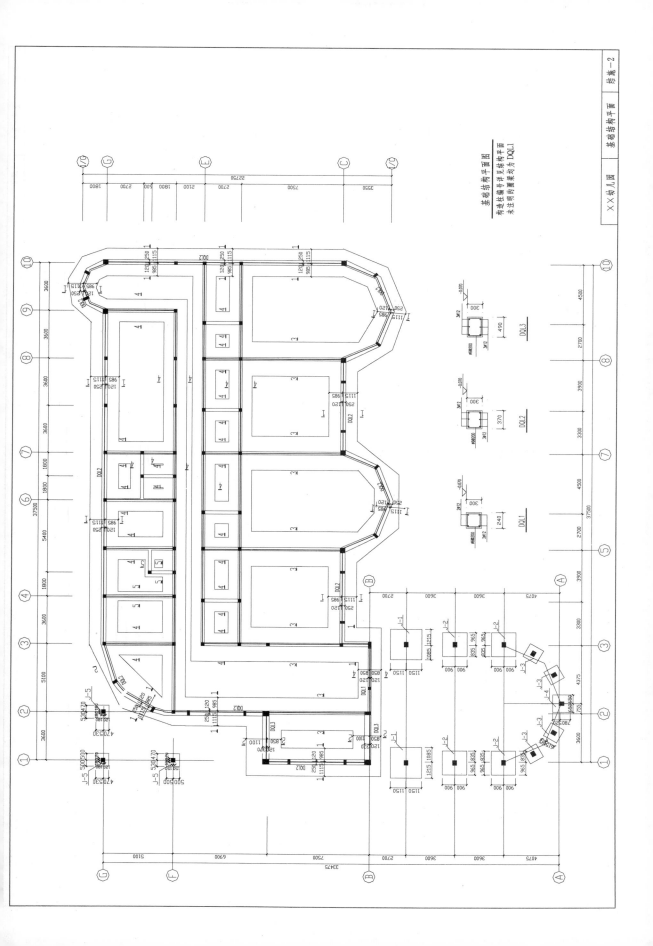

基础结构平面图

构造柱编号详见结构平面
未注明的圈梁采为DQL1

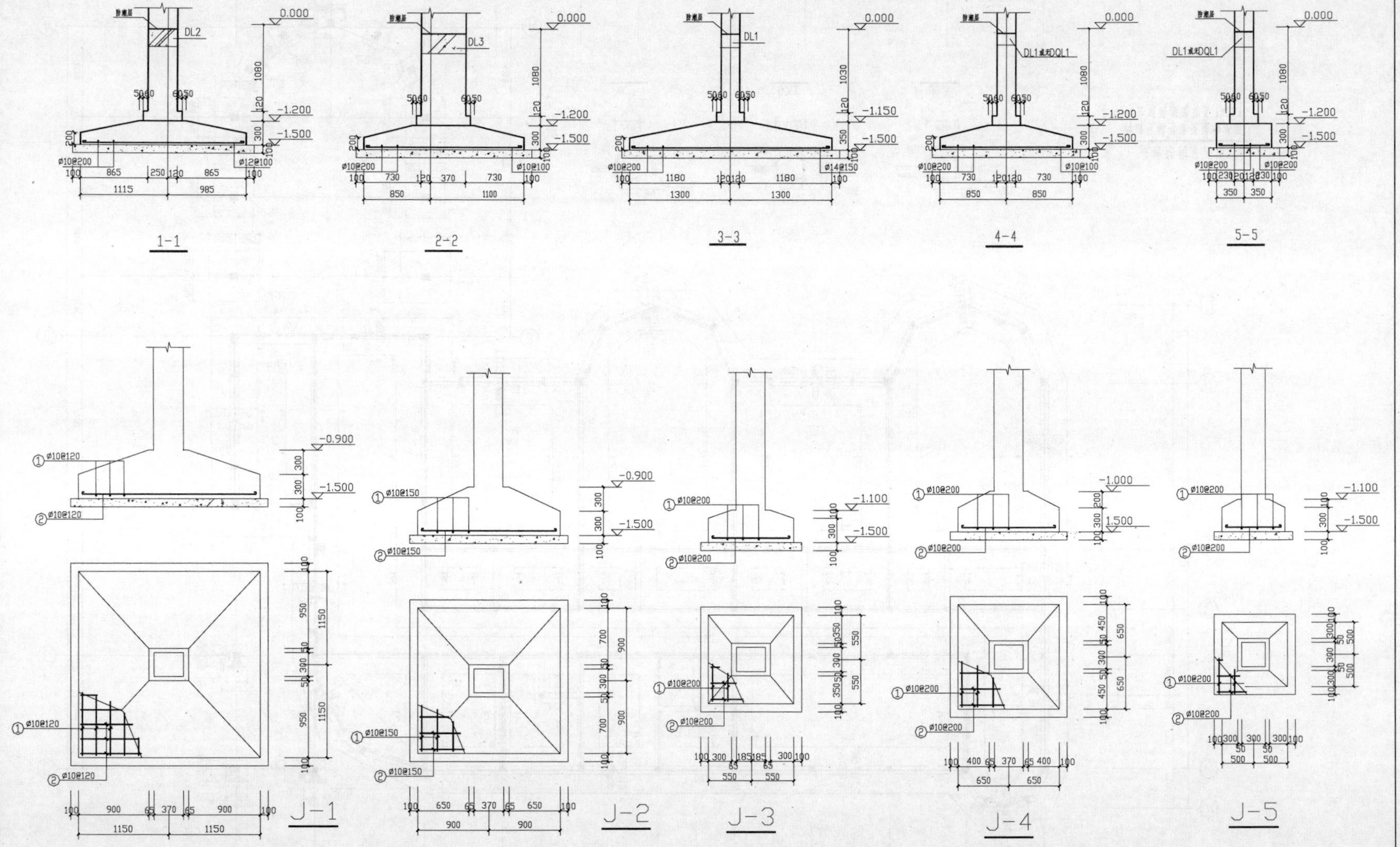

XX幼儿园	基础大样图	结施—3

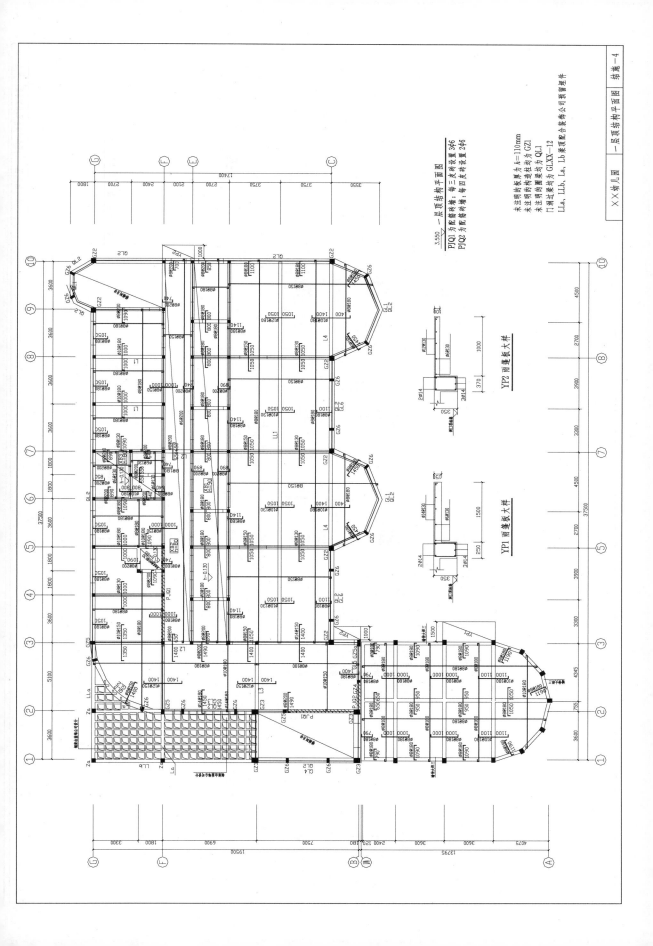

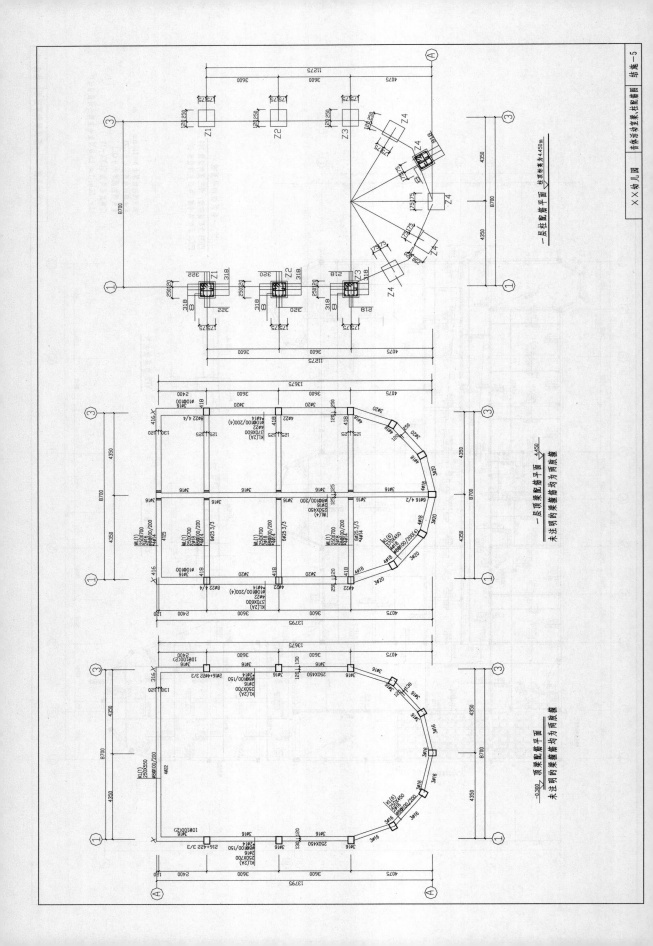

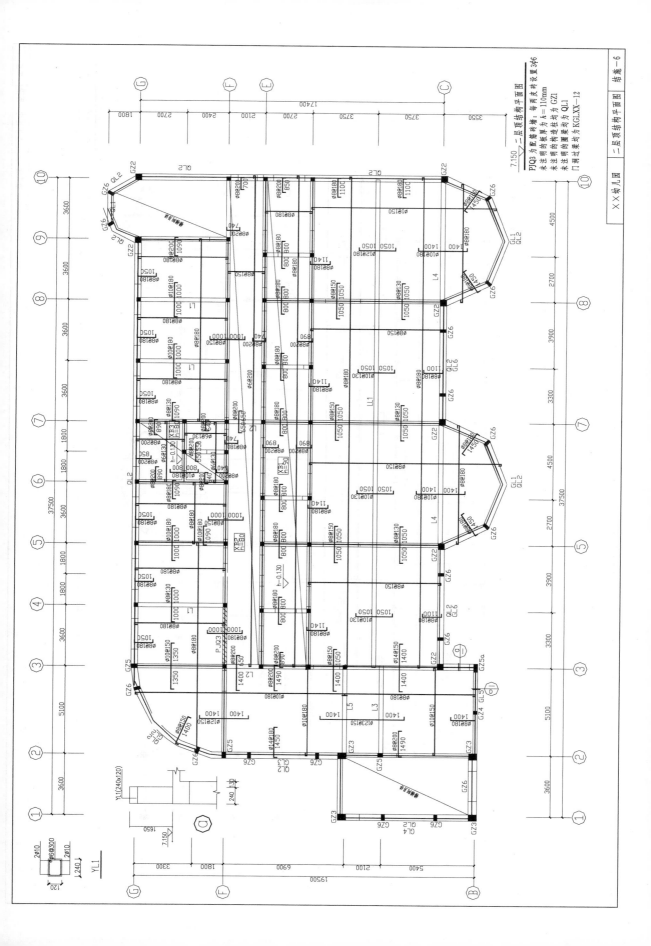

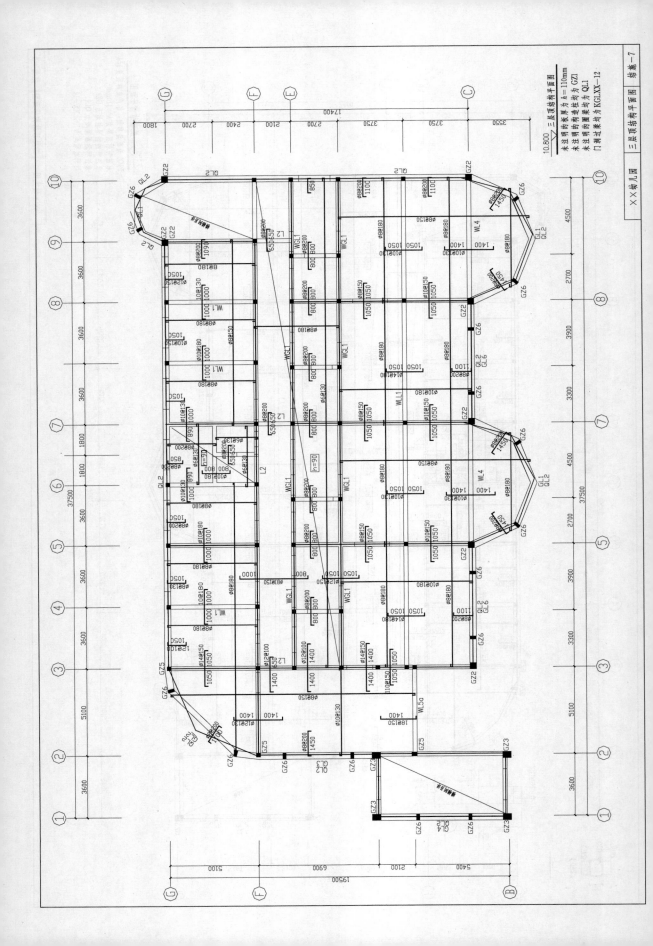

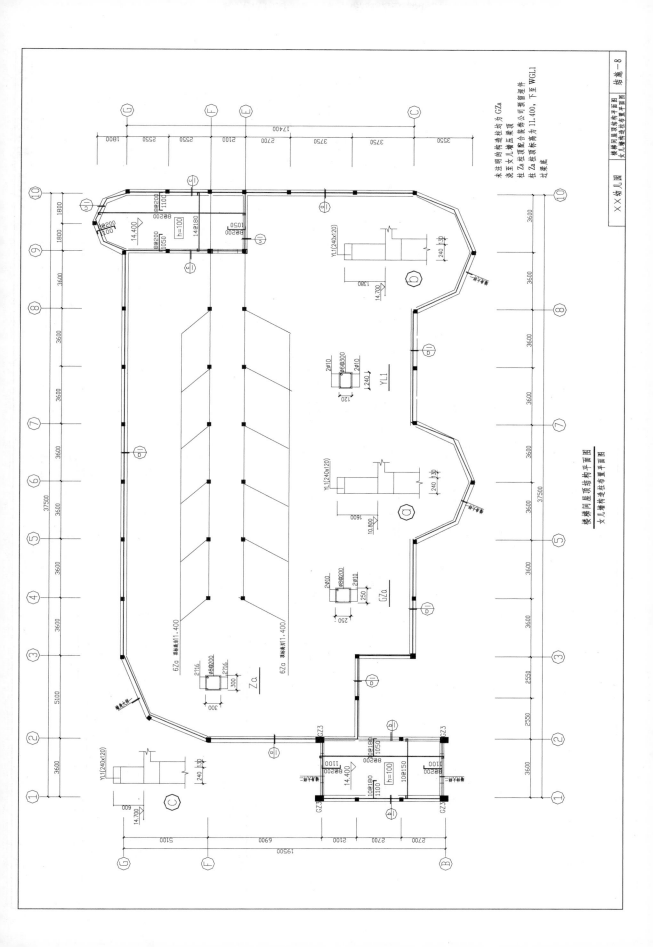

楼梯间屋顶结构平面图
女儿墙构造柱布置平面图

未注明的构造柱均为GZa
浇至女儿墙压顶梁顶
柱Za柱顶配合装饰公司预留埋件
柱Za柱顶标高为11.400，下至WGL1
过梁底

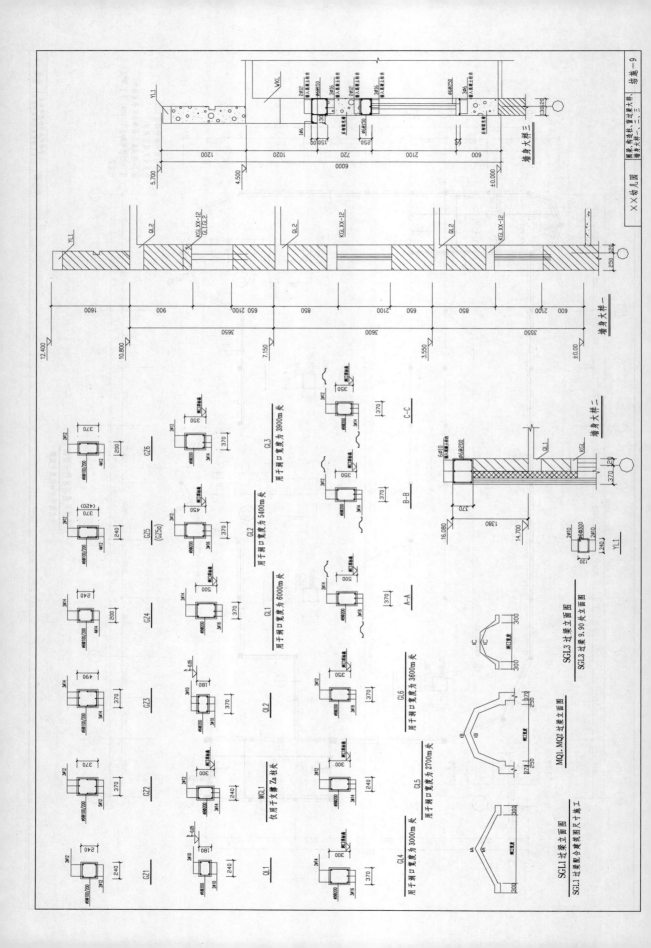

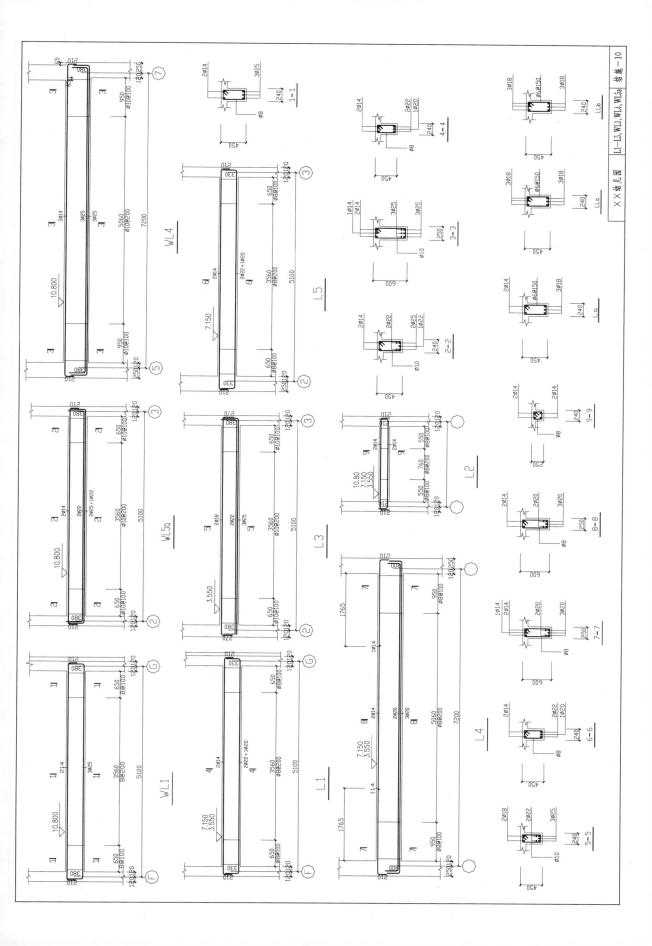

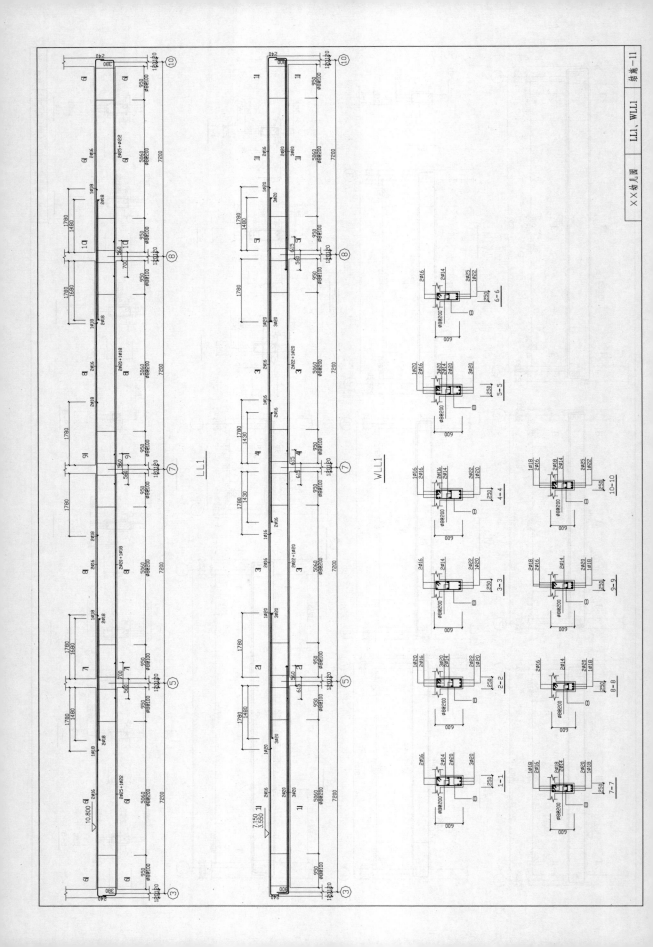

参 考 文 献

1 建设部 . 建设工程工程量清单计价规范 . 北京：中国计划出版社，2003
2 建设部标准定额研究所 .《建设工程工程量清单计价规范》宣传辅导材料 . 北京：中国计划出版社，2003
3 李希伦主编 . 建设工程工程量清单计价编制实用手册 . 北京：中国计划出版社，2003
4 杜晓玲主编 . 工程量清单及报价快速编制技巧与实例 . 北京：中国建筑工业出版社，2002
5 张国栋主编 . 建筑工程工程量清单计价规范应用丛书基本知识 . 北京：机械工业出版社，2004
6 王楠主编 . 建设工程造价控制与案例分析 . 武汉：武汉理工大学出版社，2005
7 吴现立主编 . 工程造价控制与管理 . 武汉：武汉理工大学出版社，2004
8 沈祥华主编 . 建筑工程概预算 . 武汉：武汉理工大学出版社，2004